U0165105

国家出版基金资助项目
现代数学中的著名定理纵横谈丛书
丛书主编　王梓坤

CONFORMAL TRANSFORMATION

刘培杰数学工作室　编

内容简介

本书从一道奥林匹克试题的解法谈起,详细介绍了保形变换与保角变换的性质及其应用.

本书适合中学生、大学生、数学教师及数学爱好者参考阅读.

图书在版编目(CIP)数据

Conformal 变换/刘培杰数学工作室编. —哈尔滨:哈尔滨工业大学出版社,2024.3
(现代数学中的著名定理纵横谈丛书)
ISBN 978-7-5603-9027-7

Ⅰ.①C… Ⅱ.①刘… Ⅲ.①复变函数 Ⅳ.①O174.5

中国版本图书馆 CIP 数据核字(2020)第 160505 号

CONFORMAL BIANHUAN

策划编辑 刘培杰 张永芹
责任编辑 刘春雷
封面设计 孙茵艾
出版发行 哈尔滨工业大学出版社
社　　址 哈尔滨市南岗区复华四道街 10 号 邮编 150006
传　　真 0451-86414749
网　　址 http://hitpress.hit.edu.cn
印　　刷 辽宁新华印务有限公司
开　　本 787 mm×960 mm 1/16 印张 19.5 字数 209 千字
版　　次 2024 年 3 月第 1 版 2024 年 3 月第 1 次印刷
书　　号 ISBN 978-7-5603-9027-7
定　　价 88.00 元

(如因印装质量问题影响阅读,我社负责调换)

⊙ 代序

读书的乐趣

你最喜爱什么——书籍.

你经常去哪里——书店.

你最大的乐趣是什么——读书.

这是友人提出的问题和我的回答.真的,我这一辈子算是和书籍,特别是好书结下了不解之缘.有人说,读书要费那么大的劲,又发不了财,读它做什么?我却至今不悔,不仅不悔,反而情趣越来越浓.想当年,我也曾爱打球,也曾爱下棋,对操琴也有兴趣,还登台伴奏过.但后来却都一一断交,"终身不复鼓琴".那原因便是怕花费时间,玩物丧志,误了我的大事——求学.这当然过激了一些.剩下来唯有读书一事,自幼至今,无日少废,谓之书痴也可,谓之书橱也可,管它呢,人各有志,不可相强.我的一生大志,便是教书,而当教师,不多读书是不行的.

读好书是一种乐趣,一种情操;一种向全世界古往今来的伟人和名人求教的方法，一种和他们展开讨论的方式；一封出席各种活动、体验各种生活、结识各种人物的邀请信；一张迈进科学宫殿和未知世界的入场券；一股改造自己、丰富自己的强大力量．书籍是全人类有史以来共同创造的财富，是永不枯竭的智慧的源泉．失意时读书，可以使人重整旗鼓；得意时读书，可以使人头脑清醒；疑难时读书，可以得到解答或启示；年轻人读书，可明奋进之道；年老人读书，能知健神之理．浩浩乎！洋洋乎！如临大海，或波涛汹涌，或清风微拂，取之不尽，用之不竭．吾于读书，无疑义矣，三日不读，则头脑麻木，心摇摇无主．

潜能需要激发

我和书籍结缘，开始于一次非常偶然的机会．大概是八九岁吧，家里穷得揭不开锅，我每天从早到晚都要去田园里帮工．一天，偶然从旧木柜阴湿的角落里，找到一本蜡光纸的小书，自然很破了．屋内光线暗淡，又是黄昏时分，只好拿到大门外去看．封面已经脱落，扉页上写的是《薛仁贵征东》．管它呢，且往下看．第一回的标题已忘记，只是那首开卷诗不知为什么至今仍记忆犹新：

日出遥遥一点红，飘飘四海影无踪．

三岁孩童千两价，保主跨海去征东．

第一句指山东，二、三两句分别点出薛仁贵（雪、人贵）．那时识字很少，半看半猜，居然引起了我极大的兴趣，同时也教我认识了许多生字．这是我有生以来独立看的第一本书．尝到甜头以后，我便千方百计去找书，向小朋友借，到亲友家找，居然断断续续看了《薛丁山征西》《彭公案》《二度梅》等，樊梨花便成了我心中的女英雄.我真入迷了.从此,放牛也罢,车水也罢,我总要带一本书,还练出了边走田间小路边读书的本领,读得津津有味,不知人间别有他事.

当我们安静下来回想往事时,往往会发现一些偶然的小事却影响了自己的一生.如果不是找到那本《薛仁贵征东》,我的好学心也许激发不起来.我这一生,也许会走另一条路.人的潜能,好比一座汽油库,星星之火,可以使它雷声隆隆、光照天地;但若少了这粒火星,它便会成为一潭死水,永归沉寂.

抄,总抄得起

好不容易上了中学,做完功课还有点时间,便常光顾图书馆.好书借了实在舍不得还,但买不到也买不起,便下决心动手抄书.抄,总抄得起.我抄过林语堂写的《高级英文法》,抄过英文的《英文典大全》,还抄过《孙子兵法》,这本书实在爱得狠了,竟一口气抄了两份.人们虽知抄书之苦,未知抄书之益,抄完毫末俱见,一览无余,胜读十遍.

始于精于一,返于精于博

关于康有为的教学法,他的弟子梁启超说:"康先生之教,专标专精、涉猎二条,无专精则不能成,无涉猎则不能通也."可见康有为强烈要求学生把专精和广博(即"涉猎")相结合.

在先后次序上,我认为要从精于一开始.首先应集中精力学好专业,并在专业的科研中做出成绩,然后逐步扩大领域,力求多方面的精.年轻时,我曾精读杜布(J. L. Doob)的《随机过程论》,哈尔莫斯(P. R. Halmos)的《测度论》等世界数学名著,使我终身受益.简言之,即"始于精于一,返于精于博".正如中国革命一样,必须先有一块根据地,站稳后再开创几块,最后连成一片.

丰富我文采,澡雪我精神

辛苦了一周,人相当疲劳了,每到星期六,我便到旧书店走走,这已成为生活中的一部分,多年如此.一次,偶然看到一套《纲鉴易知录》,编者之一便是选编《古文观止》的吴楚材.这部书提纲挈领地讲中国历史,上自盘古氏,直到明末,记事简明,文字古雅,又富于故事性,便把这部书从头到尾读了一遍.从此启发了我读史书的兴趣.

我爱读中国的古典小说,例如《三国演义》和《东周列国志》.我常对人说,这两部书简直是世界上政治阴谋诡计大全.即以近年来极时髦的人质问题(伊朗人质、劫机人质等),这些书中早就有了,秦始皇的父亲便是受害者,堪称"人质之父".

《庄子》超尘绝俗,不屑于名利.其中"秋水""解牛"诸篇,诚绝唱也.《论语》束身严谨,勇于面世,"己所不欲,勿施于人",有长者之风.司马迁的《报任少卿书》,读之我心两伤,既伤少卿,又伤司马;我不知道少卿是否收到这封信,希望有人做点研究.我也爱读鲁迅的杂文,果戈理、梅里美的小说.我非常敬重文天祥、秋瑾的人品,常记他们的诗句:"人生自古谁无死,留取丹心照汗青""休言女子非英物,夜夜龙泉壁上鸣".唐诗、宋词、《西厢记》《牡丹亭》,丰富我文采,澡雪我精神,其中精粹,实是人间神品.

读了邓拓的《燕山夜话》,既叹服其广博,也使我动了写《科学发现纵横谈》的心.不料这本小册子竟给我招来了上千封鼓励信.以后人们便写出了许许多多的“纵横谈”.

从学生时代起,我就喜读方法论方面的论著.我想,做什么事情都要讲究方法,追求效率、效果和效益,方法好能事半而功倍.我很留心一些著名科学家、文学家写的心得体会和经验.我曾惊讶为什么巴尔扎克在51年短短的一生中能写出上百本书,并从他的传记中去寻找答案.文史哲和科学的海洋无边无际,先哲们的明智之光沐浴着人们的心灵,我衷心感谢他们的恩惠.

读书的另一面

以上我谈了读书的好处,现在要回过头来说说事情的另一面.

读书要选择.世上有各种各样的书:有的不值一看,有的只值看20分钟,有的可看5年,有的可保存一辈子,有的将永远不朽.即使是不朽的超级名著,由于我们的精力与时间有限,也必须加以选择.决不要看坏书,对一般书,要学会速读.

读书要多思考.应该想想,作者说得对吗?完全吗?适合今天的情况吗?从书本中迅速获得效果的好办法是有的放矢地读书,带着问题去读,或偏重某一方面去读.这时我们的思维处于主动寻找的地位,就像猎人追找猎物一样主动,很快就能找到答案,或者发现书中的问题.

有的书浏览即止,有的要读出声来,有的要心头记住,有的要笔头记录.对重要的专业书或名著,要勤做笔记,“不动笔墨不读书”.动脑加动手,手脑并用,既可加深理解,又可避忘备查,特别是自己的灵感,更要及时抓住.清代章学诚在《文史通义》中说:“札记之功必不可少,如不札记,则无穷妙绪如雨珠落大海矣.”

许多大事业、大作品,都是长期积累和短期突击相结合的产物.涓涓不息,将成江河;无此涓涓,何来江河?

爱好读书是许多伟人的共同特性,不仅学者专家如此,一些大政治家、大军事家也如此.曹操、康熙、拿破仑、毛泽东都是手不释卷,嗜书如命的人.他们的巨大成就与毕生刻苦自学密切相关.

王梓坤

◎ 目录

第一编　保形变换

第二编　保角变换

第一编

保形变换

从一道奥林匹克试题的解法谈起

第一章

第一节　引　　言

保形变换在竞赛试题中时有出现，1981年西德数学竞赛第二试有这样一道试题：

试题　如果一个平面到其自身的一一映射将每一个圆变换为一个圆，证明：该变换一定将每一条直线变换为一条直线.

注　一个平面到其自身的一一映射是这样一种映射，它满足：

(1) 将平面上的每一个点唯一地映射为平面上的某一点；

(2) 不同的点映射为不同的点；

(3) 平面上每一点都是某一点的像点.

证明 设此平面为 π，平面 π 上的一一映射记为 $f(x)$，其逆映射记为 $f^{-1}(x)$，显然它也是平面 π 上的一个一一映射，下面我们只需证：

(1) 设平面 π 上有一点 A，且 $f(A)=A'$，那么一定有 f(过点 A 的一条直线 L) $\supseteq$ 过点 A' 的某条直线 L'.

这是因为若我们过点 A 作一圆 B，使圆 B 和 L 相切(图 1)，由假设可知，圆 B 一定被 f 映射为另一个圆 B'，亦即

$$f(B)=B'$$

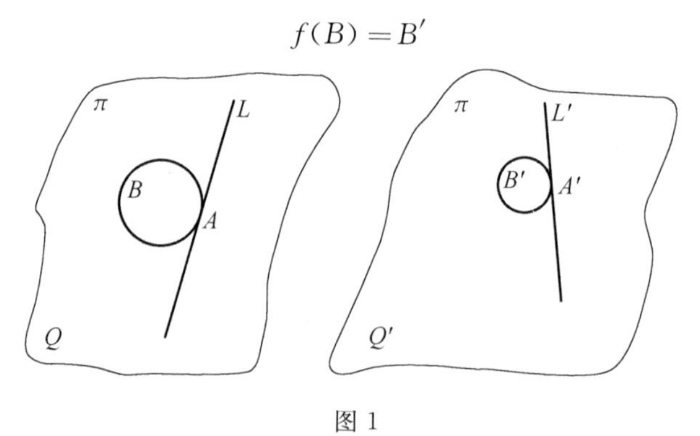

图 1

因为 $f(A)=A'$，所以圆 B' 一定过点 A'，过点 A' 作圆 B' 的切线 L'，我们就是要证明

$$f(L)\supseteq L'$$

因为我们把平面 π 上除直线 L 以外的部分记为 Q，直线 L' 以外的部分记为 Q'，这就有

$$L\cap Q'=\varnothing,\pi=L\cap Q$$

$$L'\cap Q=\varnothing,\pi=L'\cap Q'$$

因为平面 π 上 Q 中的每一点，如果不是圆 B 上的点，此点记为 C，那么一定可以作一圆 D，使圆 D 过 A，C 两点，而且与圆 B 相切. 因为 f 将圆映射为圆，如果记 $f(D)=D'$，那么 D' 一定是一圆，而且此圆过点 A'

亦一定与圆 B' 相切. 因圆 B 与圆 D 只有一个交点，所以圆 B' 与圆 D' 亦只能有一个交点，因此圆 D' 与圆 B' 相切于点 A'. 再记 $f(C)=C'$，那么 C' 一定在圆 D' 上(图 2)，也就是 C' 一定在 Q' 内，所以

$$f(Q)\subseteq Q'$$

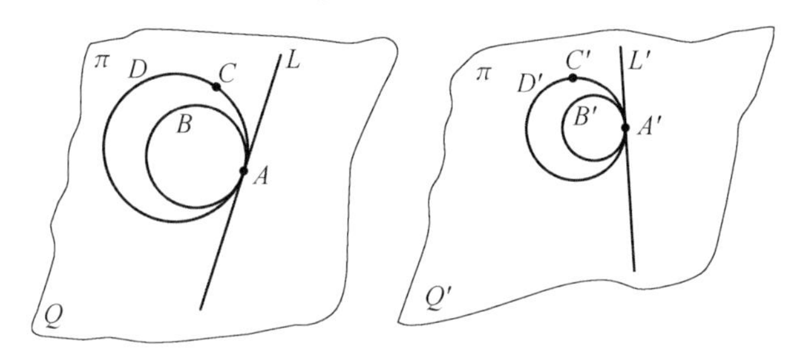

图 2

因为 $\pi=f(Q)\cup f(L)$，而且

$$f(A)\cap f(L)=\varnothing$$

所以

$$f(L)\supseteq L'$$

这也就是 f(过点 A 的一条直线 L) $\supseteq$ 过点 A' 的某条直线 L'.

(2) 我们要证明：f^{-1} 亦是将圆映射为圆. 设平面上有一圆 E'，其上有三点 H'_1,H'_2,H'_3，设

$$H_1=f^{-1}(H'_1),H_2=f^{-1}(H'_2),H_3=f^{-1}(H'_3)$$

我们先来证明一定可以选择 H'_1,H'_2,H'_3，使 H_1，H_2，H_3 三点是不共线的. 否则，对圆 E' 上的任意三点 H'_1,H'_2,H'_3，一定可使 H_1,H_2,H_3 三点共线. 固定 H'_1,H'_2，由 H_1,H_2 确定的直线记为 M. 这样，也就是 $f^{-1}(E')\subseteq M$，从而有 $E'\subseteq f(M)$，但由(1)知 $f(M)\subseteq$ 某直线，因此有

$$E' \subseteq f(M) \subseteq \text{某直线}$$

这样 $E' \subseteq$ 某直线,但因直线绝不能包含圆,所以导致矛盾,因而一定存在圆 E' 上的三点 H'_1, H'_2, H'_3,使 H_1, H_2, H_3 三点不共线,这样过 H_1, H_2, H_3 三点可以确定一个圆 E(图 3). 我们要证明 $f^{-1}(E') = E$. 这是因为 $f(E)$ 一定是一个圆,而且此圆过 H'_1, H'_2, H'_3 三点. 所以此圆一定是 E',因此 $f(E) = E'$,也就是 $E = f^{-1}(E')$. 综上 f^{-1} 一定将圆映射为圆.

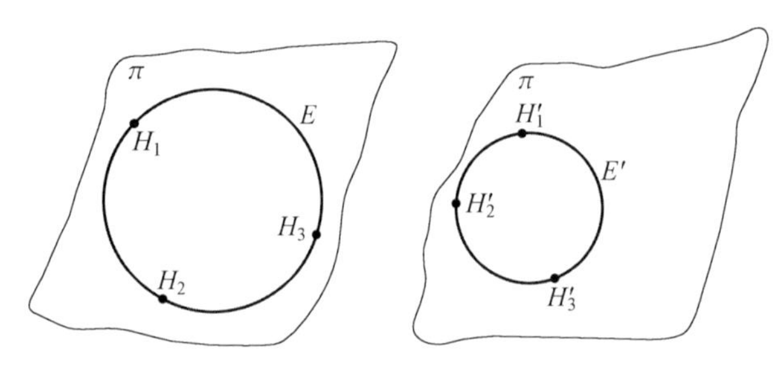

图 3

(3) 现在我们证明:f(直线)= 直线. 设平面 π 上有一条直线 L,由(1) 知 $f(L)$ 一定包含一条直线 L',亦即

$$f(L) \supseteq L' \tag{1}$$

再由(2) 可知,f^{-1} 亦是一个平面 π 上的一一映射,而且亦是把圆映射为圆,所以同样有

$$f^{-1}(L') \supseteq L \tag{2}$$

这也是

$$L' \supseteq f(L)$$

这样结合式(1) 与式(2),便得

$$f(L) \supseteq L' \supseteq f(L)$$

亦即

$$f(L) = L'$$

也就是

$$f(\text{直线})=\text{直线}$$

第二节　叶中豪先生提出的一个问题

"平面几何大王"叶中豪先生在2008年曾自拟了一个题目：

试题　如图1所示，在任意四边形$ABCD$四边外作正方形，再在相邻正方形间作平行四边形．求证：AE,BF,CG,DH一定围出正方形．

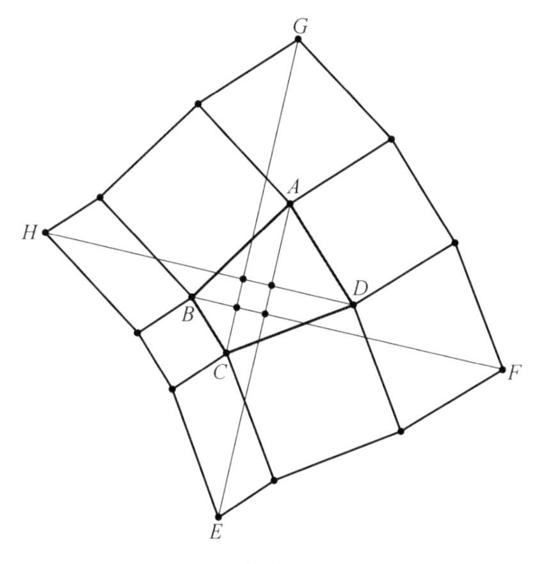

图1

此问题从广义上看亦为一保形映射问题．

著名的数学奥林匹克大师单墫先生给出了一个复数解答．

解 设点 A 的复数表示为 A 等，则以 AD 为边的正方形靠近点 G 的顶点为 $A+(D-A)\mathrm{i}$，以 AB 为边的正方形靠近点 G 的顶点为 $A-(B-A)\mathrm{i}$，所以

$$G=(A+(D-A)\mathrm{i})+(A-(B-A)\mathrm{i})-A=A+(D-B)\mathrm{i}$$

$$AG=(D-B)\mathrm{i}=BD\mathrm{i} \tag{1}$$

$$CG=A-C+(D-B)\mathrm{i}=CA+BD\mathrm{i}$$

同理

$$AE=C-A+(B-D)\mathrm{i}=AC+DB\mathrm{i}$$

$$BF=D-B+(C-A)\mathrm{i}=BD+AC\mathrm{i}$$

$$DH=B-D+(A-C)\mathrm{i}=DB+CA\mathrm{i}$$

于是 $AE\parallel CG$，$BF\parallel DH$，并且

$$CG=BF\mathrm{i} \tag{2}$$

即 $CG\perp BF$，所以 CG，AE，BF，DH 成矩形，又(1)(2)两式表明 $\triangle ACG\cong\triangle DFB$，所以点 A 到 CG 的距离等于点 D 到 BF 的距离，从而上述四条直线构成正方形.

第三节　正交变换的一些性质及其应用

我们来看一道 2017 年清华大学金秋营试题：

试题 设 T 是一个平面到自身的映射，满足平面上任意两点在变换 T 下的距离不变.

证明：存在实数 a,b,c,d,x_0,y_0，使得 T 把每个点 (x,y) 映成 $(ax+by+x_0,cx+dy+y_0)$.

证法 1 （杨泓暕、刘润声）对点 (x,y) 考虑变换 $S(x,y)=T(x,y)-T(0,0)$，则变换 S 仍然保距，且满足 $S(0,0)=0$. 于是，变换 S 将每个以原点为圆心的圆

映射为自身，而各个圆上任意两点之间变换前后距离不变，所以在每一个圆上变换的效果是旋转和反射叠加的变换，所以一定是线性的. 接下来，考虑圆 $x^2+y^2=1$. 不妨假设变换 S 将其上每一个点都映为自身，否则，给变换 S 复合一个线性变换即可. 此时，平面上其余各点与它们的像到无穷多个非共线点等距离，于是所有的点都映射为自身，综上可知结论成立.

证法 2　（周阳锋）满足条件的映射 T 叫作正交变换（也叫等距变换）.

正交变换有一些很好的性质，下面利用这些性质来证明本题的结论.

性质 1　正交变换保持同素性质不变，即正交变换把点变为点，把直线变为直线.

证明　由定义可知，正交变换把点变为点.

设 l 是一条平面直线，在 l 上依次任取三点 A,B,C，则

$$d(A,B)+d(B,C)=d(A,C)$$

设有变换 T，使

$$T(A)=A',T(B)=B',T(C)=C'$$

则

$$\begin{aligned}&d(A,B)+d(B,C)=\\&d(T(A),T(B))+d(T(B),T(C))=\\&d(A',B')+d(B',C')=\\&d(T(A),T(C))=d(A',C')\end{aligned}$$

所以 A',B',C' 三点共线.

性质 2　正交变换把平行直线变为平行直线.

证明　（周阳锋）设平面直线 l_1 与平面直线 l_2 平行，设变换 T 把 l_1 变为 l'_1，把 l_2 变为 l'_2.

下面用反证法证明 l'_1 平行于 l'_2.

设 l'_1,l'_2 相交于点 M,则由映射的定义可知,点 M 的原像既在 l_1 上,又在 l_2 上,这与 l_1 平行于 l_2 矛盾.所以 l'_1 平行于 l'_2.

由性质 2,即可得性质 3.

性质 3 正交变换把共线点变为共线点,把不共线点变为不共线点.

性质 4 正交变换保持两直线夹角不变.

证明 (周阳锋)设变换 T 把不共线的三个点 A,B,C 分别变为三个点 A',B',C'.

只需证 $\angle ABC = \angle A'B'C'$,因为

$$d(A,B)=d(A',B')$$
$$d(B,C)=d(B',C')$$
$$d(A,C)=d(A',C')$$

所以 $\triangle ABC \cong \triangle A'B'C'$,所以 $\angle ABC = \angle A'B'C'$.

通过上面的证明,即可得性质 5,性质 6,性质 7.

性质 5 正交变换把线段变为与之长度相等的线段.

性质 6 正交变换把三角形变为与之全等的三角形.

性质 7 正交变换把四边形变为与之全等的四边形.

同时,很容易得到:

性质 8 正交变换把圆变为与之全等的圆.

还可以写出很多关于正交变换的类似性质,就不一一列举了.

由性质 4,立即可得性质 9.

性质 9 正交变换保持正交性不变,即把相互垂

直的直线变为相互垂直的直线.

我们知道,平面向量是重要的平面图形,那么正交变换会对平面向量有何作用呢?

性质 10　正交变换保持:

(1) 向量的加法运算:对于平面上的任意向量 $\boldsymbol{\alpha}_1$,$\boldsymbol{\alpha}_2$,有 $T(\boldsymbol{\alpha}_1+\boldsymbol{\alpha}_2)=T(\boldsymbol{\alpha}_1)+T(\boldsymbol{\alpha}_2)$.

(2) 向量的数乘运算:对于任意实数 k 和平面中任意向量 $\boldsymbol{\alpha}_1$,有 $T(k\boldsymbol{\alpha}_1)=kT(\boldsymbol{\alpha}_1)$.

(3) 向量的长度不变:对于任意向量 $\boldsymbol{\alpha}_1$,有 $|T(\boldsymbol{\alpha}_1)|=|\boldsymbol{\alpha}_1|$.

(4) 向量的夹角不变:对于任意向量 $\boldsymbol{\alpha}_1,\boldsymbol{\alpha}_2$,有 $\langle T(\boldsymbol{\alpha}_1),T(\boldsymbol{\alpha}_2)\rangle=\langle\boldsymbol{\alpha}_1,\boldsymbol{\alpha}_2\rangle$.

(5) 向量的内积不变:对于任意向量 $\boldsymbol{\alpha}_1,\boldsymbol{\alpha}_2$,有 $T(\boldsymbol{\alpha}_1)\cdot T(\boldsymbol{\alpha}_2)=\boldsymbol{\alpha}_1\cdot\boldsymbol{\alpha}_2$.

但是,平面上保持向量长度不变的变换不一定是正交变换.

例如,令向量 $\boldsymbol{\alpha}$ 在平面直角坐标系下为 $\boldsymbol{\alpha}=(x_1,x_2)$,满足

$$T(\boldsymbol{\alpha})=T(x_1,x_2)=(|x_1|,|x_2|)$$

显然 T 是平面的一个变换,因为

$$|T(x_1,x_2)|=|(|x_1|,|x_2|)|=\sqrt{|x_1|^2+|x_2|^2}$$

$$|(x_1,x_2)|=\sqrt{x_1^2+x_2^2}$$

所以 T 保持向量的长度不变.但 T 不是正交变换,因为对于任意的 $\boldsymbol{\alpha}=(x_1,x_2)$,$\boldsymbol{\beta}=(y_1,y_2)$,有

$$(T(\boldsymbol{\alpha}),T(\boldsymbol{\beta}))=$$
$$((|x_1|,|x_2|),(|y_1|,|y_2|))=$$
$$|x_1y_1|+|x_2y_2|$$
$$(\boldsymbol{\alpha},\boldsymbol{\beta})=((x_1,x_2),(y_1,y_2))=x_1y_1+x_2y_2$$

二者未必相等.

同样的,平面上保持任意两个向量夹角不变的变换也不一定是正交变换.

例如,设 T 是平面上的一个变换,对于任意 $\boldsymbol{\alpha} \in V$,有 $T(\boldsymbol{\alpha}) = k\boldsymbol{\alpha}$,其中 $k \in \mathbf{R}$.

因为对任意 $\boldsymbol{\alpha},\boldsymbol{\beta} \in V$,$T(\boldsymbol{\alpha})$,$T(\boldsymbol{\beta})$ 夹角的余弦为

$$\frac{(k\boldsymbol{\alpha},k\boldsymbol{\beta})}{|k\boldsymbol{\alpha}|\cdot|k\boldsymbol{\beta}|}=\frac{k^2(\boldsymbol{\alpha},\boldsymbol{\beta})}{k^2|\boldsymbol{\alpha}|\cdot|\boldsymbol{\beta}|}=\frac{(\boldsymbol{\alpha},\boldsymbol{\beta})}{|\boldsymbol{\alpha}|\cdot|\boldsymbol{\beta}|}$$

所以变换 T 保持了向量夹角的不变性,但 T 不是正交变换,因为对于任意的 $\boldsymbol{\alpha},\boldsymbol{\beta} \in V$,有

$$T(\boldsymbol{\alpha},\boldsymbol{\beta}) = (k\boldsymbol{\alpha},k\boldsymbol{\beta}) = k^2(\boldsymbol{\alpha},\boldsymbol{\beta})$$

这未必与$(\boldsymbol{\alpha},\boldsymbol{\beta})$ 相等.

那么,正交变换对于直角坐标系有何作用呢?根据上面的性质,可得正交变换第一基本定理.

定理 1 正交变换 T 把直角坐标系 Ⅰ:$[O;\boldsymbol{e}_1,\boldsymbol{e}_2]$ 变为直角坐标系 Ⅱ:$[O';\boldsymbol{e}_1',\boldsymbol{e}_2']$,且使得任意点 M 在直角坐标系 Ⅰ 中的坐标(x,y) 等于 M 的像 M' 在直角坐标系 Ⅱ 中的坐标(x',y').

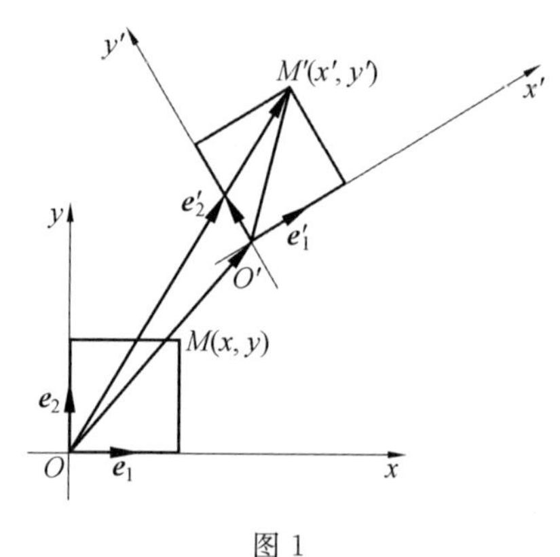

图 1

证明　(周阳锋)只证后面部分.因为

$$\overrightarrow{O'M'}=T(\overrightarrow{OM})=T(x\boldsymbol{e}_1+y\boldsymbol{e}_2)=$$
$$xT(\boldsymbol{e}_1)+yT(\boldsymbol{e}_2)=x\boldsymbol{e}'_1+y\boldsymbol{e}'_2$$

所以任意点M在直角坐标系Ⅰ中的坐标等于M的像M'在直角坐标系Ⅱ中的坐标.

下面我们来证明金秋营试题中要证的结论.

证明　设$O(0,0)$,$\boldsymbol{e}_1=(1,0)$,$\boldsymbol{e}_2=(0,1)$构成平面直角坐标系,设变换T把O,$\boldsymbol{e}_1$,$\boldsymbol{e}_2$分别映射为O',$\boldsymbol{e}'_1$,$\boldsymbol{e}'_2$,设

$$O'(x_0,y_0),\boldsymbol{e}'_1=(a,c),\boldsymbol{e}'_2=(b,d)$$

则对于任意点$X(x,y)$

$$T(X)=O'+x\boldsymbol{e}'_1+y\boldsymbol{e}'_2=$$
$$(O+x_0\boldsymbol{e}_1+y_0\boldsymbol{e}_2)+x(a\boldsymbol{e}_1+c\boldsymbol{e}_2)+$$
$$y(b\boldsymbol{e}_1+d\boldsymbol{e}_2)=$$
$$(ax+by+x_0)\boldsymbol{e}_1+(cx+dy+y_0)\boldsymbol{e}_2$$

所以存在实数a,b,c,d,x_0,y_0,使得变换T把每个点(x,y)映成$(ax+by+x_0,cx+dy+y_0)$.

通过上面一步步分析,我们证明了金秋营试题的结论,并得到了正交变换的一些基本性质.下面我们进一步思考:

设T是平面到自身的映射,如果存在实数a,b,c,d,x_0,y_0,使得变换T把每个点(x,y)映成$(ax+by+x_0,cx+dy+y_0)$,那么T是正交变换吗?

答案是否定的.

事实上,可以得到最下面的定理,这个定理讲了金秋营试题中条件和结论之间的关系.

定理2　当且仅当矩阵$\begin{pmatrix}a & c\\ b & d\end{pmatrix}$是正交矩阵时,“$T$

是正交变换”是“存在实数 a,b,c,d,x_0,y_0，使得 T 把每个点 (x,y) 映成 $(ax+by+x_0,cx+dy+y_0)$”的充要条件.

由此可知，清华大学金秋营试题中的系数 a,b,c,d 必然满足如下性质

$$a^2+c^2=b^2+d^2=1,ab+cd=0$$

正交变换的性质非常好，那么，哪些变换是正交变换呢？

容易证明，正交变换是平面的一个刚体运动（要么是平移变换，要么是旋转变换，要么是平移变换和旋转变换的复合）或镜面反射.

例如，平移变换：$(x',y')=(x+x_0,y+y_0)$ 和旋转变换

$(x',y')=$

$(x\cos\theta-y\sin\theta+x_0,x\sin\theta+y\cos\theta+y_0)$

那么正交变换在数学上有何应用呢？

下面这个重要的定理说明了所有二次曲线都正交等价于九种基本的曲线.

定理 3 通过正交变换，可以把所有二次曲线

$$a_{11}x^2+2a_{12}xy+a_{22}y^2+2a_1x+2a_2y+a_0=0$$

变为下列九种曲线之一 $(a,b,p>0)$

$$\frac{x^2}{a^2}+\frac{y^2}{b^2}=1,\frac{x^2}{a^2}+\frac{y^2}{b^2}=-1,\frac{x^2}{a^2}+\frac{y^2}{b^2}=0$$

$$\frac{x^2}{a^2}-\frac{y^2}{b^2}=1,\frac{x^2}{a^2}-\frac{y^2}{b^2}=0,x^2=2py$$

$$x^2-a^2=0,x^2+a^2=0,x^2=0$$

例 1 选择适当的正交变换把二次曲线

$$11x^2-24xy+4y^2-26x+32y+20=0$$

化为标准形.

解　因为 $11\times 4y^2-12^2\neq 0$,所以曲线是中心型曲线. 则

$$F_1(x,y)=11x-12y-13$$
$$F_2(x,y)=-12x+4y+16$$

所以

$$\cot 2\theta=\frac{4-11}{-24}=\frac{7}{24}$$

因为

$$\cot 2\theta=\frac{1-\tan^2\theta}{2\tan\theta}$$

所以

$$\tan^2\theta+2\cot 2\theta\tan\theta-1=0$$

由 $\tan^2\theta+\frac{7}{12}\tan\theta-1=0$, 解得 $-\tan\theta_1=\frac{4}{3}$, $-\tan\theta_2=-\frac{3}{4}$, 所以对称轴的方程为

$$11x-12y-13+\frac{4}{3}(-12x+4y+16)=0$$

$$11x-12y-13-\frac{3}{4}(-12x+4y+16)=0$$

即

$$3x+4y-5=0,4x-3y-5=0$$

作坐标变换

$$\begin{cases}x'=\dfrac{3x+4y-5}{5}\\ y'=\dfrac{-4x+3y+5}{5}\end{cases}$$

$$A\left(\frac{3x+4y-5}{5}\right)^2+B\left(\frac{-4x+3y+5}{5}\right)^2+C=$$
$$11x^2-24xy+4y^2-26x+32y+20$$

比较系数得

$$\begin{cases}9A+16B=25\times 11\\16A+9B=25\times 4\\25A+25B+25C=25\times 20\end{cases}$$

解得 $A=-5, B=20, C=5$. 所以

$$-5x'^2+20y'^2+5=0$$

即

$$x'^2-\frac{y'^2}{\frac{1}{4}}=1$$

正交变换在求重积分、曲面积分、泰勒(Taylor)展式、近似运算等方面也有着广泛应用，仅举一例.

例 2 求 $f(x,y,z)=\sin(x+y+z)^2$ 在点(0,0,0)的泰勒展式.

解 我们知道 $x+y+z=0$ 的法向量为(1,1,1)，单位长度为 $\left(\frac{1}{\sqrt{3}},\frac{1}{\sqrt{3}},\frac{1}{\sqrt{3}}\right)$，取此方向为变换后的 u 轴，再取两向量的方向为变换后的 v,w 两轴使它们两两正交，如取

$$\left(\frac{1}{\sqrt{2}},-\frac{1}{\sqrt{2}},0\right),\left(\frac{1}{\sqrt{6}},\frac{1}{\sqrt{6}},-\frac{2}{\sqrt{6}}\right)$$

此三向量可构成正交矩阵

$$\boldsymbol{A}=\begin{pmatrix}\frac{1}{\sqrt{3}} & \frac{1}{\sqrt{3}} & \frac{1}{\sqrt{3}}\\ \frac{1}{\sqrt{2}} & -\frac{1}{\sqrt{2}} & 0\\ \frac{1}{\sqrt{6}} & \frac{1}{\sqrt{6}} & -\frac{2}{\sqrt{6}}\end{pmatrix}$$

作正交变换 $(u,v,w)^{\mathrm{T}}=\boldsymbol{A}(x,y,z)^{\mathrm{T}}$，则知 $(x,y,z)=(0,0,0)$ 时，$(u,v,w)=(0,0,0)$.

由于 $(x,y,z)=\boldsymbol{A}'(u,v,w)^{\mathrm{T}}$，则得 $x+y+z=$

$\sqrt{3}u$,这样,求 $\sin(x+y+z)^2$ 在点(0,0,0)的泰勒展式,变成求 $\sin(3u^2)$ 在点(0,0,0)的泰勒展式(即求在 $u=0$ 的泰勒展式),这是一元函数问题,有现成的公式套用

$$\begin{aligned}\sin 3u^2 = {} & 3u^2-\frac{(3u^2)^3}{3!}+\frac{(3u^2)^5}{5!}-\cdots+\\ & (-1)^{n-1}\frac{(3u^2)^{2n-1}}{(2n-1)!}+\\ & (-1)^n\frac{\cos 3\theta u^2}{(2n+1)!}(3u^2)^{2n+1}\\ & (0<\theta<1)\end{aligned}$$

由于

$$u=\frac{x}{\sqrt{3}}+\frac{y}{\sqrt{3}}+\frac{z}{\sqrt{3}}$$

$$\begin{aligned}\sin(x+y+z)^2 = {} & (x+y+z)^2-\frac{(x+y+z)^6}{3!}+\\ & \frac{(x+y+z)^{10}}{5!}-\cdots+\\ & (-1)^{n-1}\frac{(x+y+z)^{4n-2}}{(2n-1)!}+\\ & (-1)^n\frac{\cos[\theta(x+y+z)^2]}{(2n+1)!}\cdot\\ & (x+y+z)^{4n+2}\quad(0<\theta<1)\end{aligned}$$

第四节　保形变换中分式线性变换的运用[①]

2001年桂林师范高等专科学校数学系的李清桂

① 选自《桂林师范高等专科学校学报》(2001年第15卷第4期).

教授通过公式、逆变换、保角与伸缩率、保交比、保圆周、保对称点等多种途径阐述平面到平面、平面到圆、圆到圆、角形区域到平面，月牙形区域到平面等保形变换中运用分式线性变换的解题方式及技巧.

在复变函数中，若函数 $w=f(z)$ 在区域 D 内是单叶且保角的，则称此变换 $w=f(z)$ 在 D 内是保形的，也称之为 D 内的保形变换. 分式线性变换是保形变换中的一种常见的基本变换 $w=\frac{az+b}{cz+d}$，$\begin{vmatrix} a & b \\ c & d \end{vmatrix}=ad-bc\neq 0$，它不仅具有保形变换的保角性，还具有保交比性、保圆周性、保对称点性，且总能转化为整线性变换 $w=kz+h(k\neq 0)$ 及反演变换 $w=\frac{1}{z}$. 显然，有关平面、圆的一些保形变换均可由分式线性变换解决. 下面介绍运用分式线性变换的方法和技巧.

1. 巧用公式

例 1 求一线性变换，它把单位圆 $|z|<1$ 保形变换成圆 $|w-1|<1$，分别将 $z_1=1$，$z_2=-\mathrm{i}$，$z_3=\mathrm{i}$ 变成 $w_1=0$，$w_2=2$，$w_3=1+\mathrm{i}$.

分析 分式线性变换 $w=\frac{az+b}{cz+d}$，$ad-bc\neq 0$ 中有四个未知量 a,b,c,d，其中 a,c 分别是分子、分母一次项的系数，故 $\frac{a}{c}$ 可提出，实质上公式可转化为 $w=k\frac{z-a}{z-b}$ 的形式. 它将 $z=a$ 转化为 $w=0$，将 $z=b$ 转化为 $w=\infty$，且只需三对对应点即可确定变换.

解 设 $w=k\frac{z-a}{z-b}$.

将$\begin{cases} z_1=0 \\ w_1=0 \end{cases}$，$\begin{cases} z_2=-\mathrm{i} \\ w_2=2 \end{cases}$，$\begin{cases} z_3=\mathrm{i} \\ w_3=1+\mathrm{i} \end{cases}$代入公式即得

$$w=(2+2\mathrm{i})\frac{z+1}{z+2+\mathrm{i}}$$

2. 利用逆变换

例 2　线性变换$w=\frac{z}{z-1}$将闭单位圆$|z|\leqslant 1$映成平面w上的什么域？

分析　分式线性变换$w=\frac{az+b}{cz+d}$的逆变换$z=\frac{-dw+b}{cw-a}$可将z的变化范围转化为w的变化范围.

解　$w=\frac{z}{z-1}$的逆变换$z=\frac{w}{w-1}$. 由$|z|\leqslant 1\Rightarrow\left|\frac{w}{w-1}\right|\leqslant 1$，令$w=u+\mathrm{i}v$. 解之得：$u\leqslant\frac{1}{2}$，即$\mathrm{Re}\,w\leqslant\frac{1}{2}$为平面$w$上的闭半平面.

3. 利用保交比性

例 3　求把点$z_1=0,z_2=1,z_3=\infty$变成$w_1=-1,w_2=-\mathrm{i},w_3=1$的线性变换.

分析　这三对对应点可利用公式的变形$w=k\frac{z-a}{z-b}$确定一个分式线性变换，只是要注意当$z_3=\infty$时，w取的是极限值. 此外，也可利用其保交比性，即四点的交比不变

$$(w_1,w_2,w_3,w_4)=(z_1,z_2,z_3,z_4)$$

$$\frac{w_4-w_1}{w_4-w_2}:\frac{w_3-w_1}{w_3-w_2}=\frac{z_4-z_1}{z_4-z_2}:\frac{z_3-z_1}{z_3-z_2}$$

此时,含 ∞ 的项用 1 代替.

解　由分式线性变换的保交比性得

$$\frac{w+1}{w+\mathrm{i}} : \frac{1+1}{1+\mathrm{i}} = \frac{z-0}{z-1} : \frac{1}{1}$$

所以
$$w = \frac{z-\mathrm{i}}{z+\mathrm{i}}$$

4. 利用插入中间平面

例 4　求线性变换 $w=L(z)$,它将 $|z|<1$ 保形变换成 $|w|<1$,且符合条件

$$L\left(\frac{1}{2}\right)=\frac{\mathrm{i}}{2}, L'\left(\frac{1}{2}\right)>0$$

分析　由于 $L\left(\frac{1}{2}\right)=\frac{\mathrm{i}}{2}$,所给的点 $\frac{1}{2}$ 不是圆心,不能直接利用单位圆 → 单位圆的保形变换 $w=\mathrm{e}^{\mathrm{i}\beta}\frac{z-a}{1-\bar{a}z}$,$a$ 是圆心,所以在平面 z 与平面 w 中间插入一个中间平面,使得 $L_1\left(\frac{1}{2}\right)=0$,$\frac{1}{2}$ 是圆心,同时 $L_2\left(\frac{\mathrm{i}}{2}\right)=0$,$\frac{\mathrm{i}}{2}$ 是圆心,通过两个变换复合而成.

解　如图 1,在平面 z 与平面 w 之间插入中间平面 y,使线性变换 $y=L_1(z)$ 及 $y=L_2(w)$ 分别满足条件:

(1) $L_1\left(\frac{1}{2}\right)=0, L_1'\left(\frac{1}{2}\right)>0$;

(2) $L_2\left(\frac{\mathrm{i}}{2}\right)=0, L_2'\left(\frac{\mathrm{i}}{2}\right)>0$.

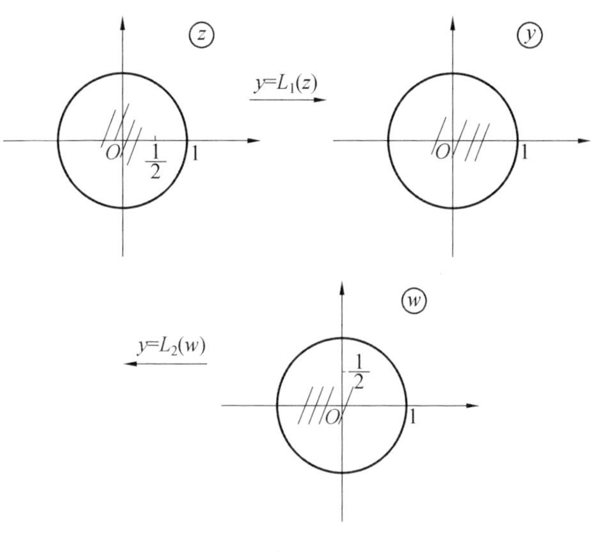

图 1

由(1)知：$\frac{1}{2}$ 是圆心

$$\beta=\arg L_1'\left(\frac{1}{2}\right)=0$$

$$y=\frac{z-\frac{1}{2}}{1-\frac{1}{2}z}=\frac{2z-1}{2-z}$$

由(2)知：$\frac{\mathrm{i}}{2}$ 是圆心

$$\beta=\arg L_2'\left(\frac{\mathrm{i}}{2}\right)=0$$

$$y=\frac{w-\frac{\mathrm{i}}{2}}{1-\frac{\mathrm{i}}{2}w}=\frac{2w-\mathrm{i}}{2+\mathrm{i}w}$$

所以$\dfrac{2w-\mathrm{i}}{2+\mathrm{i}w}=\dfrac{2z-1}{2-z}$，所以 $w=\dfrac{2(\mathrm{i}-1)+(4-\mathrm{i})z}{(4+\mathrm{i})-2(1+\mathrm{i})z}$ 为所求.

5. 利用保圆性

例 5 求区域 $|z|<2$，$|z-1|>1$ 到上半平面的一个保形变换.

分析 在分式线性变换下，圆周(直线)变成圆周或直线(在扩充平面上，直线视为过无穷远点的圆周)，如图 2 所示，关键是将 $z=2\to w=\infty$，这样月牙形区域转化为带形区域.

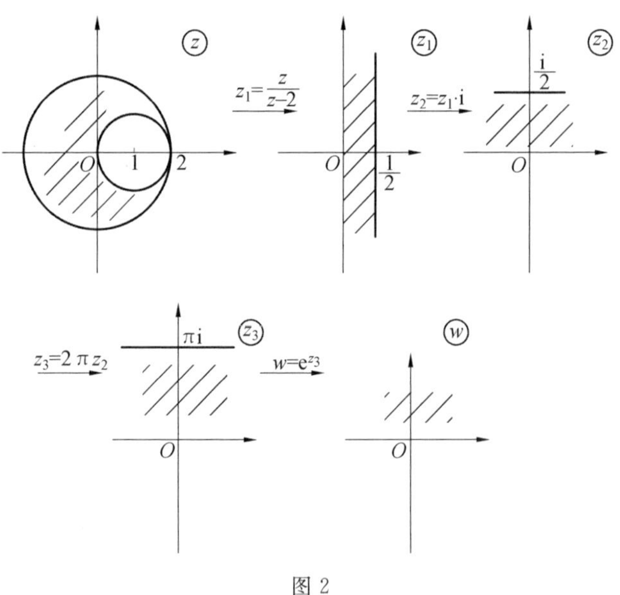

图 2

解 以 $z=0$ 为原点，$z=2$ 为无穷远点，连续变换如下

$$z_1=\frac{z}{z-2}, z_2=z_1\cdot \mathrm{i}, z_3=2\pi z_2, w=\mathrm{e}^{z_3}$$

所以
$$w=\mathrm{e}^{2\pi \mathrm{i}\frac{z}{z-2}}$$

6. 利用保对称点性

例 6　求出将圆 $|z-4\mathrm{i}|<2$ 变成半平面 $v>u$ 的保形变换，使得圆心变到 -4，而圆周上的点 $2\mathrm{i}$ 变到 $w=0$.

分析　由分式线性变换的关于圆周(直线)的保对称点性，圆心关于圆周(直线)的对称点是 ∞ 点，圆心 $4\mathrm{i}$ 变成 -4，-4 关于 $u=v$ 的对称点为 $-4\mathrm{i}$，$-4\mathrm{i}$ 的原像即为 ∞ 点，故共有三对对应点：$+4\mathrm{i}\leftrightarrow -4, 2\mathrm{i}\leftrightarrow 0, \infty\leftrightarrow -4\mathrm{i}$.

解法 1　利用保交比不变

$$\frac{w-w_1}{w-w_2}:\frac{w_3-w_1}{w_3-w_2}=\frac{z-z_1}{z-z_2}:\frac{z_3-z_1}{z_3-z_2}$$

解法 2　插入中间平面 y：圆 → 单位圆 ← 半平面，变换如图 3 所示

$$y=\frac{z-4\mathrm{i}}{2}, y=\mathrm{e}^{\mathrm{i}\beta}\frac{w+4}{w+4\mathrm{i}}$$

所以 $\frac{z-4\mathrm{i}}{2}=\mathrm{e}^{\mathrm{i}\beta}\frac{w+4}{w+4\mathrm{i}}$，将 $z=2\mathrm{i}, w=0$ 代入，即得 $\mathrm{e}^{\mathrm{i}\beta}=1$，所以

$$w=-4\mathrm{i}\frac{z-2\mathrm{i}}{z-2(1+2\mathrm{i})}$$

解法 3　圆到半平面的变换实质是一个分式线性变换，可令 $w=k\cdot\frac{z-a}{z-b}$，当 $z=\infty$ 时，取极限值 $w=k=-4\mathrm{i}$，将 $-4\mathrm{i}\leftrightarrow -4, 2\mathrm{i}\leftrightarrow 0$ 代入即可.

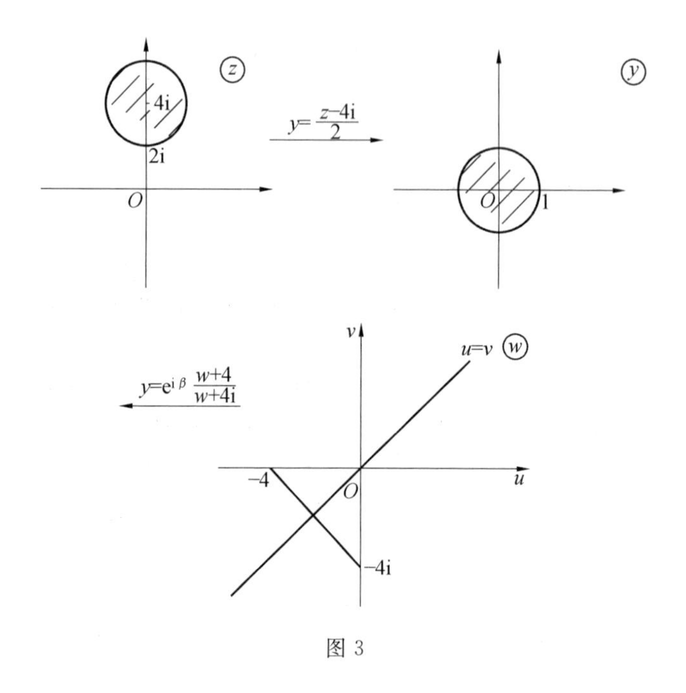

图 3

7. 利用保角性

例 7　求区域：$|z+\mathrm{i}|<2, \mathrm{Im}\, z>0$ 变到上半平面的保形变换.

分析　在分式线性变换下，是保角的.

因为 $\arg f'(z_0)$ 只与点 z_0 有关，与过 z_0 的曲线无关，即过 z_0 的一对曲线的交角与过像点 w_0 的一对像曲线的交角大小相等，方向一致. 取点$\sqrt{3}$ 对应 ∞ 点，这样两角形区域转变成两条射线构成的张角区域.

解　连续变换如图 4 所示：以 $-\sqrt{3}\leftrightarrow 0, \sqrt{3}\leftrightarrow\infty$，得：$z_1=\mathrm{e}^{\mathrm{i}\beta}\dfrac{z+\sqrt{3}}{z-\sqrt{3}}$，因为当 $z=0$ 时，$z_1>0$，$\mathrm{e}^{\mathrm{i}\beta}=-1$，即

$0 \leftrightarrow 1$,所以 $z_1 = -\dfrac{z+\sqrt{3}}{z-\sqrt{3}}$. 由 $z_1 \to w$,得 $w = z_1^3$,因为

$w = -\left(\dfrac{z+\sqrt{3}}{z-\sqrt{3}}\right)^3$ 为所求.

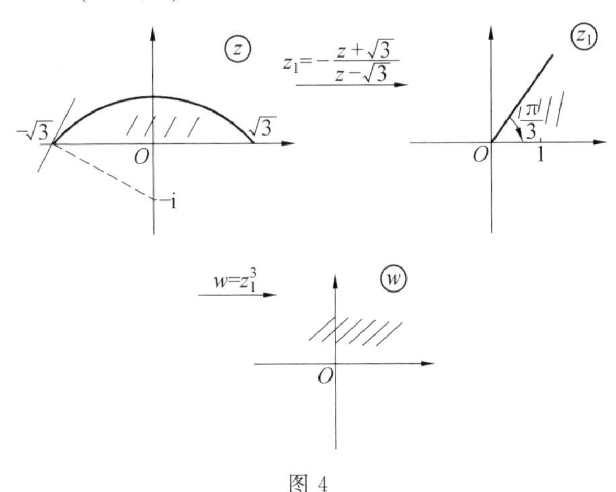

图 4

结论 分析线性变换是保形变换中一个重要的变换,它体现了平面 → 平面,平面 → 圆,圆 → 圆之间的变换形式,显然,采取不同途径的变换,最后的连续变换结果可能不一样,这就说明了保形变换的形式有些是不唯一的.

第五节 再谈保形变换中分式线性变换的运用[①]

2012 年,保山学院数学学院的郑治波、赵文燕和

① 选自《保山学院学报》(2012 年第 5 期).

西北工业大学应用数学系的冯廷福三位教授研究了分式线性变换在证明某些不等式和计算某类型二重复积分中的作用以及它的保交比性、保圆周性、保对称点性在罗巴切夫斯基(Lobachevsky)几何模型—庞加莱(Poincaré)模型中的运用.

分式线性变换是保形变换中的一种最常见的基本变换

$$w=\frac{az+b}{cz+d},\begin{vmatrix} a & b \\ c & d \end{vmatrix}=ad-bc\neq 0$$

它不仅具有保形变换的保角性,还具有保交比性、保圆周性、保对称点性,不仅在处理边界为圆弧或直线的区域的变换中有很大的作用,而且在非欧几何中扮演重要的角色.

例 1 求一单位圆盘 $D=\{z \mid |z|<1\}$ 单叶保形变换为单位圆盘 $G=\{w \mid |w|<1\}$ 的变换.

解 令 $z=a(|a|<1)$ 对应于单位圆盘内一点 $w=0$. 由于分式线性变换的保对称点性,知点 $z=\frac{1}{\bar{a}}$ 一定对应于点 $w=\infty$.

于是

$$w=k\frac{z-a}{z-\frac{1}{\bar{a}}}=\bar{a}k\frac{z-a}{\bar{a}z-1}=k^*\frac{z-a}{\bar{a}z-1}=L(z)\ (1)$$

再令 $z=1$ 对应于单位圆周上任意一点,有

$$L(1)=1,\ |w|=|k^*|=1 \qquad (2)$$

所以 $k^*=e^{i\theta}$(θ 为实数).

由式(1)(2)得

$$w=e^{i\theta}\frac{z-a}{\bar{a}z-1}\quad (|a|<1,\theta \text{ 为实数})$$

1. 分式线性变换在证明某些不等式中的作用

命题 1　设 $|z_0|<1$，z 为复平面上的点，则

$$\left|\frac{z-z_0}{\bar{z}_0 z-1}\right|\begin{cases}=1, & |z|=1\\<1, & |z|<1\\>1, & |z|>1\end{cases}$$

证明　当 $|z|=1$，即 $|\bar{z}|=1$ 时，因为 $z\neq z_0$，所以

$$\left|\frac{z-z_0}{\bar{z}_0 z-1}\right|=\frac{|z-z_0|}{|\bar{z}||\bar{z}_0 z-1|}=\frac{|z-z_0|}{|\bar{z}\bar{z}_0 z-\bar{z}|}=$$
$$\left|\frac{z-z_0}{\bar{z}_0-\bar{z}}\right|=\left|\frac{z-z_0}{\overline{z_0-z}}\right|=$$
$$\left|\frac{z-z_0}{\overline{z-z_0}}\right|=1$$

当 $|\bar{z}|<1$ 时，有

$$|\bar{z}|^2(1-|z_0|^2)<1-|z_0|^2$$

故

$$|z|^2+|z_0|^2<1+|\bar{z}_0|^2|z|^2$$

又

$$|z-z_0|^2=(z-z_0)(\bar{z}-\bar{z}_0)=$$
$$|z|^2+|z_0|^2-2(z\bar{z}_0+z_0\bar{z})<$$
$$|\bar{z}_0|^2|z|^2+1-2(\bar{z}_0 z+z_0\bar{z})$$

又因为

$$|\bar{z}_0 z-1|^2=(\bar{z}_0 z-1)(z_0\bar{z}-1)=$$
$$|\bar{z}_0|^2|z|^2+1-2(\bar{z}_0 z+z_0\bar{z})$$

所以 $\left|\frac{z-z_0}{\bar{z}_0 z-1}\right|^2<1$，因为复数的模非负，所以 $\left|\frac{z-z_0}{\bar{z}_0 z-1}\right|<1$.

当 $|z|>1$ 时

$$|z|^2(1-|z_0|^2)>1-|z_0|^2$$

故

$$|z|^2+|z_0|^2>1+|z|^2|z_0|^2$$

又

$$\begin{aligned}|z-z_0|^2=(z-z_0)(\bar{z}-\bar{z}_0)=\\ |z|^2+|z_0|^2-(z\bar{z}_0+\bar{z}z_0)>\\ 1+|z|^2|z_0|^2-(z\bar{z}_0+\bar{z}z_0)\end{aligned}$$

$$\begin{aligned}|\bar{z}_0z-1|^2=(\bar{z}_0z-1)(z_0\bar{z}-1)=\\ 1+|z|^2|z_0|^2-(z\bar{z}_0+\bar{z}z_0)\end{aligned}$$

所以 $\left|\dfrac{z-z_0}{\bar{z}_0z-1}\right|^2>1$，因为复数的模非负，所以 $\left|\dfrac{z-z_0}{\bar{z}_0z-1}\right|>1$.

命题 2 设 $f(z)$ 在 $|z|<1$ 解析，$P(z)=z^m+\sum\limits_{k=1}^{m}a_{kz}^{m-k}$（$m$ 是实数，$a_1,a_2,\cdots,a_m$ 是常数），则

$$f(0)\leqslant\frac{1}{2\pi}\int_0^{2\pi}|P(\mathrm{e}^{\mathrm{i}\theta})|\cdot|f(\mathrm{e}^{\mathrm{i}\theta})|\,\mathrm{d}\theta$$

证明 由 $P(z)=z^m+\sum\limits_{k=1}^{m}a_{kz}^{m-k}$，知 $P(z)$ 有 m 个根，由已知条件得 $P(z)$ 可以分解为

$$P(z)=\prod_{j=1}^{m}(z-z_j)$$

即

$$P(\mathrm{e}^{\mathrm{i}\theta})=\prod_{j=1}^{m}(\mathrm{e}^{\mathrm{i}\theta}-z_j)$$

设 $w=f(\mathrm{e}^{\mathrm{i}\theta})\dfrac{\mathrm{e}^{\mathrm{i}\theta}-z_j}{1-\mathrm{e}^{\mathrm{i}\theta}\bar{z}_j}$ 是单位圆盘到单位圆盘的

一个共形映射,则有:

当 $|z_j|\geqslant 1$ 时

$$\left|\frac{e^{i\theta}-z_j}{1-e^{i\theta}\bar{z}_j}\right|\geqslant 1$$

即

$$|e^{i\theta}-z_j|\geqslant|1-e^{i\theta}\bar{z}_j|$$

$$P(e^{i\theta})=\prod_{|z_j|<1}^{m}(e^{i\theta}-z_j)\prod_{|z_j|\geqslant 1}^{m}(e^{i\theta}-z_j)$$

$$\frac{1}{2\pi}\int_0^{2\pi}|P(e^{i\theta})||f(e^{i\theta})|d\theta=\frac{1}{2\pi}\int_0^{2\pi}|f(e^{i\theta})|\cdot$$

$$\left|\prod_{|z_j|<1}^{m}(e^{i\theta}-z_j)\prod_{|z_j|\geqslant 1}^{m}(e^{i\theta}-z_j)\right|d\theta=$$

$$\frac{1}{2\pi}\int_0^{2\pi}|f(e^{i\theta})|\cdot$$

$$\left|\prod_{|z_j|<1}^{m}(e^{i\theta}-z_j)\left(\prod_{|z_j|\geqslant 1}^{m}\frac{e^{i\theta}-z_j}{1-\bar{z}_je^{i\theta}}\cdot(1-e^{i\theta}\bar{z}_j)\right)\right|d\theta=$$

$$\frac{1}{2\pi}\int_0^{2\pi}|f(e^{i\theta})|\cdot$$

$$\left|\prod_{|z_j|<1}^{m}(e^{i\theta}-z_j)\prod_{|z_j|\geqslant 1}^{m}\left|\frac{e^{i\theta}-z_j}{1-\bar{z}_je^{i\theta}}\right|\cdot|1-e^{i\theta}\bar{z}_j|\right|d\theta=$$

$$\frac{1}{2\pi}\int_0^{2\pi}|f(e^{i\theta})|\left|\prod_{|z_j|<1}^{m}(e^{i\theta}-z_j)\prod_{|z_j|\geqslant 1}^{m}|1-e^{i\theta}\bar{z}_j|\right|d\theta\geqslant$$

$$\left|f(0)\prod_{|z_j|\geqslant 1}^{m}z_j\right|\geqslant|f(0)|$$

命题3　设 $D=\{z\mid|z|<1\}$,$f(z)$ 是 D 到 D 的解析映射,则对于 $\forall a\in D$ 有

$$\frac{|f'(a)|}{1-|f'(a)|^2}\leqslant\frac{1}{1-|a|^2}$$

证明　取

$$F(z)=\frac{f(z)-f(a)}{1-\overline{f(a)}f(z)}\cdot\frac{1-\bar{z}a}{z-a}$$

由于 $f(z)$ 是 D 到 D 的解析映射，所以 $F(z)$ 在 D 内解析，且有

$$\left|\frac{f(z)-f(a)}{1-\overline{f(a)}f(z)}\right|\leqslant 1,\left|\frac{1-\bar{z}a}{z-a}\right|\leqslant 1$$

即得

$$|F(z)|=\left|\frac{f(z)-f(a)}{1-\overline{f(a)}f(z)}\right|\cdot\left|\frac{1-\bar{z}a}{z-a}\right|\leqslant 1$$

对于 $\forall a\in D$ 得

$$\lim_{z\to a}|F(z)|=\lim_{z\to a}\left|\frac{f(z)-f(a)}{1-\overline{f(a)}f(z)}\cdot\frac{1-\bar{z}a}{z-a}\right|=$$

$$\lim_{z\to a}\left(\left|\frac{f(z)-f(a)}{1-\overline{f(a)}f(z)}\right|\cdot\left|\frac{1-\bar{z}a}{z-a}\right|\right)=$$

$$\lim_{z\to a}\left|\frac{f(z)-f(a)}{z-a}\cdot\frac{1-\bar{z}a}{1-\overline{f(a)}f(z)}\right|=$$

$$\lim_{z\to a}\left|\frac{f(z)-f(a)}{z-a}\right|\cdot$$

$$\lim_{z\to a}\left|\frac{1-\bar{z}a}{1-\overline{f(a)}f(z)}\right|=$$

$$|f'(a)|\cdot\frac{1-|a|^2}{1-|f(a)|^2}$$

又因为 $\lim\limits_{z\to a}|F(z)|\leqslant 1$，即

$$|f'(a)|\cdot\frac{1-|a|^2}{1-|f(a)|^2}\leqslant 1$$

所以

$$\frac{|f'(a)|}{1-|f'(a)|^2}\leqslant\frac{1}{1-|a|^2}$$

2. 分式线性变换在计算某类型二重复积分中的作用

命题 4　设 $f(z)=\dfrac{z_0-z}{1-\overline{z}_0 z}$（其中 z_0 是复常数，且 $|z_0|<1$），则

$$\frac{1}{\pi}\iint\limits_{|z|\leqslant 1}|f'(z)|^2\mathrm{d}x\mathrm{d}y=1$$

证明　设

$$z=x+\mathrm{i}y,w=u(x,y)+\mathrm{i}v(x,y)$$

$$w=f(z)=\frac{z_0-z}{1-\overline{z}_0 z}$$

是单位圆盘到单位圆盘的一个共形映射，且

$$\pi=\iint\limits_{|w|\leqslant 1}\mathrm{d}u\mathrm{d}v,J=\begin{vmatrix}u_x & u_y\\ v_x & v_y\end{vmatrix}=u_xv_y-v_xu_y$$

由 $f(z)$ 在 $D=\{z\,|\,|z|\leqslant 1\}$ 可导，则满足 C－R 条件，即 $u_x=v_y,u_y=-v_x$，且有

$$f'(z)=u_x+\mathrm{i}v_x=v_y-\mathrm{i}u_y$$

所以

$$|f'(z)|^2=u_x^2+v_x^2=u_y^2+v_y^2$$

$$|J|=|u_xv_y-v_xu_y|=u_x^2+v_x^2=u_y^2+v_y^2$$

$$\pi=\iint\limits_{|w|\leqslant 1}\mathrm{d}u\mathrm{d}v=\iint\limits_{|z|\leqslant 1}|J|\,\mathrm{d}x\mathrm{d}y=\iint\limits_{|z|\leqslant 1}|f'(z)|^2\mathrm{d}x\mathrm{d}y$$

所以

$$\frac{1}{\pi}\iint\limits_{|z|\leqslant 1}|f'(z)|^2\mathrm{d}x\mathrm{d}y=1$$

注　命题 4 在计算积分区域为 $|z|\leqslant 1$，被积函数为 $|f'(z)|^2$（$f(z)=\dfrac{z_0-z}{1-\overline{z}_0 z}$（其中 z_0 是复常数，且 $|z_0|<1$））的二重复积分时可以大大简化计算，且有

这样的结果

$$\iint_{|z|\leqslant 1} |f'(z)|^2 \mathrm{d}x\mathrm{d}y = \pi$$

下面是这方面的运用的实例.

例 2 设 $z=x+\mathrm{i}y, z_0=x_0+\mathrm{i}y_0$(其中 z_0 是复常数,且 $|z_0|\leqslant 1$),取 $z_0=\frac{1}{2}$,则

$$f(z)=\frac{z_0-z}{1-\bar{z}_0 z}=\frac{\frac{1}{2}-z}{1-\frac{1}{2}z}=\frac{1-2z}{2-z}$$

$$f'(z)=\frac{-2(2-z)+(1-2z)}{(2-z)^2}=\frac{-3}{(2-z)^2}$$

$$|f'(z)|^2=f'(z)\overline{f'(z)}=\frac{-3}{(2-z)^2}\cdot\frac{-3}{(2-\bar{z})^2}=$$

$$\frac{9}{|2-z|^4}=\frac{9}{((2-x)^2+y^2)^2}$$

则有

$$\iint_{|z|\leqslant 1} |f'(z)|^2 \mathrm{d}x\mathrm{d}y = \iint_{|z|\leqslant 1} \frac{9}{((2-x)^2+y^2)^2}\mathrm{d}x\mathrm{d}y = \pi$$

例 3 设 $z=x+\mathrm{i}y, z_0=x_0+\mathrm{i}y_0$(其中 z_0 是复常数,且 $|z_0|\leqslant 1$),即 $z_0=0$,则

$$f(z)=\frac{z_0-z}{1-\bar{z}_0 z}=-z$$

即

$$f'(z)=-1,\ |f'(z)|^2=1$$

则有

$$\iint_{|z|\leqslant 1} |f'(z)|^2 \mathrm{d}x\mathrm{d}y = \pi$$

3. 分式线性变换在罗巴切夫斯基几何模型——庞加莱模型中的一些基本运用

双曲非欧几何又叫罗巴切夫斯基几何，有时简称为双曲几何或非欧几何. 法国数学家庞加莱给出了一个罗巴切夫斯基几何模型，在这个模型中把非欧几何与分式线性变换联系起来. 庞加莱的这一模型为罗巴切夫斯基几何的应用开辟了道路，特别是在解析函数论、黎曼(Riemann) 曲面、自守函数等数学分支中产生了广泛的应用，尤其是直到现在许多现代数学的重要研究仍然要借助于这一模型.

庞加莱模型：庞加莱将圆盘 $D_R=\{(x,y)\mid x^2+y^2<R^2\}$ 考虑为罗巴切夫斯基平面，并且把 D_R 中垂直于 $C_R=\{(x,y)\mid x^2+y^2=R^2\}$ 的圆弧或垂直于 C_R 的直线弧视为非欧直线.

从图 1 中可以直观地看出罗巴切夫斯基几何中三角形的内角和小于平角，而图 2 则表明过非欧直线 L 外一点 P 有无穷多条非欧直线与 L 不相交.

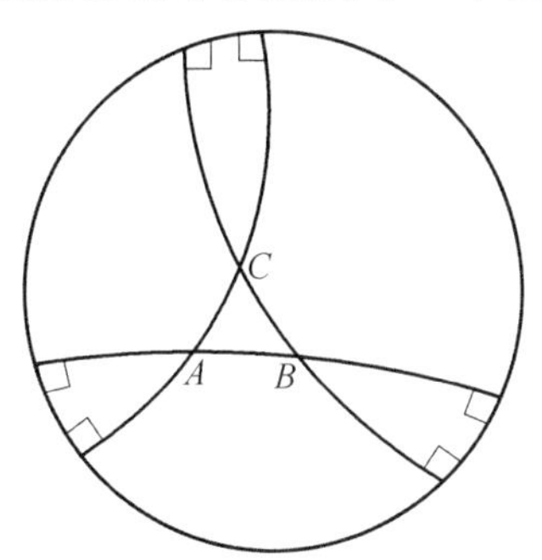

图 1　非欧三角形

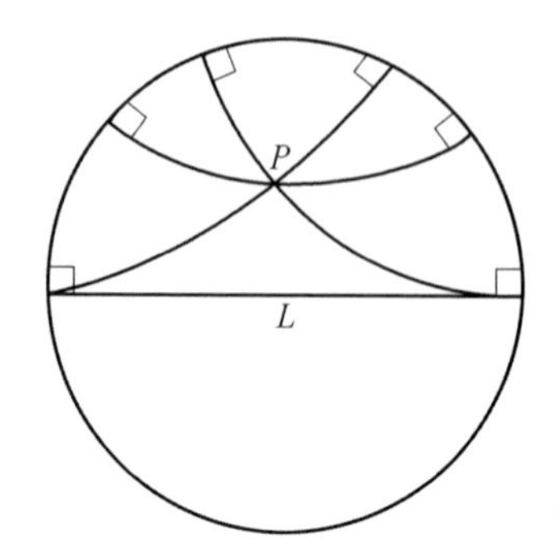

图 2　非欧平行线

定义 1　庞加莱用交比定义了 D_R 中任意两点 a 与 b 的非欧距离(可认为非欧直线任意两点间非欧线段的长度为这两点的非欧距离)

$$d(a,b)=k\log[a,b;b',a']=$$
$$k\log\left(\frac{|a'-b|}{|a'-a|}:\frac{|b'-b|}{|b'-a|}\right)=$$
$$k\log\frac{|a'-b|\cdot|b'-a|}{|a'-a|\cdot|b'-b|}$$

其中 k 为正常数,而 a',b' 是过 a,b 的非欧直线的端点,如图 3 所示,与此定义等价的定义是

$$d(a,b)=k\log\frac{|R^2-\bar{a}b|+R|b-a|}{|R^2-\bar{a}b|-R|b-a|}$$

根据交比的定义,可以验证点 $z=0$ 到点 $z=r(0<r<R)$ 的非欧距离为

$$d(o,r)=k\log\frac{R+r}{R-r}$$

证明　庞加莱用交比定义了 D_R 中任意两点 a 与 b 的非欧距离的公式为

$$d(a,b)=k\log[a,b;b',a']=$$
$$k\log\left(\frac{|a'-b|}{|a'-a|}:\frac{|b'-b|}{|b'-a|}\right)=$$

$$k\log\frac{|a'-b|\cdot|b'-a|}{|a'-a|\cdot|b'-b|}$$

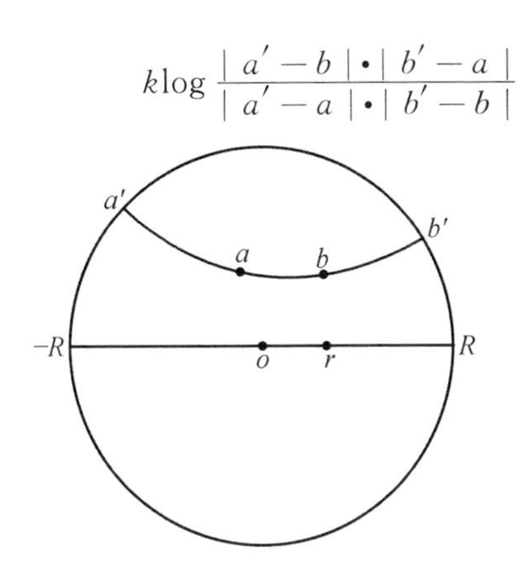

图 3　庞加莱距离

当 $a=o,b=r,b'=R,a'=-R$ 时，就可以得到点 $z=0$ 到点 $z=r(0<r<R)$ 的非欧距离，即

$$d(o,r)=k\log[o,r;R,-R]=$$
$$k\log\frac{|-R-r|\cdot|R-r|}{|-R-0|\cdot|R-0|}=$$
$$k\log\frac{R+r}{R-r}$$

定义 2　若变换 f 是 $D_R(D_R=\{z\mid |z|<R\})$ 到 D_R 的一个解析变换，它保持 D_R 中任意两点的非欧距离不变，也即

$$d(a,b)=d(f(a),f(b)\quad(\forall a,b\in D_R)$$

则称 f 是一个非欧刚体运动或简称非欧运动.

命题 5　设 a 是 D_R 中的一点，θ 是任意一个实数，则分式线性变换 $w=f_a(z)=R^2e^{i\theta}\dfrac{z-a}{R^2-\bar{a}z}$ 将 D_R 变成 D_R，并在 D_R 上做非欧刚体运动.

证明　设 a 是 D_R 中的一点，θ 是任意一个实数，取分式线性变换 $g_a(z)=\dfrac{R^2(z-a)}{R^2-\bar{a}z}$，即有

$$\overline{g_a(z)} = \frac{R^2(\bar{z}-\bar{a})}{R^2 - a\bar{z}}$$

则

$$g_a(z)\cdot\overline{g_a(z)} = \frac{R^2(z-a)}{R^2-\bar{a}z}\cdot\frac{R^2(\bar{z}-\bar{a})}{R^2-a\bar{z}} = \frac{R^4(|z|^2+|a|^2-(a\bar{z}+\bar{a}z))}{R^4-R^2(a\bar{z}+\bar{a}z)+|a|^2|z|^2}$$

又因为在圆周 C_R 上有 $z=\frac{R^2}{\bar{z}}$,则有

$$g_a(z)\cdot\overline{g_a(z)} = \frac{R^4(|z|^2+|a|^2-(a\bar{z}+\bar{a}z))}{R^4-R^2(a\bar{z}+\bar{a}z)+|a|^2|z|^2} = \frac{R^4(R^2+|a|^2-(a\bar{z}+\bar{a}z))}{R^4-R^2(a\bar{z}+\bar{a}z)+R^2|a|^2} = R^2$$

所以此分式线性变换保持圆周 C_R 不变,并且由于 $g_a(a)=0$(把 D_R 内的一点 a 变成 D_R 内的一点 0),故有 $g_a(D_R)=D_R$. 另外,变换 $f_a(z)$ 是先做变换 $g_a(z)$ 再复合以旋转变换,而旋转变换也把 D_R 变换成 D_R,所以 $f_a(z)$ 将 D_R 变换成 D_R.

由分式线性变换 $f_a(z)$ 的保圆周性及保角性可以推出 $f_a(z)$ 将 D_R 内的非欧直线映射成非欧直线,我们知道任意两点的非欧距离是通过它们的非欧直线在 D_R 的边界上的端点及该两点的交比定义的,$f_a(z)$ 又保持交比不变,故 $f_a(z)$ 保持非欧距离不变.

由于庞加莱模型中用交比定义距离使得我们可以用分式线性变换来表示非欧刚体运动. 设 a 是 D_R 中的一点,考虑分式线性变换

$$w = f_a(z) = \frac{R^2(z-a)}{R^2-\bar{a}z}$$

可知此变换可以用来表示将点 a 移至点 $z=0$ 的非欧刚

体运动.

对于任意两点 $a,b\in D_R$,映射 $w=f_b^{-1}\cdot f_a$ 将 a 变为 b,并且保持非欧距离不变,由此可见,在庞加莱模型中可以用分式线性变换 $w=f_b^{-1}\cdot f_a$ 表示做非欧刚体运动将任意一点 a 移至 b.

第六节　关于保形变换的一个逆定理①

1936 年,D. Menchoff 曾证明了复变函数论中保形变换的一个重要定理(本节定理 2) 中(1) 之逆为真. 1991 年,九江师范专科学校数学系的李君士教授证明了该定理中(2) 之逆亦真.

1. 预备知识

定义 1　若 $f(E)\subseteq F$,且对 F 的任一点 w,有 E 的点 z,使得 $w=f(z)$,则称 $w=f(z)$ 把 E 变(映) 成 F(简记为 $f(E)=F$),或称 $w=f(z)$ 是 E 到 F 的满变换.

定义 2　若 $w=f(z)$ 在区域 D 内是单叶且保角的,则称此变换 $w=f(z)$ 在 D 内是保形的,也称它为 D 内的保形变换.

定理 1　若函数 $f(z)$ 在区域 D 内单叶解析,则在 D 内 $f'(z)\neq 0$.

证明　若有 D 的点 z_0 使 $f'(z_0)=0$,则 z_0 必为 $f(z)-f(z_0)$ 的一个 $n(n\geqslant 2)$ 级零点,由零点的孤立性,存在 $\partial>0$,使在圆周 C: $|z-z_0|=\partial$ 上

① 选自《九江师专学报》(自然科学报)(1991 年第 10 卷第 6 期).

$$f(z)-f(z_0)\neq 0$$

在 C 的内部，$f(z)-f(z_0)$ 及 $f'(z)$ 无异于 z_0 的零点.

设 m 表示 $|f(z)-f(z_0)|$ 在 C 上的下确界，则由 Rouche 定理知，当 $0<|-a|<m$ 时，$f(z)-f(z_0)-a$ 在圆周 C 的内部亦恰有 n 个零点. 但这些零点无一为多重点，理由是 $f'(z)$ 在 C 内部除 z_0 外无其他零点，而 z_0 显然非 $f(z)-f(z_0)-a$ 的零点.

故命 $z_1,z_2,\cdots,z_n$ 表示 $f(z)-f(z_0)-a$ 在 C 内部的 n 个相异零点，于是

$$f(z_K)=f(z_0)+a \quad (K=1,2,\cdots,n)$$

这与 $f(z)$ 的单叶性假设矛盾.

故在区域 D 内 $f'(z)\neq 0$.

2. 一个逆定理

定理 2 设 $w=f(z)$ 在区域 D 内单叶解析，则：

(1) $w=f(z)$ 将 D 保形变换成区域 $G=f(D)$；

(2) 反函数 $z=f^{-1}(w)$ 在区域 G 内单叶解析，且

$$f^{-1\prime}(w_0)=\frac{1}{f'(z_0)} \quad (z_0\in D, w_0=f(z_0)\in G)$$

定理的证明参见钟玉泉先生编写的《复变函数论》(第二版)(1988 年 5 月，高等教育出版社出版).

D. Menchoff 曾经证明本定理(1) 之逆为真，即："若 $w=f(z)$ 将区域 D 保形变换成区域 G，则 $w=f(z)$ 在 D 内单叶解析." 其证明可见 D. Menchoff, *Les conditions de monogénéité*(巴黎，1936 年，39 页及以后).

本节提出该定理(2) 之逆命题亦真. 其逆命题及证明如下：

定理 3 若函数 $w=f(z), z\in D$，其反函数 $z=f^{-1}(w)$ 在区域 G 内存在且单叶解析，则 $w=f(z)$ 在区域 D 内单叶解析，其中

$$D=f^{-1}(G)$$

且

$$f'(z_0)=\frac{1}{f^{-1\prime}(w_0)}\quad (w_0\in G, z_0=f^{-1}(w_0)\in D)$$

证明 因为 $z=f^{-1}(w)$ 在区域 G 内单叶解析，所以由定理 2(1)，$z=f^{-1}(w)$ 将 G 保形变换成区域

$$D=f^{-1}(G)$$

又由定理 1，因为 $z=f^{-1}(w)$ 在区域 G 内单叶解析，所以对 $\forall w_0\in G$，有 $f^{-1\prime}(w_0)\neq 0$，又因 $z=f^{-1}(w)$ 是 G 到 D 的单叶满变换，因而是 G 到 D 的一对一变换. 于是当 $z\neq z_0$ 时，$w\neq w_0$，即函数 $w=f(z)$ 在区域 D 内单叶，故

$$\frac{f(z)-f(z_0)}{z-z_0}=\frac{w-w_0}{z-z_0}=\frac{1}{\dfrac{z-z_0}{w-w_0}}$$

由假设，知 $z=f^{-1}(w)=x(u,v)+\mathrm{i}y(u,v)$ 在 G 内解析，于是在 G 内满足 C－R 条件

$$x_u=y_v, x_v=-y_u$$

故

$$\begin{vmatrix} x_u & x_v \\ y_u & y_v \end{vmatrix}=\begin{vmatrix} x_u & -y_u \\ y_u & x_u \end{vmatrix}=x_u^2+y_u^2=$$

$$|f^{-1\prime}(w)|^2\neq 0\quad (w\in G)$$

由数学分析隐函数存在定理，存在两个函数

$$u=u(x,y), v=v(x,y)$$

在点 $z_0=x_0+\mathrm{i}y_0(z_0=f^{-1}(w_0)\in D)$ 及其一个邻域 $N_\varepsilon(z_0)(N_\varepsilon(z_0)\subseteq D)$ 内连续，即在邻域 $N_\varepsilon(z_0)$ 中，当

$z \to z_0$ 时，必有 $w=f(z) \to w_0=f(z_0)$. 故

$$\lim_{z\to z_0}\frac{f(z)-f(z_0)}{z-z_0}=\frac{1}{\lim\limits_{w\to w_0}\frac{z-z_0}{w-w_0}}=\frac{1}{\lim\limits_{w\to w_0}\frac{f^{-1}(w)-f^{-1}(w_0)}{w-w_0}}=\frac{1}{{f^{-1}}'(w_0)}$$

所以

$$f'(z_0)=\frac{1}{{f^{-1}}'(w_0)}\quad (w_0\in G, z_0=f^{-1}(w_0)\in D)$$

由 w_0 或 z_0 的任意性，即知 $w=f(z)$ 在区域 D 内单叶解析.

从而得定理 2 的(1) 和(2) 的逆命题皆为真命题.

柯朗谈变换下的不变性[①]

第二章

第一节 引 言

1. 几何性质的分类,变换下的不变性

几何学所讨论的是平面和空间图形的性质. 这些性质形形色色、名目繁多,以至有必要用某些分类的方法把这些丰富的知识条理化. 例如,人们可以根据推导定理时所用的方法引进一种分类. 从这个观点出发,把它分为"综合"的和"解析"的两种方法. 前一种是经典的欧几里得(Euclid)公理方法,其内容是建立在纯粹几何的基础上,与代数以及数的连续统的观念无关,而且定

① 摘自《什么是数学:对思想和方法的基本研究》(第三版). R. 柯朗,H. 罗宾著,左平,张饴慈译,复旦大学出版社,2014.

理是借助逻辑推理从称为公理或公设的一组初始命题导出的. 第二种方法是在引进数值坐标的基础上，应用了代数的技巧. 这种方法给数学科学带来了一个深刻的变化，其结果是把几何、分析和代数统一成了一个有机的系统.

在初等平面几何中，人们把(用长度和角的概念来处理的)图形全等的定理与(仅用角的概念来处理的)图形相似的定理区分开. 但这个区分并不重要，因为长度和角度是如此紧密地联系着的，以至硬把它们分开显得有些牵强.(有关这类联系的研究，形成了三角学这门学科的大部分.)如果不考虑这一点，我们可以说初等几何是关于量值——长度、角度及面积——的理论. 从这个观点来看，两个图形如果它们是全等的，即如果从一个图形可以通过刚体运动的办法得到另一个图形，并且在此刚体运动中，只有位置的改变而没有量值的变化，我们就说它们是等价的. 现在产生了一个问题:量值的概念以及与此有关的全等和相似概念，对于几何来说是不是最本质的，或者说，几何图形是否还具有更深刻的、甚至在比刚体运动更剧烈的变换下也保持不变的性质. 我们将会看到，情况确实如此.

假设我们在一个矩形的软木块上画一个圆和两条互相垂直的直径，如图 1. 如果我们把这块软木放在一个老虎钳的钳口中，把它压缩成原来宽度的一半，则这个圆将变成一个椭圆，两个直径所夹成的角将不再是直角，圆周上的点到中心的距离相等这个圆所具有的性质，在椭圆上也不复成立. 这样一来，似乎原来图形的所有几何性质经过压缩后都被破坏了. 其实不然，例如"中心平分直径"这一命题对圆和椭圆都是成

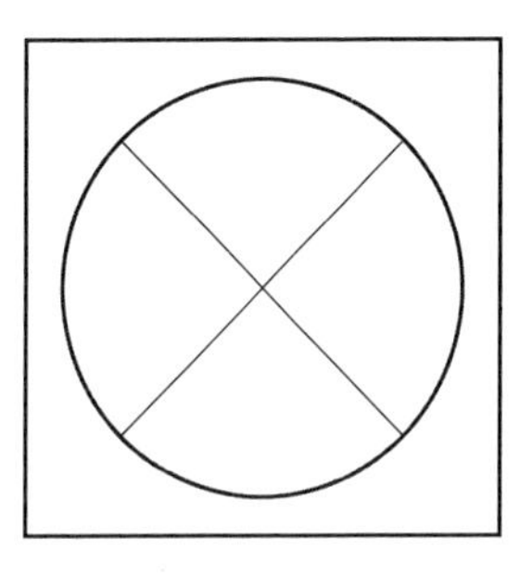
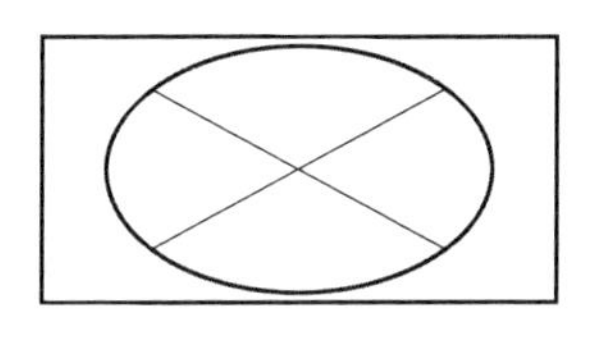

图 1　圆的压缩

立的.在这里,当原来图形经过一个在量值方面的剧烈变化后,我们仍然得到一个保持不变的性质.这个观察使我们想到,可以把几何图形的定理依此加以分类:图形经过均匀压缩,其定理是否仍然成立.更一般地,对任何确定的一类图形进行变换(例如刚体运动、压缩、圆的反演等),我们可以问,在这类变换下,图形的什么性质将保持不变.研究这些性质的全体定理将是与这类变换相关联的几何.这种按照变换的方式把几何分为不同分支的思想,是克莱茵(F. Klein)在1872年所做的一个有名的讲演(爱尔兰根(Erlanger)纲领)中提出的.从那时开始,它极大地影响着几何的思想.

我们发现一个很惊人的事实:几何图形的某些性质有如此深刻的不变性,即使图形受到非常剧烈的形变,这些性质仍然保留下来;画在一块橡皮上的图形,当这块橡皮以任意方式被拉长或压缩时,其图形仍然保持原来的某些特性.但在这一章中,我们只研究如下一些性质,它们只是在一类特定变换下保持不变,或者说具有“不变性”;这类变换介于以下二者之间:一方面是受到严格限制的刚体运动,另一方面是最普通的任意变换.这就是“射影变换”类.

2. 射影变换

数学家早在很久以前由于透视的问题而不得不对一些几何性质进行研究. 透视问题被达·芬奇(Leonardo da Vinci)和杜勒(A. Dürer)等艺术家研究过. 一个油画家所作的画可以认为是从原景到画布上的一个投影,投影中心是画家的眼睛. 在这个过程中,长度和角度必然要改变,改变的方式依赖于所画的各种东西的相对位置. 但原景的几何结构在画布上通常能认出来. 这是为什么呢? 自然是由于存在着在"射影下不变"的几何性质,这些性质在画上没有表现出有什么变化,因而使得画与原景的等同成为可能. 而找出并分析这些性质是射影几何的课题.

很清楚,这个几何分支的定理不可能是关于长度、角和全等的命题. 某些孤立的射影性质从 17 世纪起,甚至从古代起就被人们知道了(例如,梅涅劳斯(Menelaus) 定理). 但对射影几何的系统研究是从 18 世纪末开始的,那时巴黎著名的综合工科学校在数学方面的发展,特别是在几何学方面的发展,开创了一个新的时期. 这个学校是法国革命的产物,它为法国军队培养了许多军官. 它的毕业生中有一个叫彭色列(J. V. Poncelet),他在 1813 年,在俄国当战俘时,写下了有名的文章《论图形的射影性质》. 到 19 世纪,在斯坦纳(Steiner)、史陶特(von Staudt)、沙勒(Chasles)和其他一些人的影响下,射影几何成为数学研究的主要课题之一. 它的盛行,一方面是由于它有巨大的美学上的魅力,另一方面是由于它把几何作为一个整体来研究时所获得的明显效果以及它与非欧几何、代数都有紧密的联系.

第二节　基本概念

1. 射影变换群

我们首先定义射影变换类或“群”[①]. 如图1,假设我们在空间有两个平面 π 和 π'(彼此不一定平行). 这时我们可以从不在 π 和 π' 上的一个给定中心 O 出发,实现 π 到 π' 上的一个中心投影:定义 π 上每一点 P 的像是 π' 上的点 P',这一对点 P 和 P' 位于经过 O 的同一直线上. 我们也可以作一个平行投影,这时,投影线全是平行的. 用同样的方式,通过以 π 上一点 O 为中心的中心投影或通过平行投影,我们能定义出平面 π 上的直线 l 到 π 上另一条直线 l' 的投影.

用中心投影或平行投影,或用一系列有限次这样的投影,把一个图形变成另一个图形的任何变换称为射影变换[②]. 平面或直线的射影几何是由这样一些几何命题组成的:对这些命题中所涉及的图形进行任意的射影变换都不影响这些命题. 相反,所有那些关于

---

① “群”这个术语,当它应用于变换类时是指:连续应用某一变换类中的两个变换相当于该类中的一个变换,而且该类中每一个变换的“逆”变换仍属于该类. 数学运算的群的性质在许多领域中已经起了并正在起着十分重要的作用,虽然在几何中,群的概念的重要性可能有点被夸大了.

② 我们通常说两个通过单个投影相联系的图形是透视的. 因此如果图形 F 和图形 F' 是透视的,或者如果能找到一串图形 $F, F_1, F_2, \cdots, F_n, F'$,使每一个图形和后一个图形是透视的,那么 F 和 F' 是用同一个射影变换相联系的.

图形度量性质的命题(它们只在刚体运动类下不变),我们称它为度量几何.

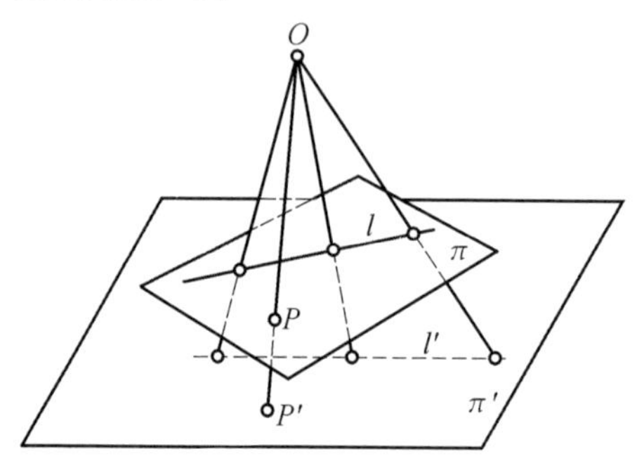

图1　从一点投影

某些射影性质能立刻被人认识. 一个点当然投影成一个点. 而且一条直线被投影成一条直线(图 2),因为如果 π 上一直线 l 投影到平面 π',则 π' 和通过 O 和 l 的平面将交于直线 l'①. 若点 A 和直线 l 是关联的②,则经过任何射影,相应的点 A' 和直线 l' 仍是关联的. 因此点和直线的关联在射影群下是不变的. 从此事实可以得出许多简单然而重要的结果. 如果三个或更多个点共线,即与某一条直线关联,则它们的像也是共线的. 同样,如果平面 π 上三条或更多条直线是共点的,即与某个点关联,则它们的像也是共点的直线. 这些简单性质 —— 关联、共线、共点 —— 是射影性质(即在射影下保持不变的性质). 长度和角度以及这些度

① 如果直线 OP(或经过 O 和 l 的平面) 平行于 π',将出现例外的情形.

② 如果一条直线通过一个点,或者说这一点在这条直线上,我们就称这一点和这条直线是相关系联的. "关联" 这个词使我们可以不去考虑直线和点哪一个更重要.

量的比值，在射影时一般是改变的. 等腰三角形或等边三角形可以射影成一个各边不等的三角形. 因此，虽然“三角形”是射影几何的一个概念，但“等边三角形”却不然，它只属于度量几何.

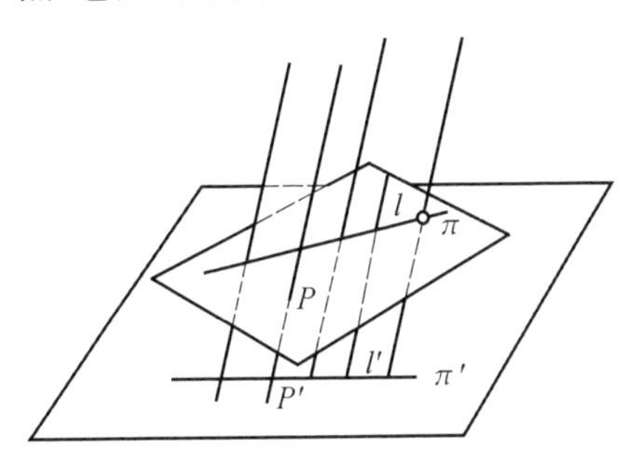

图 2　平行投影

2. 笛沙格定理

射影几何中最早发现的结果之一是有名的笛沙格(Desargues)的三角形定理：如果平面上两个$\triangle ABC$和$\triangle A'B'C'$所处的位置能使连接对应顶点的直线交于一点O，那么对应边的延长线的三个交点共线. 图 3 说明了这个定理，读者应该画一些其他的图，通过试验来验证它. 尽管图形是简单的，它只涉及直线，但其证明却并不简单. 显然，这个定理是属于射影几何的，因为如果我们把整个图形投影到另一个平面上，那么在定理中涉及的所有性质仍保持不变. 在这里，我们希望读者注意这样一个重要事实：如果两个三角形处于两个不同的(不平行的)平面上，笛沙格定理仍然成立，而且在三维几何中，笛沙格定理是很容易证明的. 根据假设，如果直线AA'，BB'，CC'交于一点O(图 4)，那么AB和$A'B'$在同一平面上，从而这两

条直线交于某点 Q;同样地 AC 与 $A'C'$ 交于点 R,BC 和 $B'C'$ 交于点 P. 由于 P,Q,R 三点在 $\triangle ABC$ 和 $\triangle A'B'C'$ 的边的延长线上,它们和这两个三角形的每一个都共处在同一平面上,所以必然是在这两个平面的交线上. 因此 P,Q,R 三点是共线的,这正是我们所要证明的.

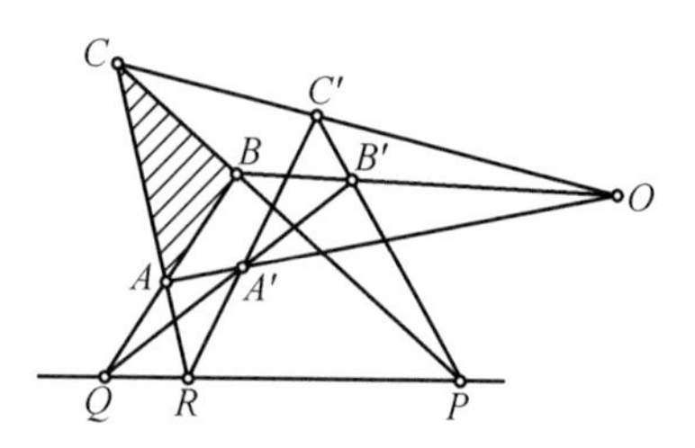

图 3　平面中的笛沙格图形

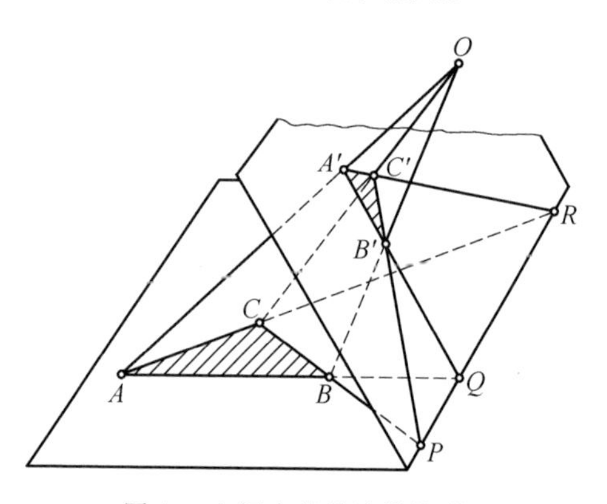

图 4　空间中的笛沙格构形

这个简单的证明使得我们考虑,是否也可以用这样的方式在二维中来证明这个定理,比如说,用一个极限过程把整个图形压平,使得两个平面在极限时重合,而且点 O 和所有其他的点都一起落在这个平面上. 但进行这样一个极限过程有一定的困难,因为当平面

重合时,交线 PQR 不能唯一确定. 然而图 3 的图形可以看作是图 4 空间图形的一个透视图,这个事实能用来证明平面情形下的这一定理.

实际上,在平面的笛沙格定理和空间的笛沙格定理之间有一个根本性的差别. 在三维情况下我们证明时所用的几何推理,只是建立在关联概念和点、直线、平面相交的基础上. 而二维定理的证明,我们可以说明,如果完全在平面上进行,就必须要用到图形相似的概念,它基于长度这个度量概念,不再是射影的概念.

笛沙格定理的逆定理是:如果 $\triangle ABC$ 和 $\triangle A'B'C'$ 的位置使对应边的交点共线,那么联结对应顶点的直线共点. 对两个三角形分别在两个不平行的平面上这一情形,其证明留给读者作为练习.

第三节　交　　比

1. 定义和不变性的证明

正如线段长度是度量几何的关键一样,射影几何也有一个基本的概念,利用这个概念,图形的各种射影性质都可以被表示出来.

如果三个点 A,B,C 在一条直线上,一个射影一般说来将不仅改变距离 AB 和 AC,而且也将改变比值 $\frac{AB}{AC}$. 实际上,一条直线 l 上的任意三个点 A,B,C,通过连续作两次射影,总能与另一条直线 l' 上的任意三个

点 A', B', C' 相对应. 为此,我们可以以 C' 为中心转动直线 l',使之达到平行于 l 的位置 l''(图 1). 通过一个与 C' 和 C 连线平行的投影,我们可以把 l 射影到 l'',确定三点 A'', B'', $C''(=C')$. 联结 A', A'' 和 B', B'' 的两直线交于点 O,把它作为第二次射影的中心. 这两个射影实现了我们所要的结果①.

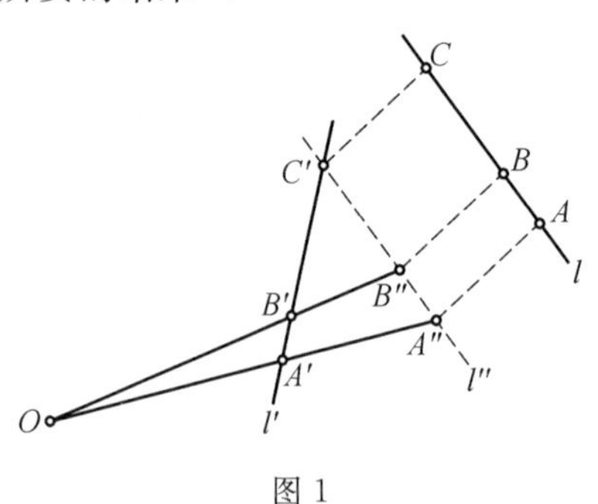

图 1

如同我们刚才看到的,在一条直线上,凡只涉及三个点的量,在射影下都是要改变的. 但是,如果在一条直线上我们有四个点 A, B, C, D,并把它们射影到另一直线上的四个点 A', B', C', D',那么这时有某个量 —— 称为这四个点的交比 —— 在射影下不变. 这是射影几何具有决定意义的发现. 直线上四个点的这一数学性质在射影下保持不变,从而在这条直线的任何像中都可以找到. 交比既不是长度,也不是两个长度的比值,而是两个这种比值的比: 如果我们考虑比值 $\frac{CA}{CB}$ 和 $\frac{DA}{DB}$,那么它们的比值

① 如果联结 A', A'' 和 B', B'' 的直线是平行的,这将怎样呢?

$$x=\frac{CA}{CB}\bigg/\frac{DA}{DB}$$

定义为四个有序点 A,B,C,D 的交比(图 2).

图 2

我们现在说明四个点交比在射影下是不变的,即如果 A,B,C,D 和 A',B',C',D' 是两条直线上与一射影相关的对应点,那么

$$\frac{CA}{CB}\bigg/\frac{DA}{DB}=\frac{C'A'}{C'B'}\bigg/\frac{D'A'}{D'B'}$$

我们可用初等的方法来证明.我们知道一个三角形的面积等于底乘高的一半,或等于两边及其夹角的正弦的乘积的一半.在图 3 中,我们有

$$S_{\triangle OCA}=\frac{1}{2}h\cdot CA=\frac{1}{2}OA\cdot OC\cdot\sin\angle COA$$

$$S_{\triangle OCB}=\frac{1}{2}h\cdot CB=\frac{1}{2}OB\cdot OC\cdot\sin\angle COB$$

$$S_{\triangle ODA}=\frac{1}{2}h\cdot DA=\frac{1}{2}OA\cdot OD\cdot\sin\angle DOA$$

$$S_{\triangle ODB}=\frac{1}{2}h\cdot DB=\frac{1}{2}OB\cdot OD\cdot\sin\angle DOB$$

得出

$$\frac{CA}{CB}\bigg/\frac{DA}{DB}=\frac{CA}{CB}\cdot\frac{DB}{DA}=\frac{OA\cdot OC\cdot\sin\angle COA}{OB\cdot OC\cdot\sin\angle COB}\cdot$$

$$\frac{OB\cdot OD\cdot\sin\angle DOB}{OA\cdot OD\cdot\sin\angle DOA}=$$

$$\frac{\sin\angle COA\cdot\sin\angle DOB}{\sin\angle COB\cdot\sin\angle DOA}$$

因此 A,B,C,D 的交比仅仅依赖于点 O 与点 A,B,C,D 的连线所成的角.由于对从 O 射影 A,B,C,D 而得到

的任意四个点A',B',C',D'来说,这些角都是相同的,所以在射影下交比保持不变(图 3).

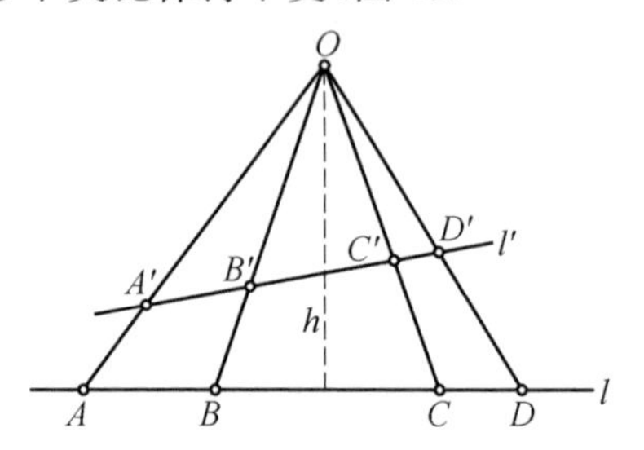

图 3　中心投影下,交比的不变性

由相似三角形的初等性质可知,在平行投影下仍不改变四个点的交比.证明留给读者做练习.

至今我们把直线l上的四个点A,B,C,D的交比理解为取正值的长度的比(图 4).对定义作如下修改会更方便一些.我们选择l的一个方向为正向,规定沿这个方向测量的长度是正的,而沿相反方向测量的长度是负的,则有序点A,B,C,D的交比定义为

$$(ABCD)=\frac{CA}{CB}\bigg/\frac{DA}{DB} \tag{1}$$

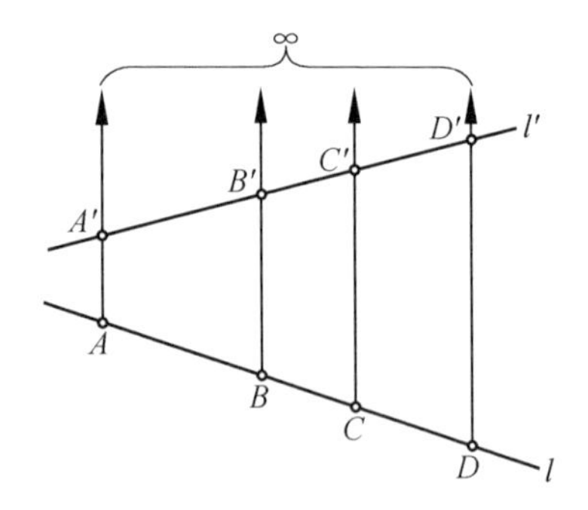

图 4　平行投影下,交比的不变性

这里量 CA，CB，DA，DB 理解为带有特定的符号. 由于改变 l 的正方向，只是改变这个比的每一项符号，所以 $(ABCD)$ 这个值将不依赖于方向的选择（图 5）. 容易看到，$(ABCD)$ 是负还是正，根据 A，B 这一对点是否被 C，D 这一对点分开而定. 由于这个分开的性质在射影下是不变的，所以带符号的交比 $(ABCD)$ 也是不变的. 如果我们在 l 上选一固定点 O 作为原点，且把 l 上每一点到点 O 的有向距离当作它的坐标 x，如图 6 所示，设 A，B，C，D 的坐标相应为 x_1，x_2，x_3，x_4，那么

$$(ABCD)=\frac{CA}{CB}\Big/\frac{DA}{DB}=\frac{x_3-x_1}{x_3-x_2}\Big/\frac{x_4-x_1}{x_4-x_2}=\frac{x_3-x_1}{x_3-x_2}\cdot\frac{x_4-x_2}{x_4-x_1}$$

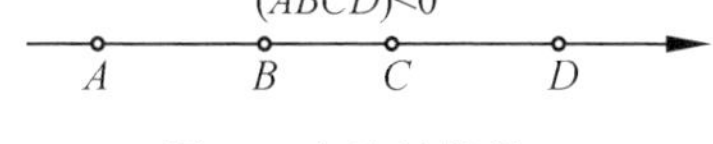

图 5　交比的符号

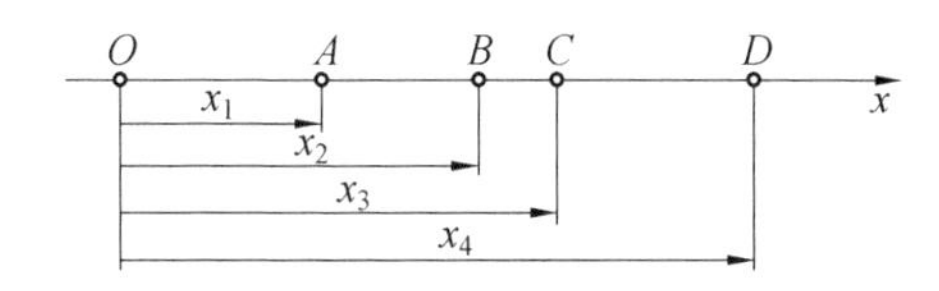

图 6　用坐标描述交比

如果 $(ABCD)=-1$，即 $\frac{CA}{CB}=-\frac{DA}{DB}$，那么 C 和 D 以相同的比例在线段 AB 的内外分开. 在这种情况下，我们说 C 和 D 调和分割线段 AB，并说 C，D（关于 A，B 对）是调和共轭的. 如果 $(ABCD)=1$，那么点 C 和

D(或 A 和 B) 重合.

应当记住,A,B,C,D 取的次序是交比($ABCD$)定义中的一个不可少的部分. 例如,若($ABCD$) $=\lambda$,则交比($BACD$)是$\frac{1}{\lambda}$,而($ACBD$) $=1-\lambda$,这些读者很容易验证. 四个点 A,B,C,D 能用 $4\times3\times2\times1=24$ 种不同方式排次序,每一种都给出其交比的值. 这些排列中有一些将和原来的排列 A,B,C,D 有相同的交比,例如($ABCD$)=($BADC$). 对这些点的 24 种不同排列,仅有六个不同的交比,即

$$\lambda,1-\lambda,\frac{1}{\lambda},\frac{1-\lambda}{\lambda},\frac{1}{1-\lambda},\frac{\lambda}{1-\lambda}$$

这个证明留给读者作为练习. 这六个量一般是不同的,但其中两个可以相等. 例如,当 $\lambda=-1$ 时的调和分割情形就是如此.

我们也可以把四条共面(即在同一平面上)且共点的直线 1,2,3,4 的交比定义为:这些直线与另一条在同一平面上的直线交成的四个交点的交比. 第五条直线的位置是无所谓的,因为在射影下这个交比是不变的. 与这等价的定义是

$$(1234)=\frac{\sin(1,3)}{\sin(2,3)}\bigg/\frac{\sin(1,4)}{\sin(2,4)}$$

取正号或负号按一对直线是否被其他直线分开而定(在这个公式中,例如(1,3)的意思是指直线 1 和直线 3 之间的夹角). 最后,我们可以定义四个共轴平面(空间中四个平面交于一条直线 l,即它们的轴)的交比. 如果一条直线交这些平面于四个点,则不论这条线的位置如何,这些点总有同样的交比(这个事实的证明留给读者做练习). 因此我们可以指定这个值为这四

个平面的交比.与此等价地,我们可以把四个共轴平面的交比定义为:它们与第五个平面相交而得到的四条直线的交比(图 7).

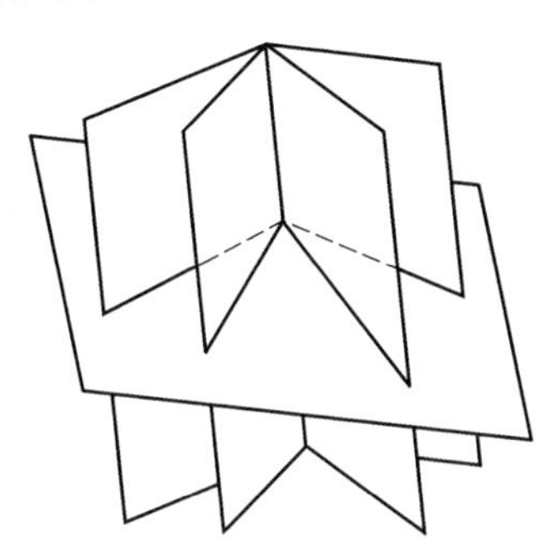

图 7　共轴平面的交比

四个平面的交比的概念,自然引起了这样的问题:能否定义三维空间到它自身的射影变换.用定义中心投影的方法,不能直接从二维推广到三维.但可以证明,一平面到它自身的每一连续变换,其中点与点,直线与直线以一一对应的方式相联系时,它是一般射影变换.这个定理使我们对三维射影变换作如下的定义:空间中的射影变换是一个使直线保持不变的一一对应的连续变换.可以证明这样的变换使交比保持不变.

对上面所讲的我们再作一些补充.假设在一直线上有三个不同的点 A,B,C,其坐标为 x_1,x_2,x_3.我们要找出第四个点 D,使交比 $(ABCD)=\lambda$,这里 λ 是预先给定的.(对 $\lambda=-1$ 的特殊情形,问题归结为作第四个调和点.)一般来说,这个问题有一个解且仅有一个解;因为如果 x 是所求的点 D 的坐标,那么方程

$$\frac{x_3-x_1}{x_3-x_2}\cdot\frac{x-x_2}{x-x_1}=\lambda \tag{2}$$

恰好有一个解. 如果 x_1,x_2,x_3 是给定的,我们命 $\frac{x_3-x_1}{x_3-x_2}=k$ 来简化方程(2),那么我们求出这个方程的解为 $x=\frac{kx_2-\lambda x_1}{k-\lambda}$. 例如,如果三个点 A,B,C 是等距离的,其坐标依次为 $x_1=0,x_2=d,x_3=2d$,则 $k=\frac{2d-0}{d-0}=2$,那么 $x=\frac{2d}{2-\lambda}$.

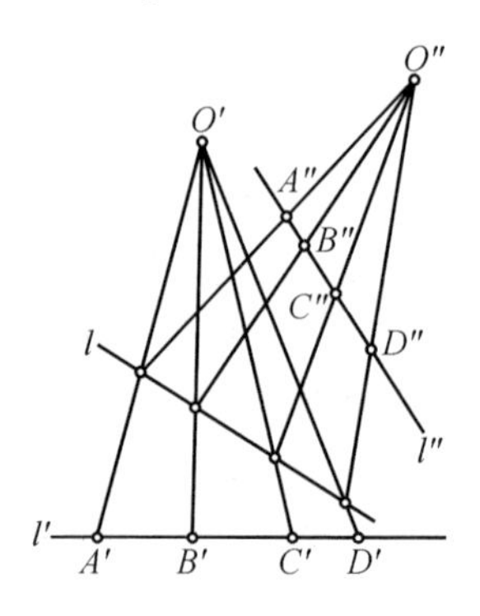

图 8　两条直线上的点的射影对应

如果我们从两个不同的中心 O' 和 O'' 出发,把同一条直线 l 射影到两个不同的直线 l',l'' 上,那么我们在 l 和 l' 上的点之间得到一个对应 $P\leftrightarrow P'$,并在 l 和 l'' 上的点之间得到一个对应 $P\leftrightarrow P''$. 这样就确立了 l' 上的点和 l'' 上的点之间的一个对应 $P'\leftrightarrow P''$. 它有这样的性质:l' 上任意四个点 A',B',C',D' 和 l'' 上对应的点 A'',B'',C'',D'' 有相同的交比. 在两条直线的点之间,任意一个具有这种性质的一一对应,不论它是如何确定的,都称为射影对应.

2. 在完全四边形上的应用

作为交比不变性的一个有趣的应用，我们来建立一个射影几何的简单然而重要的定理. 这涉及完全四边形，即一个由任意四条直线组成的图形，它们其中任意三条都不共点，且它们相交于六个点. 如图 9，这四条线是 AE，BE，BI，AF. 经过 AB，EG，IF 的直线是这个四边形的对角线. 任意取一条对角线，例如 AB，在上面标出与其他两条对角线的交点 C 和 D，则我们有$(ABCD)=-1$. 用文字来叙述就是：一条对角线与其他两条对角线的交点，调和地分开这条对角线的顶点. 为了证明这一点，我们只需注意，由点 E 投影有

$$x=(ABCD)=(IFHD)$$

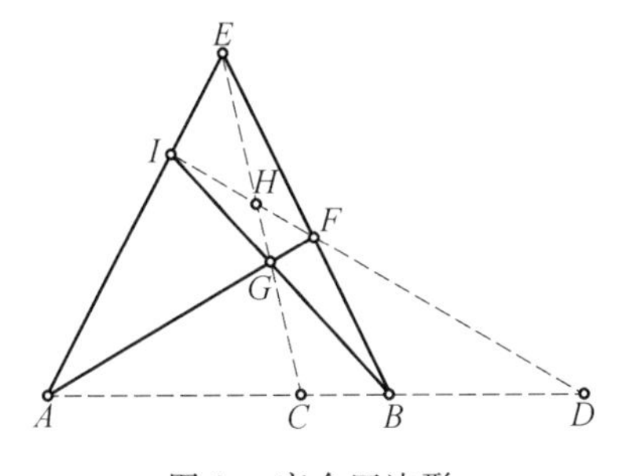

图 9　完全四边形

由点 G 投影有

$$(IFHD)=(BACD)$$

但我们知道$(BACD)=\dfrac{1}{(ABCD)}$，所以 $x=\dfrac{1}{x}$，$x^2=1$，$x=\pm 1$. 由于 C，D 分开 A，B，所以交比 x 是负的，因而必须是 -1. 证毕.

完全四边形的这个引人注目的性质，使我们有可

能仅用直尺求出点 C(对 A,B 来说)的调和共轭点,这里 C 是和 A,B 共线的任意一点.我们只需在直线外选一点 E,画出 EA,EB,EC,在 EC 上标出一点 G,令 AG 交 EB 于点 F,BG 交 EA 于点 I,联结 I,F,则 IF 和 A,B,C 三点所在直线的交点就是所求的第四个调和点 D.

保形变换与某些二维拉普拉斯方程的狄利克雷问题的解[①]

第三章

1984年,西南师范学院数学系的付炳松教授为了直接方便地应用保形变换方法,将改造一边界对应定理的形式,并借助保形变换将单连通区域及其边界化为上半平面与实轴. 在此情形下,应用已知结果解出构作的一些例子.

在证单连通区域 D 变成单连通区域 D^* 的保形变换的黎曼定理时,未涉及边界点. 关于边界对应比较复杂,见到的资料已列出一些基本定理,现做出一些改造后的定理及证明如下.

定理 设区域 D^* 的边界 C^* 含 $W=\infty$ 点(是个单点);且边界线 C^* 伸向无穷远处的两分支存在渐近线. 其在

---

① 选自《西南师范学院学报》(1984年9月第3期).

有限交点处的夹角为 $\beta\pi(0\leqslant\beta\leqslant 2)$. 又设区域 D 的边界 C 含 $z=\infty$ 点，它是 $W=\infty$ 点的对应点；且边界线 C 伸向无穷远的两分支也存在渐近线，其有限交点不妨设是 $z_0=0$(因 $z_0\neq 0$ 时，可平移变换为新平面的原点)，在该处夹角为 $\alpha\pi(0<\alpha\leqslant 2)$.

如果：

(1)$W=f(z)$ 在区域 D 内解析，在边界 C 上除了 $z=\infty$ 点是处处连续的，在 $z=\infty$ 点的邻域内 $f(z)$ 是 $\mu(\mu>0)$ 阶无限大且 $\mu<\dfrac{\beta+2}{\alpha}$；

(2)$W=f(z)$ 作出一个把 C 到 C^* 上并保持通过时方向的双向单值变换.

那么 $W=f(z)$ 作出一个把区域 D 到区域 D^* 的保形变换.

证明　如图 1 所示，设 W_0 是 D^* 内任一有限点，因当 $z\to\infty$ 时 $f(z)\to\infty$，故总可以 $z_0=0$ 为心，以足够大的 R 为半径画圆弧 Γ_g，使 $\widetilde{C}=C_g+\Gamma_g$ 所界区域 $\widetilde{D}$ 含有满足 $f(z)=W_0$ 的那些点 z. 于是有

$$N(f(z)-W_0,C)=N(f(z)-W_0,\widetilde{C})=\frac{1}{2\pi}\Delta_{\widetilde{C}}\arg[f(z)-W_0]=\frac{1}{2\pi}\Delta_{C_R}+\frac{1}{2\pi}\Delta_{\Gamma_R}\quad(1)$$

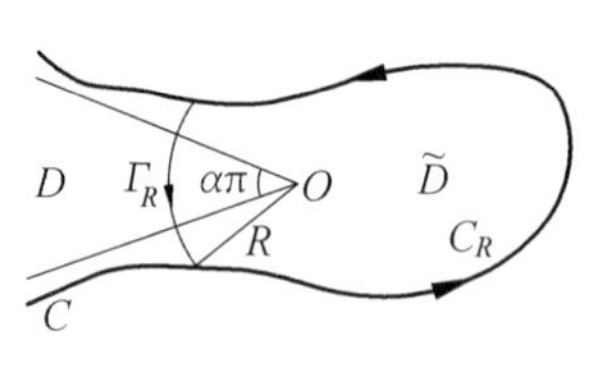

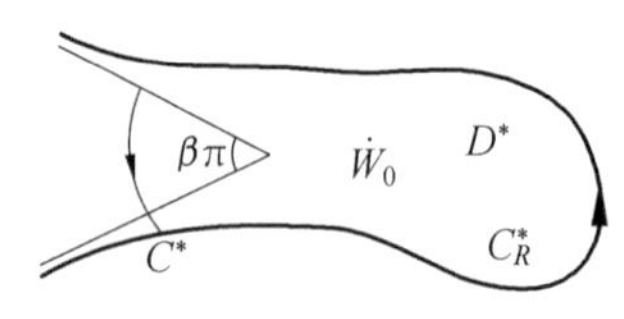

图 1

当点 z 按正向沿 C_R 移动时，对应的点 W 就按正向沿 C_R^* 移动，所以

$$\Delta_{C_R}=\Delta_{C_R^*}\arg(W-W_0)=2\pi-\beta\pi+o(1) \quad (2)$$

其中 $o(1)$ 是 $R\to\infty$ 时而趋于零的量.

再因 $W=f(z)$ 在 $z=\infty$ 点的邻域内是 μ 阶无穷大，即存在常数 $A\neq 0,\infty$ 使 z 沿着区域 D 内的点趋于 ∞ 时，有 $\lim\limits_{z\to+\infty} f(z)\dfrac{1}{z^{\mu}}=A$，从而有 $f(z)=z^{\mu}[A+o(1)]$. 于是

$$\begin{aligned}\Delta_{\Gamma_R}=&\Delta_{\Gamma_R}\arg[f(z)-W_0]=\\&\Delta_{\Gamma_R}\arg\frac{A+o(1)-z^{-\mu}\cdot W_0}{z^{-\mu}}=\\&\Delta_{\Gamma_R}\arg\frac{A+o(1)}{z^{-\mu}}=\\&\Delta_{\Gamma_R}\arg[A+o(1)]-(-\mu)\Delta_{\Gamma_R}\arg z=\\&\mu\alpha\pi+o(1)\end{aligned} \quad (3)$$

故由式(1)(2)(3)有

$$N(f(z)-W_0,C)=1+\frac{\alpha\mu-\beta}{2}+o(1)$$

当 $R\to\infty$ 时，得

$$N(f(z)-W_0,C)=1+\frac{\alpha\mu-\beta}{2} \quad (4)$$

因 $\mu<\dfrac{\beta+2}{\alpha}$，即 $\dfrac{\alpha\mu-\beta}{2}<1$，由式(4)知

$$N(f(z)-W_0,C)<2$$

又因 $\alpha\mu>0,\beta\leqslant 2$，知

$$N(f(z)-W_0,C)=\frac{1}{2}(2-\beta+\alpha\mu)>0$$

从而得

$$0<N(f(z)-W_0,C)<2$$

由此易知

$$N(f(z)-W_0,C)=1$$

故 $f(z)$ 在 D 内使 $f(z)=W_0$ 之点 z 只有一个.

仿上,设 W_0 位于 D^* 之外(先看 $w_0 \notin C^*$),此时将有

$$N(f(z)-W_0,C)=\frac{1}{2\pi}\Delta_{C_R}+\frac{1}{2\pi}\Delta_{\Gamma_R} \qquad (1)'$$

$$\Delta_{C_R}=\Delta_{C_R^*}\arg(W-W_0)=-\beta\pi+o(1) \qquad (2)'$$

$$\Delta_{\Gamma_R}=\mu\alpha\pi+o(1) \qquad (3)'$$

由式(1)′(2)′(3)′ 就得

$$N(f(z)-W_0,C)=\frac{\alpha\mu-\beta}{2}$$

从而 $-1<N(f(z)-W_0,C)<1$. 由此显知

$$N(f(z)-W_0,C)=0$$

故 $f(z)$ 在 D 内无点 z 使 $f(z)=W_0$,当 $W_0\in C^*$ 时,用反证法,由上结果亦易知 $f(z)$ 在 D 内无点 z 使 $f(z)=W_0$.

于是 $f(z)$ 的单叶性得证.

再据单叶解析函数性质知:$W=f(z)$ 作出一个由区域 D 到 D^* 的保形变换.

推论 定理中当 C^* 上的 $W=\infty$ 点是 n 重点时,定理亦成立.

考虑定解问题

$$\begin{cases} u_{xx}+u_{yy}=0 & (-\infty<x<+\infty,0<y<+\infty) \\ u(x,0)=f(x) & (-\infty<x<+\infty) \end{cases}$$

如图 2 所示,它是在区域(上半平面)内求拉普拉斯(Laplace)方程的解,并要求解在区域的边界上(实轴),取已知函数 $f(x)$ 的狄利克雷(Dirichlet)问题,已知其有解

$$u(x_0,y_0)=\frac{y_0}{\pi}\int_{-\infty}^{+\infty}\frac{f(x)\mathrm{d}x}{(x-x_0)^2+y_0^2}$$

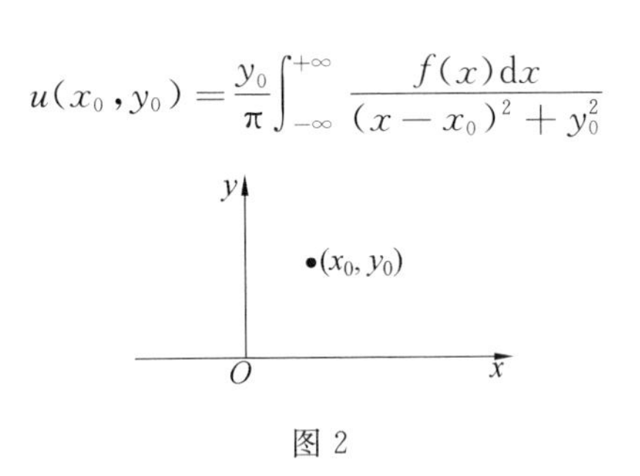

图 2

下面构造的各例将利用此一结果.

1. 有一类角形无界区域应用上段定理(或直接研究)很方便.

例 1

$$\begin{cases}u_{xx}+u_{yy}=0 & (0<x<+\infty,0<y<+\infty)\\ u(0,y)=f(y) & (0\leqslant y<+\infty)\\ u(x,0)=0 & (0\leqslant x<+\infty)\end{cases}\tag{5}$$

求 $u(x_0,y_0)=?$

解　由定理(或直接研究)知存在保形变换

$$\zeta=\xi+\mathrm{i}\eta=z^2\quad(z=x+\mathrm{i}y)$$

如图 3 所示,将平面 z 的第一象限变为 ζ 平面的上半平面. 或有

$$\begin{cases}\zeta=x^2-y^2\\ \eta=2xy\end{cases}$$

由此知

$$\text{平面 } z \text{ 的}\begin{cases}\text{正实轴}\begin{cases}x\geqslant 0\\ y=0\end{cases}\\ \text{上虚轴}\begin{cases}x=0\\ y>0\end{cases}\end{cases}$$

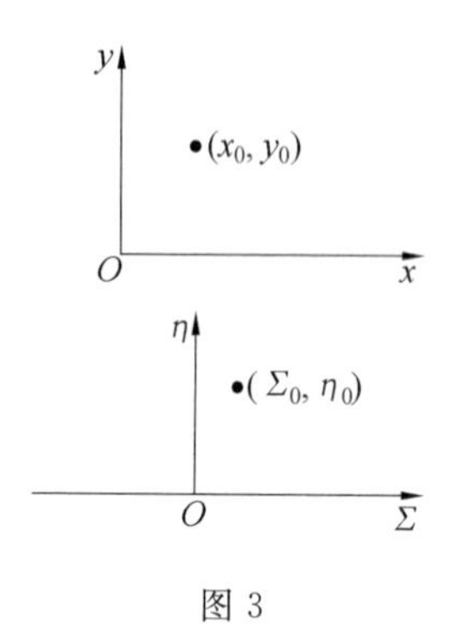

图 3

变为

$$
\text{平面 }\zeta\text{ 的}\begin{cases}\text{正实轴}\begin{cases}\zeta = x^2 \geqslant 0\\ \eta = 0\end{cases}\\ \text{负实轴}\begin{cases}\zeta = -y^2 < 0\\ \eta = 0\end{cases}\end{cases}
$$

于是式(5)化为

$$
\begin{cases}u_{\xi\xi} + u_{\eta\eta} = 0 \quad (-\infty < \xi < +\infty, 0 < \eta < +\infty)\\ u(\xi, 0) = \begin{cases}0 \quad (0 < \xi < +\infty)\\ f(\sqrt{-\xi}) \quad (-\infty < \xi \leqslant 0)\end{cases}\end{cases} \tag{6}
$$

由已知结果得式(6)之解

$$
u(\xi_0, \eta_0) = \frac{\eta_0}{\pi}\int_{-\infty}^{+\infty} \frac{u(\xi, 0)\mathrm{d}\xi}{(\xi - \xi_0)^2 + \eta_0^2}
$$

其中 $\xi_0 = x_0^2 - y_0^2, \eta_0 = 2x_0 y_0, \xi = -y^2$. 于是得式(1)之解

$$
u(x_0, y_0) = \frac{4x_0 y_0}{\pi}\int_0^{+\infty} \frac{yf(y)\mathrm{d}y}{(x_0^2 - y_0^2 + y^2)^2 + 4x_0^2 y_0^2}
$$

例 2

$$\begin{cases} u_{xx}+u_{yy}=0 \quad (0<x<+\infty, 0<y<x) \\ u(x,x)=f_1(x)u(x\xi x)=f_2(x) \quad (0\leqslant x<+\infty) \\ u(x,0)=f_2(x) \end{cases} \tag{7}$$

求 $u(x_0,y_0)$.

解　类似例 1,已知存在保形变换

$$\zeta=\xi+\mathrm{i}\eta=z^4 \quad (z=x+\mathrm{i}y)$$

如图 4 所示,将平面 z 张角为 $\frac{\pi}{4}$ 的角形无界区域变为上半平面.或有

$$\begin{cases} \xi=x^4+y^4-6x^2y^2 \\ \eta=4xy(x^2-y^2) \end{cases}$$

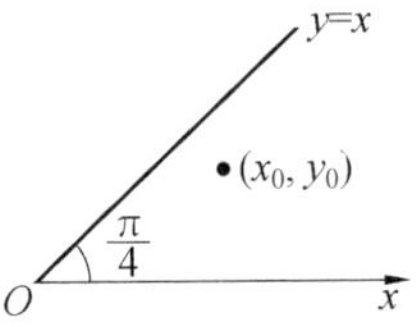

图 4

由此知

$$平面\ z\ 的\begin{cases} 正实轴\begin{cases} y=x \\ x\geqslant 0 \end{cases} \\ 第一象限分角线\begin{cases} y=x \\ x>0 \end{cases} \end{cases}$$

变为　$$\zeta\ 平面的\begin{cases} 正实轴\begin{cases} \xi=x^4\geqslant 0 \\ \eta=0 \end{cases} \\ 负实轴\begin{cases} \xi=-4x^4<0 \\ \eta=0 \end{cases} \end{cases}$$

于是式(7) 化为

$$\begin{cases} u_{\xi\xi}+u_{\eta\eta}=0 \quad (-\infty<\xi<+\infty,0<\eta+\infty) \\ u(\xi,0)=\begin{cases} f_1\left(\sqrt[4]{\frac{-\xi}{4}}\right) & (-\infty<\xi<0) \\ f_2(\sqrt[4]{\xi}) & (0\leqslant\xi<+\infty) \end{cases} \end{cases}$$

由已知结果得式(8)之解

$$u(\xi_0,\eta_0)=$$

$$\frac{\eta_0}{\pi}\left[\int_{-\infty}^{0}\frac{f_1\left(\sqrt[4]{\frac{-\xi}{4}}\right)\mathrm{d}\xi}{(\xi-\xi_0)^2+\eta_0^2}+\int_{0}^{+\infty}\frac{f_2\sqrt[4]{\xi}\,\mathrm{d}\xi}{(\xi-\xi_0)^2+\eta_0^2}\right]$$

其中

$$\xi_0=x_0^4+y_0^4-6x_0^2y_0^2$$

$$\eta_0=4x_0y_0(x_0^2-y_0^2)$$

且以 $\xi=-4x^4$ 代入上式的第一个积分，而以 $\xi=x^4$ 代入上式的第二个积分后，得(7)之解

$$u(x_0,y_0)=\frac{4x_0y_0(x_0^2-y_0^2)}{\pi}\cdot$$

$$\left[\int_0^{+\infty}\frac{16x^3f_1(x)\mathrm{d}x}{(4x^4+x_0^4+y_0^4-6x_0^2y_0^2)^2+16x_0^2y_0^2(x_0^2-y_0^2)}+\right.$$

$$\left.\int_0^{+\infty}\frac{4x^3f_2(x)\mathrm{d}x}{(x^4-x_0^4-y_0^4+6x_0^2y_0^2)^2+16x_0^2y_0^2(x_0^2-y_0^2)^2}\right]$$

2. 有一类有界区域应用保形变换基本定理很适合.

例 3 设有一很长的圆柱面是用很薄的导体做成的，柱面被过它的轴的平面分成两半，一半的电位保持为 V_0，另一半接地，现要求出柱体内任一点的电位.

解 设 $V(x,y)$ 是电位函数，据题意即求下面定解问题.

$$\begin{cases} V_{xx}+V_{yy}=0 \quad (x^2+y^2<1) \\ V(x,y)=\begin{cases} 0 & (x^2+y^2=1,y\geqslant 0) \\ V_0 & (x^2+y^2=1,y<0) \end{cases} \end{cases} \tag{9}$$

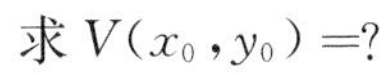

求 $V(x_0, y_0)=?$

易知有保形变换

$$\zeta=\xi+\mathrm{i}\eta=\mathrm{i}\,\frac{1-z}{1+z}\quad(z=x+\mathrm{i}y)$$

如图 5 所示，将平面 z 的单位圆面变为 ζ 平面的上半平面，或有

$$\begin{cases}\xi=\dfrac{2y}{(1+x)^2+y^2}\\[2ex]\eta=\dfrac{1-x^2-y^2}{(1+x^2)+y^2}\end{cases}$$

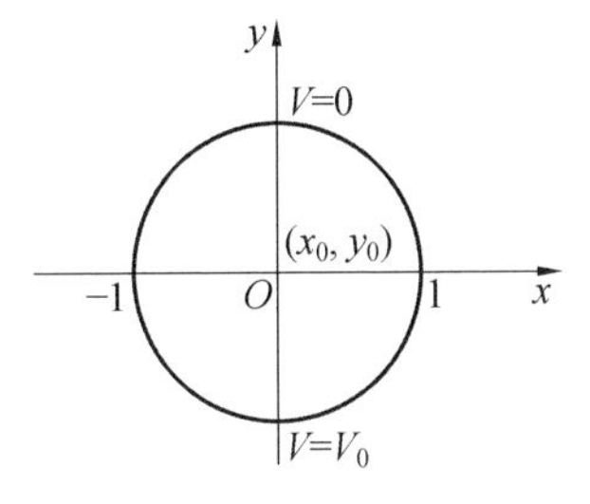

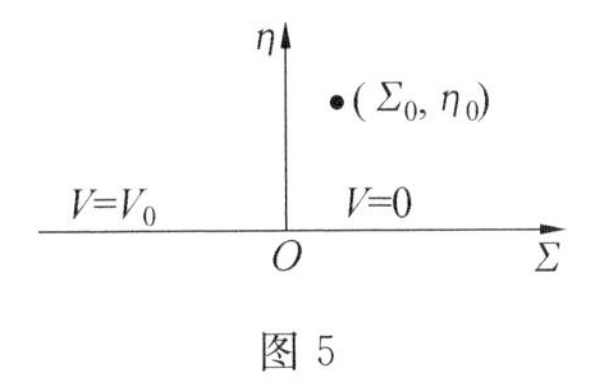

图 5

由此知

$$平面\ z\ 的\begin{cases}上半圆周\begin{cases}x^2+y^2=1\\ y\geqslant 0\end{cases}\\[2ex]下半圆周\begin{cases}x^2+y^2=1\\ y<0\end{cases}\end{cases}$$

变为

$$
\text{平面 } \zeta \text{ 的}\begin{cases} \text{正实轴}\begin{cases} \xi = \dfrac{y}{1+x} \geqslant 0 \\ \eta = 0 \end{cases} \\ \text{负实轴}\begin{cases} \xi = \dfrac{y}{1+x} < 0 \\ \eta = 0 \end{cases} \end{cases}
$$

于是式(9) 化为

$$
\begin{cases} V_{\xi\xi} + V_{\eta\eta} = 0 \quad (-\infty < \xi < +\infty, 0 < \eta < +\infty) \\ V(\xi, 0) = \begin{cases} 0 & (0 \leqslant \xi < +\infty) \\ v_0 & (-\infty < \xi < 0) \end{cases} \end{cases} \tag{10}
$$

由已知结果知式(10) 有解

$$
V(\xi_0, \eta_0) = \frac{\eta_0}{\pi}\int_{-\infty}^{+\infty} \frac{V(\xi, 0)\mathrm{d}\xi}{(\xi - \xi_0)^2 + \eta_0^2} =
$$

$$
\frac{\eta_0 V_0}{\pi}\int_{-\infty}^{0} \frac{\mathrm{d}\xi}{(\xi - \xi_0)^2 + \eta_0^2} =
$$

$$
\frac{V_0}{\pi}\left(\arctan\frac{\xi - \xi_0}{\eta_0}\right)\Bigg|_{-\infty}^{0} =
$$

$$
\frac{V_0}{\pi}\left(\arctan\frac{-\xi_0}{\eta_0} + \frac{\pi}{2}\right)
$$

其中

$$
\xi_0 = \frac{2y_0}{(1 + x_0)^2 + y_0^2}
$$

$$
\eta_0 = \frac{1 - x_0^2 - y_0^2}{(1 + x_0)^2 + y_0^2}
$$

代入上式后得式(9) 之解

$$
V(x_0, y_0) = \frac{V_0}{\pi}\left(\arctan\frac{-2y_0}{1 - x_0^2 - y_0^2} + \frac{\pi}{2}\right) \tag{11}
$$

经过代换,解式(11) 也可化为

$$V(x_0,y_0)=\begin{cases}\dfrac{V_0}{\pi}\arctan\dfrac{1-x_0^2-y_0^2}{2y_0} & (y_0>0)\\ \dfrac{V_0}{2} & (y_0=0)\\ \dfrac{V_0}{\pi}\left(\arctan\dfrac{1-x_0^2-y_0^2}{2y_0}+\pi\right) & (y_0<0)\end{cases}\tag{12}$$

3. 有些区域虽直接具体应用不上(包括上述的)一些基本定理. 但知道:任一单连通区域(边界由多于一个点构成的)可保形变换为单位圆面,既再把单位圆面保形变换为上半平面. 事实上,有些情形(包括上述例子)由直接研究初等解析函数可解决.

例 4

$$\begin{cases}u_{xx}+u_{yy}=0 & (-\infty<x<+\infty,0<y<\pi)\\ u(x,0)=f_1(x) & \\ u(x,\pi)=f_2(x) & (-\infty<x<+\infty)\end{cases}\tag{13}$$

求 $u(x_0,y_0)=?$

解　取保形变换 $\zeta=\xi+i\eta=e^z(x+iy=z)$,如图 6 所示,将平面 z 宽度为 π 的横条状区域变为 ζ 平面的上半平面. 或有

$$\begin{cases}\xi=e^x\cos y\\ \eta=e^x\sin y\end{cases}$$

由此知

$$\text{平面 } z \text{ 的}\begin{cases}\text{实轴 } y=0\\ \text{直线 } y=\pi\end{cases}$$

变为

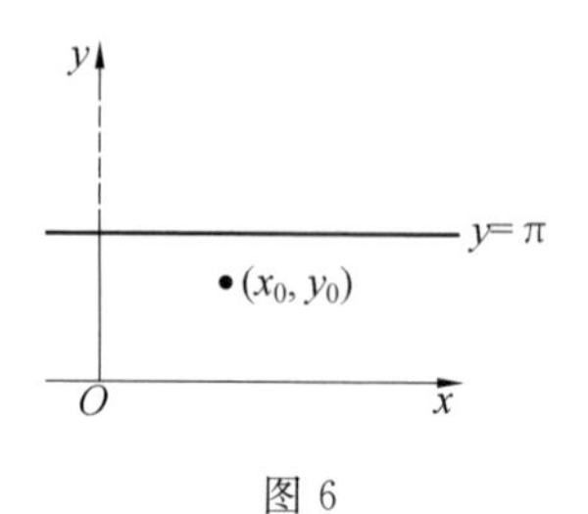

图 6

$$\text{平面 }\zeta\text{ 的}\begin{cases}\text{正实轴}\begin{cases}\xi = e^{x} \geqslant 0\\ \eta = 0\end{cases}\\ \text{负实轴}\begin{cases}\xi = -e^{x} < 0\\ \eta = 0\end{cases}\end{cases}$$

于是式(13)化为

$$\begin{cases}u_{\xi\xi} + u_{\eta\eta} = 0 \quad (-\infty < \xi < +\infty, 0 < \eta < +\infty)\\ u(\xi, 0) = \begin{cases}f_1(\ln \xi) \quad (0 \leqslant \xi < +\infty)\\ f_2(\ln(-\xi)) \quad (-\infty < \zeta < 0)\end{cases}\end{cases} \tag{14}$$

由已知结果知式(14)有解

$$u(\xi_0, \eta_0) = \frac{\eta_0}{\pi}\left[\int_0^{+\infty} \frac{f_1(\ln \xi)\mathrm{d}\xi}{(\xi - \xi_0)^2 + \eta_0^2} + \int_{-\infty}^{0} \frac{f_2(\ln(-\xi))\mathrm{d}\xi}{(\xi - \xi_0)^2 + \eta_0^2}\right]$$

其中 $\eta_0 = e^{x_0} \sin y_0$，$\xi_0 = e^{x_0} \cos y_0$，再以 $\xi = e^{x}$ 代入第一个积分，以 $\xi = -e^{x}$ 代入第二个积分得式(13)之解为

$$\mu(x_0, y_0) = \frac{e^{x_0} \sin y_0}{\pi} \cdot \left[\int_0^{+\infty} \frac{f_1(x) e^{x} \mathrm{d}x}{(e^{x} - e^{x_0} \cos y_0)^2 + (e^{x_0} \sin y_0)^2} + \int_0^{+\infty} \frac{f_2(x) e^{x} \mathrm{d}x}{(e^{x} - e^{x_0} \cos y_0)^2 + (e^{x_0} \sin y_0)^2}\right]$$

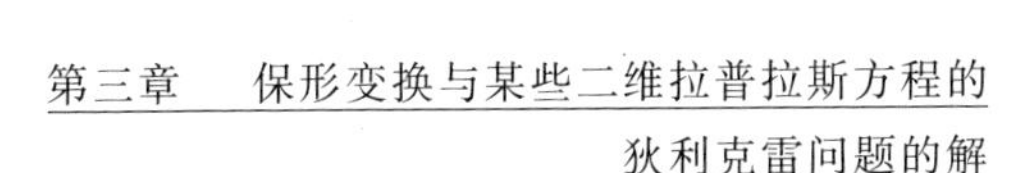

例 5

$$\begin{cases} u_{xx}+u_{yy}=0 & \left(-\dfrac{\pi}{2}<x<\dfrac{\pi}{2},0<y<+\infty\right) \\ u\left(-\dfrac{\pi}{2},y\right)=f_1(y) & (0\leqslant y<+\infty) \\ u(x,0)=f_2(x) & \left(-\dfrac{\pi}{2}\leqslant x\leqslant\dfrac{\pi}{2}\right) \\ u\left(\dfrac{\pi}{2},y\right)=f_3(y) & (0\leqslant y<+\infty) \end{cases} \tag{15}$$

求 $u(x_0,y_0)=?$

解　取保形变换 $\zeta=\xi+\mathrm{i}\eta=\sin z(z=x+\mathrm{i}y)$，如图 7 所示，将平面 z 宽度为 π 的竖半条状区域变换为 ζ 平面之上半平面. 或有

$$\begin{cases} \xi=\sin x\operatorname{ch} y \\ \eta=\cos x\operatorname{sh} y \end{cases}$$

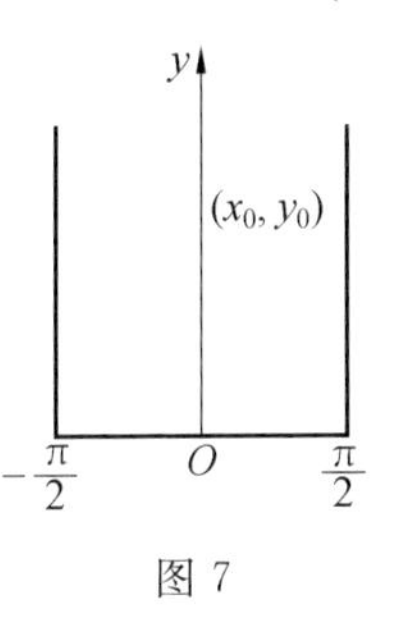

图 7

由此知

$$\text{平面 } z \text{ 的}\begin{cases} \text{半直线}\begin{cases} x=-\dfrac{\pi}{2} \\ y\geqslant 0 \end{cases} \\ \text{线段}\begin{cases} -\dfrac{\pi}{2}\leqslant x\leqslant\dfrac{\pi}{2} \\ y=0 \end{cases} \\ \text{半直线}\begin{cases} x=\dfrac{\pi}{2} \\ y\geqslant 0 \end{cases} \end{cases}$$

变为 ζ平面的$\begin{cases} 半直线\begin{cases}\xi=-\text{ch }y\\ \eta=0\end{cases} \\ 线段\begin{cases}\xi=\sin x\\ \eta=0\end{cases} \\ 半直线\begin{cases}\xi=\text{ch }y\\ \eta=0\end{cases}\end{cases}$

于是式(15)化为

$$\begin{cases} u_{\xi\xi}+u_{\eta\eta}=0 \quad (-\infty<\xi<+\infty, 0<\eta<+\infty) \\ u(\zeta,0)=\begin{cases} f_1(\text{arch}(-\xi)) \quad (-\infty<\xi\leqslant-1) \\ f_2(\arcsin\xi) \quad (-1\leqslant\xi\leqslant1) \\ f_3(\text{arch }\xi) \quad (1\leqslant\xi<+\infty)\end{cases}\end{cases} \tag{16}$$

由已知结果知式(16)有解

$$u(\xi_0,\eta_0)=\frac{\eta_0}{\pi}\left[\int_{-\infty}^{-1}\frac{f_1(\text{arch}(-\xi))\mathrm{d}\xi}{(\xi-\xi_0)^2+\eta_0^2}+\int_{-1}^{1}\frac{f_2(\arcsin\xi)\mathrm{d}\xi}{(\xi-\xi_0)^2+\eta_0^2}+\int_{1}^{+\infty}\frac{f_3(\text{arch }\xi)\mathrm{d}\xi}{(\xi-\xi_0)^2+\eta_0^2}\right]$$

注意积分号下$\xi_0=\sin x_0\text{ch }y_0$,$\eta_0=\cos x_0\text{sh }y_0$是参变量,式(16)之解可写为

$$u(x_0,y_0)=\frac{\eta_0}{\pi}\left[\int_0^{+\infty}\frac{f_1(y)\text{sh }y\mathrm{d}y}{(\text{ch }y+\xi_0)^2}+\int_{\frac{\pi}{2}}^{\frac{\pi}{2}}\frac{f_2(x)\cos x\mathrm{d}x}{(\sin x-\xi_0)^2+\eta_0^2}+\int_0^{+\infty}\frac{f_3(y)\text{sh }y\mathrm{d}y}{(\text{ch }y-\xi_0)^2+\eta_0^2}\right]$$

半对称度量循环联络的保形变换①

第四章

1994年，厦门大学数学系的梁益兴教授研究了黎曼流形上半对称度量循环联络的保形变换，得到了保形变换为保圆变换和保调和变换的条件的结论.

令(M,g)是$n(>2)$维黎曼流形，其黎曼联络记为∇. 设D是M上的线性联络，若对任意的$X,Y\in\mathscr{H}(M)$，有

$$T(X,Y)\equiv D_XY-D_YX-[X,Y]=\pi(Y)X-\pi(X)Y \qquad (1)$$

$$D_Xg=2\mu(X)g \qquad (2)$$

则称D是M上的半对称度量循环联络，其中π与μ是M上的1－形式，分别叫作D的半对称因子与循环因子. 在局部坐标$\{x^i\}$之下，g,π,μ的局部表示分别记为g_{ji},π_i,μ_i，而∇与D的联络系数分别为$\begin{Bmatrix}k\\ji\end{Bmatrix}$与$\Gamma_{ji}^h$，则(1)(2)两式即为

① 选自《厦门大学学报》(自然科学版)(1994年第33卷第4期).

$$T^h_{ji} \equiv \Gamma^h_{ji} - \Gamma^h_{ij} = \delta^h_j \pi_i - \delta^h_i \pi_j \tag{3}$$

$$D_k g_{ji} = 2\mu_k g_{ji} \tag{4}$$

M 上度量的变换，$\bar{g}_{ji} = e^{2p} g_{ji}$，称为共形变换，其中 p 为 M 上的光滑函数. $\bar{g}_{ji}$ 的克氏记号记为 $\overline{\left\{ \begin{matrix} h \\ ji \end{matrix} \right\}}$，则有

$$\overline{\left\{ \begin{matrix} h \\ ji \end{matrix} \right\}} = \left\{ \begin{matrix} h \\ ji \end{matrix} \right\} + \delta^h_j p_i + \delta^h_i p_j - g_{ji} p^h$$

其中 $p_i \equiv \partial_i p$，$p^h = g^{hi} p_i$. 若共形变换满足

$$\nabla_j p_i - p_j p_i + \frac{1}{2} g_{ji} p^i p_i = f g_{ji}$$

则称之为保圆变换，其中 f 为 M 上的光滑函数. 若共形变换满足

$$g^{ji}(\nabla_j p_i - p_j p_i + \frac{1}{2} g_{ji} p^i p_i) = 0$$

则称之为保调和变换.

1. 半对称度量循环联络的保形变换

定义 1 令 D 为 M 上的半对称度量循环联络，其联络系数为 Γ^h_{ji}，若 M 上的联络 $\bar{D}$ 的联络系数 $\bar{\Gamma}^h_{ji}$ 有

$$\bar{\Gamma}^h_{ji} = \Gamma^h_{ji} + \delta^h_j p_i + \delta^h_i p_j - g_{ji} p^h \tag{5}$$

则联络 $\bar{D}$ 称为 D 的保形变换，式中 $p^h = g^{hi}$，$p_i = \partial_i p$，p 为 M 上的光滑函数.

由式(5)，$\bar{D}$ 的挠率张量

$$\bar{T}^h_{ji} = \bar{\Gamma}^h_{ji} - \bar{\Gamma}^h_{ij} = \delta^h_j \pi_i - \delta^h_i \pi_j$$

故 $\bar{D}$ 是半对称的. 又有

$$\begin{aligned}\bar{D}_k g_{ji} &= D_k g_{ji} - (\delta'_k p_j + \delta'_j p_k - g_{kj} p^i) g_k - \\ &\quad (\delta'_k p_i + \delta'_i p_k - g_{ki} p') g_{kj} = \\ &\quad 2\mu_k g_{ji} - 2 p_k g_{ji} = 2 v_k g_{ji}\end{aligned}$$

其中 $v_k \equiv \mu_k - p_k$ 是 M 上的 1—形式，故 $\bar{D}$ 是半对称度量循环的. 于是有如下定理.

定理 1　黎曼流形 (M,g) 上半对称度量循环联络 D 的保形变换 $\bar{D}$ 亦为 (M,g) 上的一半对称度量循环联络，且 $\bar{D}$ 与 D 有相同的半对称因子.

一个半对称度量循环联络，若其半对称因子和循环因子皆为梯度向量，我们称之为特殊的，由上面两式，可知有如下推论.

推论 1　若 D 是特殊的半对称度量循环联络，则其保形变换 $\bar{D}$ 亦是特殊的半对称度量循环联络

$$R^k_{kji} \equiv \partial_k \Gamma^h_{ji} - \partial_j \Gamma^h_{ki} + \Gamma^l_{ki}\Gamma^l_{ji} - \Gamma^h_{ji}\Gamma^l_{ki}$$

$$R^h_{kji} \equiv \partial_k \bar{\Gamma}^h_{ji} - \partial_j \bar{\Gamma}^h_{ki} + \bar{\Gamma}^l_{ki}\bar{\Gamma}^l_{ji} - \bar{\Gamma}^h_{ji}\bar{\Gamma}^l_{ki}$$

分别表示联络 D 和 $\bar{D}$ 的曲率张量，根据关系式(5)，可得

$$\bar{R}^k_{kji} = R^k_{kji} + (p_{ki} - \pi_k p_i)\delta^h_j - (p_{ji} - \pi_j p_i)\delta^h_k + g_{ki}(p_{jl} - \pi_j p_l)g^{lh} - g_{ji}(p_{kl} - \pi_k p_l)g^{lh}$$

其中

$$p_{ki} \equiv D_k p_i - p_k p_i + \frac{1}{2} g_{ki} p_i p^i$$

我们把

$$\bar{R}_{ji} \equiv \bar{R}^m_{mji}, \bar{R} \equiv \bar{R}_{ji} g^{ji}, \bar{R}_{kjih} \equiv \bar{R}^m_{kji} g_{mh}$$

分别叫联络 $\bar{D}$ 的李奇张量，数量曲率，协变曲率张量. 则有

$$\bar{R}_{ji} = R_{ji} - (n-2)(p_{ji} - \pi_j p_i) - g_{ji}(p_{ml} g^{ml} - \pi^l p_l) \tag{6}$$

$$\bar{R} = R - 2(n-1)(p_{ml} g^{ml} - \pi^l p_l) \tag{7}$$

$$\bar{R}_{kjih} = R_{kjih} + (p_{ki} - \pi_k p_i) g_{jh} - (p_{ji} - \pi_j p_i) g_{hh} + g_{ki}(p_{jh} - \pi_j p_h) - g_{ji}(p_{kh} - \pi_k p_h) \tag{8}$$

联络D有局部平坦的保形变换$\overline{D}$的充要条件是D为保形平坦的. 于是,由梁益兴的论文《关于半对称度量循环联络》(厦门大学学报(自然科学版),1988,27(3))中的推论 2.8 可以得到如下推论.

推论 2 黎曼流形(M,g)容有保形平坦的半对称度量循环联络,当且仅当(M,g)是保形平坦的.

2. 保圆变换

定义 2 令$\overline{D}$是半对称度量循环联络D的保形变换,若$\overline{D}$的保形因子$p_i\equiv\partial_i p$满足

$$D_j p_i - p_j p_i + \frac{1}{2}g_{ji}p^l p_l - \pi_j p_i = fg_{ji} \tag{9}$$

式中f为M上的光滑函数,则称$\overline{D}$为D的保圆变换.

对(M,g)上的线性联络,称如下定义的T_{kjih}为该联络的保圆曲率张量

$$T_{kjih}\equiv R_{kjih}+\frac{R}{n(n-1)}(g_{ki}g_{jh}-g_{ji}g_{kh})$$

定理 2 (M,g)上半对称度量循环联系D的保形变换$\overline{D}$为保圆变换的充要条件是$\overline{D}$与D有相同的保圆曲率张量.

证明 (必要性)若$\overline{D}$为保圆变换,则式(9)成立,把它代入式(7)与(8)可得

$$\overline{R}=R-2n(n-1)f$$

$$\overline{R}_{kjih}=R_{kjih}+2fg_{ki}g_{jh}-2fg_{ji}g_{kh}$$

于是

$$\begin{aligned}\overline{T}_{kjih}=&\overline{R}_{kjih}+\frac{\overline{R}}{n(n-1)}(g_{ki}g_{jh}-g_{ji}g_{kh})=\\&R_{kjih}+2fg_{ki}g_{jh}-2fg_{ji}g_{kh}+\\&\frac{R-2n(n-1)f}{n(n-1)}(g_{ki}g_{jh}-g_{ji}g_{kh})=\end{aligned}$$

$$R_{kjih}+\frac{R}{n(n-1)}(g_{ki}g_{jh}-g_{ji}g_{kh})=T_{kjih}$$

现证充分性. 若 $\overline{T}_{kjih}=T_{kjih}$，则有

$$\overline{R}_{kjih}=R_{kjih}+\frac{R}{n(n-1)}(g_{ki}g_{jh}-g_{ji}g_{kh})-$$

$$\frac{\overline{R}}{n(n-1)}(g_{ki}g_{jh}-g_{ji}g_{kh})$$

把上式代入式(8)，可得

$$(p_{ki}-\pi_k p_i)g_{jh}-(p_{ji}-\pi_j p_i)g_{kh}+$$

$$g_{ki}(p_{jh}-\pi_j p_h)-g_{ji}(p_{kh}-\pi_k p_k)=$$

$$\frac{R}{n(n-1)}(g_{ki}g_{jh}-g_{ji}g_{kh})-$$

$$\frac{\overline{R}}{n(n-1)}(g_{ki}g_{jh}-g_{ji}g_{kh})$$

上式两端乘以 g^{kh} 并关于 k,h 缩并，有

$$(n-2)(p_{ij}-\pi_j p_i)=\frac{R-\overline{R}}{n}g_{ji}-g_{ji}(p_{kh}g^{kh}-\pi^h p_h) \tag{10}$$

以 g^{ji} 乘式(10) 两端，然后做缩并，得到

$$p_{kh}g^{kh}-\pi^h p_h=\frac{R-\overline{R}}{2(n-1)}$$

把上式代入式(10)，可有

$$D_j p_i-p_j p_i+\frac{1}{2}g_{ji}p^i p_i-\pi_j p_i=\frac{R-\overline{R}}{2n(n-1)}g_{ji}$$

故 $\overline{D}$ 为保圆变换. 证毕.

现设 $\overline{D}$ 为 D 的保圆变换，有式(9) 成立，结合式(6)，可得

$$\overline{R}_{ji}=R_{ji}-2(n-1)fg_{ji}$$

由上式和式(8)，有

$$\overline{W}_{kjih}\equiv\overline{R}_{kjih}-\frac{1}{n-1}(g_{kh}\overline{R}_{ji}-g_{jh}\overline{R}_{ki})\equiv$$

$$R_{kjih}+2f(g_{ki}g_{jh}-g_{ji}g_{kh})-$$
$$\frac{1}{n-1}(g_{kh}R_{ji}-g_{jh}R_{ki}-$$
$$2(n-1)fg_{kh}g_{ji}+2(n-1)fg_{jh}g_{ki})=$$
$$R_{kjih}-\frac{1}{n-1}(g_{kh}R_{ji}-g_{jh}R_{ki})$$

故得如下推论.

推论 3 在半对称度量循环联络的保圆变换下,Weyl 射影曲率张量 W_{kjih} 保持不变.

3. 保调和变换

定义 3 令 $\overline{D}$ 是半对称度量循环联络 D 的保形变换,若 $\overline{D}$ 的保形因子 $p_i\equiv\partial_i p$ 满足

$$(D_j p_i-p_j p_i+\frac{1}{2}g_{ji}p^i p_i-\pi_j p_i)p^{ji}=0 \quad (11)$$

则联络 $\overline{D}$ 称为 D 的保调和变换.

对(M,g)上的线性联络,如下定义的 Z_{kjih} 称为该联络的保调和曲率张量

$$Z_{kjih}\equiv R_{kjih}+\frac{1}{n-2}(R_{ki}g_{jh}-R_{ji}g_{kh}+g_{ki}R_{jh}-g_{ji}R_{kh}) \quad (12)$$

定理 3 (M,g)上半对称度量循环联络 D 的共形变换 $\overline{D}$ 为保调和变换,当且仅当 $\overline{D}$ 与 D 有相同的保调和曲率张量.

证明 若联络 $\overline{D}$ 是 D 的保调和变换,则有式(11)成立. 由式(6)(8) 和(11) 有

$$\overline{R}=R_{ji}-(n-2)(p_{ji}-\pi_j p_i)$$
$$\overline{R}_{kjih}=R_{kjih}+(p_{ki}-\pi_k p_i)g_{jh}-(p_{ji}-\pi_j p_i)g_{kh}+$$
$$g_{ki}(p_{jh}-\pi_j p_h)-g_{ji}(p_{kh}-\pi_k p_h)$$

从上述两式及式(12),可得

$$\bar{Z}_{kjih} \equiv \bar{R}_{kjih} + \frac{1}{n-2}(\bar{R}_{ki}g_{jh} - \bar{R}_{ji}g_{kh} + g_{ki}\bar{R}_{jh} - g_{ji}\bar{R}_{kh}) =$$

$$R_{kjih} + \frac{1}{n-2}(R_{ki}g_{jh} - R_{ji}g_{kh} + g_{ki}R_{jh} - g_{ji}R_{kh}) \equiv$$

$$Z_{kjih}$$

反之,若D的保形变换$\bar{D}$与D有相同的保调和曲率张量,则有

$$\bar{R}_{kjih} + \frac{1}{n-2}(\bar{R}_{ki}g_{jh} - \bar{R}_{ji}g_{kh} + g_{ki}\bar{R}_{jh} - g_{ji}\bar{R}_{kh}) =$$

$$R_{kjih} + \frac{1}{n-2}(R_{ki}g_{jh} - R_{ji}g_{kh} + g_{ki}R_{jh} - g_{ji}R_{kh})$$

在上式两端同乘以 $g^{kh}g^{ji}$,并关于 k,h,j,i 做缩并,可得 $\bar{R}=R$,结合式(7),可有

$$(D_m p_l - p_m p_l + \frac{1}{2}g_{ml}p^i p_i - \pi_m p_l)g^{ml} = 0$$

故 $\bar{D}$ 为 D 的保调和变换. 证毕.

保形变换的数学基础

第五章

第一节　黎曼变换存在定理的证明

黎曼变换存在定理　任一双曲型单连域 D 都可由单叶正则变换 $w=f(z)$ 将其单叶保形变换到单位圆盘 $\Delta=\{w \mid |w|<1\}$. 特别当 $f(z_0)=0$, $f'(z_0)>0(z_0\in D)$ 时,变换 $w=f(z)$ 是唯一确定的.

证明　首先将双曲型单连域保形变换到位于单位圆盘内部的双曲型单连域.其次只需证明存在单叶正则变换将位于单位圆盘内部的双曲型单连域保形变换到单位圆盘就可以了.

1.将双曲型单连域 D(以下简称区域)变换为有界域 D^*,且界为1.

(1) 若区域 D 为有界型　也就是说存在 $M>0$，只要 $z\in D$，就有 $|z|<M$. 令 $z_1=\frac{1}{M}z$，它将区域 D 变换成位于单位圆盘 $D_1=\{z_1 \mid |z_1|<1\}$ 的内部区域 D^*，$D^*\subset D_1$. 即只要 $z_1\in D^*$，就有 $|z_1|<1$.

(2) 若区域 D 为无界型. 兹分两种情况加以讨论：

(i) 若区域 D 有外点 c，取 $k=\min\limits_{z\in\partial D}|z-c|$，作变换

$$z_1=\varphi(z)=\frac{k}{z-c}$$

将区域 D 保形变换为位于单位圆盘 $D_1=\{z_1 \mid |z_1|<1\}$ 的内部区域 D^*.

(ii) 若区域 D 无外点，由于区域 D 是无界双曲型单连域，所以 D 一定有界点. 令点 a 与 b 为区域 D 的界. 作变换 $\zeta=\frac{z-a}{z-b}$，将单连域 D 保形变换为具有界点 O,∞ 的单连域 D'. 由于原点 O 是 D' 的界点，所以在 D' 内沿任意一条闭曲线运动一周时，绝不会出现绕原点 O 一周的情形. 今作平方根变换，令

$$w=\varphi_1(\zeta)=\sqrt{\zeta},\varphi_2(\zeta)=-\sqrt{\zeta}$$

$\varphi_1(\zeta)$ 与 $\varphi_2(\zeta)$ 分别将区域 D' 保形变换到区域 D''_1 与 D''_2，由于

$$\varphi_2(\zeta)=-\varphi_1(\zeta)$$

所以区域 D''_1 与区域 D''_2 是关于原点的对称区域. 设 c 是 D''_2 内的一点，则存在一正数 r，使

$$\{\varphi_2(\zeta) \mid |\varphi_2(\zeta)-c|<r\}\subset D''_2 \quad (\zeta\in D')$$

以及

$$|w-c|=|\varphi_1(\zeta)-c|>r \quad (\zeta\in D')$$

于是变换 $w=\varphi_1(\zeta)=\sqrt{\zeta}$ 将区域 D' 保形变换到区域

D''_1,且区域 D''_1 具有外点 c. 因此,变换

$$w^* = \frac{r}{w - c}$$

将区域 D''_1 保形变换到单位圆盘的内部区域 D^*. 即变换

$$w^* = \frac{r}{\varphi_1\left(\frac{z-a}{z-b}\right) - c} = \frac{r}{\sqrt{\frac{z-a}{z-b}} - c}$$

将区域 D 单叶保形变换到位于单位圆盘的内部区域 D^*(图 1).

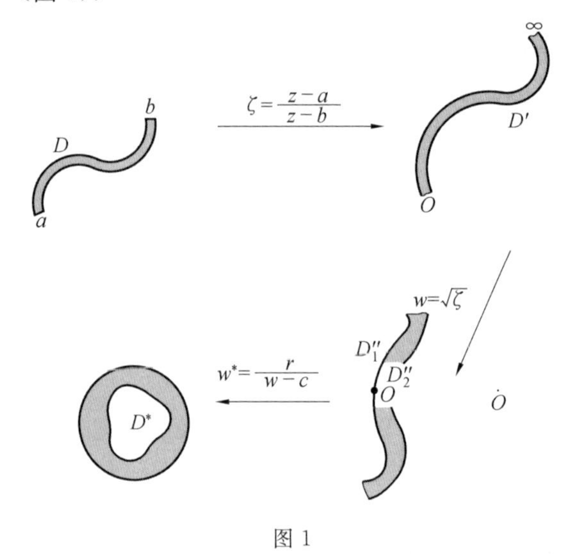

图 1

由上述讨论可知:本定理的证明转为证明位于单位圆盘内部双曲型单连域 D 都能单叶保形变换为单位圆盘 Δ 的问题.

2. 将单位圆盘的内部区域 D 单叶保形变换为单位圆盘 Δ(图 2).

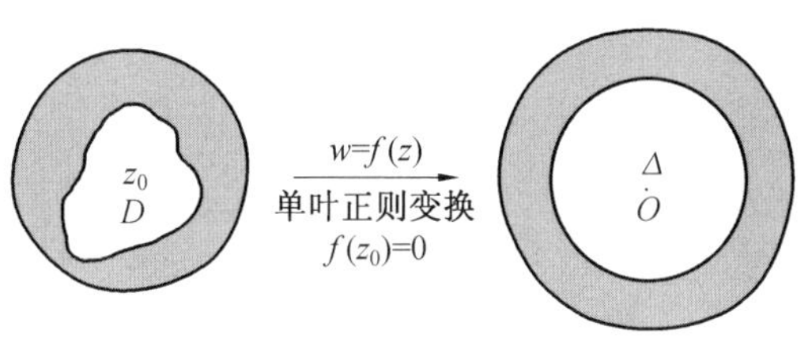

图 2

构造函数族 $\mathscr{F}=\{f(z)\}$ 满足下列条件：

(i) $\exists z_0 \in D, \forall f(z) \in \mathscr{F}$,都有 $f(z_0)=0$；

(ii) $\forall f(z) \in \mathscr{F}$,有 $|f(z)|<1, z \in D$；

(iii) $\forall f(z) \in \mathscr{F}$, $f(z)$ 在区域 D 内单叶正则.

下面讨论几个问题：

(1) 首先,证明函数族 $\mathscr{F}$ 是非空的.

函数 $f(z)=(z-z_0)/2 \in \mathscr{F}$,故 $\mathscr{F}$ 是非空的.

(2) 其次,考查函数族 $\mathscr{F}$ 中哪一个函数 $f(z)$ 在点 z_0 处的伸缩率 $|f'(z_0)|$ 最大?

由于 $z_0 \in D$, z_0 和 D 的边界的距离用 m 来表示. 由最大模原理知

$$\left|\frac{mf(z)}{z-z_0}\right|<1$$

在 D 内成立.

当 $z=z_0$ 时,有

$$|f'(z_0)| \leqslant m^{-1}$$

所以$\exists d>0$ 使

$$\sup |f'(z_0)|=d(\leqslant m^{-1})$$

由 d 的定义知

$$\exists \{f_n(z)\} \subset \mathscr{F}, \lim_{n\to\infty} |f'_n(z_0)|=d$$

(3) 要证明$\exists \varphi(z) \in \mathscr{F}$,且 $|\varphi'(z_0)|=d$.

事实上,因为 $\mathscr{F}$ 是区域 D 内一致有界的正则函数

族，由蒙台尔（Montel）定理知：$\mathscr{F}$ 为正规族[1]. $\{f_n(z)\}\subset\mathscr{F}$，所以 $\{f_n(z)\}$ 中至少有一个子列 $\{f_{n_v}(z)\}$ 在区域 D 内一致收敛于 $\varphi(z)$. 由魏尔斯特拉斯（Weierstrass）二重级数定理[2]知，$\varphi(z)$ 在区域 D 内正则，$\varphi(z_0)=0$，$|\varphi(z)|\leqslant 1$. 又因为

$$\lim_{v\to\infty} f_{n_v}(z)=\varphi(z)$$

且 $f'_{n_v}(z)$ 具有连续性，有

$$\lim_{v\to\infty}|f'_{n_v}(z)|=|\varphi'(z_0)|=d(>0)$$

也就是说 $\varphi(z)$ 不恒等于常数，有

$$|\varphi(z)|<1, z\in D$$

亦即 $\varphi(z)$ 在区域 D 内单叶. 所以

$$\varphi(z)\in\mathscr{F}\quad 且\quad |\varphi'(z_0)|=d$$

这就证明函数族 $\mathscr{F}$ 中任一函数在点 z_0 处导数的模都一致有界，且

$$\sup_{f\in\mathscr{F}}|f'(z_0)|=d=|\varphi'(z_0)|, \varphi(z)\in\mathscr{F}$$

（4）最后证明 $\varphi(z)$ 将位于单位圆盘内部的双曲型单连域 D 单叶保形变换为单位圆盘 Δ（图 3）.

---

① 定义于区域 D 内的函数 $f(z)$ 所组成的函数族 $\mathscr{F}=\{f(z)\}$ 称为正规族是指：若 $\mathscr{F}$ 中任一函数列 $\{f_n(z)\}$ 都至少可选出一个子列 $\{f_{n_v}(z)\}$ 在 D 内任一紧致集合上一致收敛.

② 魏氏定理是指：设 $\sum_{n=1}^{\infty}u_n(z)$ 满足下列条件：

a. 每一个 $u_n(z)$ 在单连域 D 内正则；

b. $\sum_{n=1}^{\infty}u_n(z)$ 在区域 D 内一致收敛于 $S(z)$，则 $S(z)$ 在 D 内正则，$S'(z)=\sum_{n=1}^{\infty}u'_n(z)$ 且 $\sum_{n=1}^{\infty}u'_n(z)$ 在区域 D 内闭一致收敛于 $S'(z)$.

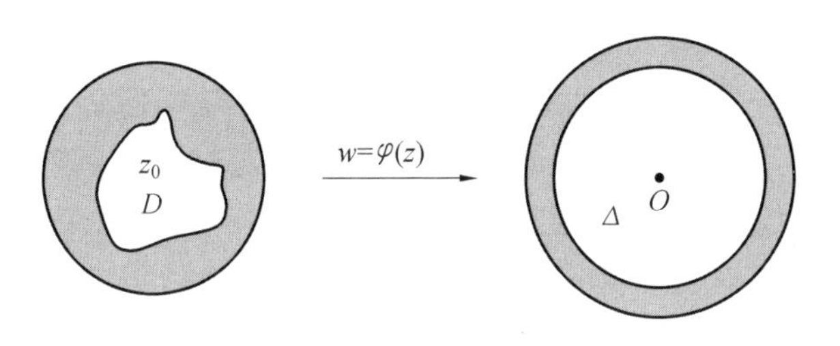

图 3

反证法　倘变换 $w=\varphi(z)$ 将区域 D 单叶保形变换到区域 Δ^*，Δ^* 与 Δ 不一致. 即 Δ^* 为位于单位圆盘 Δ 内部的区域，则必得矛盾结果. 具体证明方法如下(图 4).

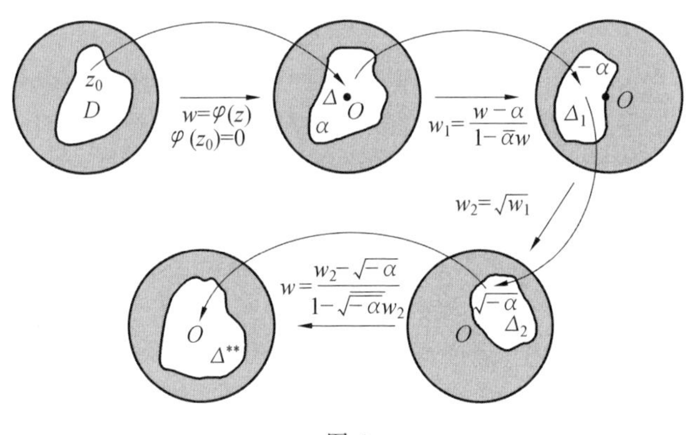

图 4

今设 $w=\varphi(z)$ 将区域 D 单叶保形变换到区域 Δ^*，必存在一点 α，$\alpha\in\partial\Delta^*$ 且 $|\alpha|<1$(图 4). 变换

$$w_1=\frac{w-\bar{\alpha}}{1-\alpha w}$$

将区域 Δ^* 单叶保形变换到 w_1 平面上位于单位圆盘内部的区域 Δ_1. $w=\alpha$ 对应 $w_1=0$，而 $w=0$ 对应 $w_1=-\alpha$. 然后令

$$w_2=\sqrt{w_1}$$

从 $w_1=0$ 出发沿支线黏合的二叶单位圆盘变换到单位圆盘 $|w_2|<1$. 随之区域 Δ_1 单叶保形变换到 $|w_2|<1$ 的内部的部分区域 Δ_2，且 $w_1=0$，$-\alpha$ 分别对应 $w_2=0$，$\sqrt{-\alpha}$（图 4），最后通过变换

$$w^*=\frac{w_2-\sqrt{-\alpha}}{1-\overline{\sqrt{-\alpha}}w_2}$$

将区域 Δ_2 单叶保形变换到 w^* 平面上单位圆盘的内部区域 Δ^*，即

$$w^*=\lambda(z)=\frac{\sqrt{\dfrac{\varphi(z)-\alpha}{1-\bar{\alpha}p(z)}}-\sqrt{-\alpha}}{1-\overline{\sqrt{-\alpha}}\sqrt{\dfrac{\varphi(z)-\alpha}{1-\bar{\alpha}\varphi(z)}}}$$

将单位圆盘的内部区域 D 单叶保形变换为单位圆盘的内部区域 Δ^{**}.

今求 w^* 对 z 的导数

$$\frac{dw^*}{dz}=\frac{dw^*}{dw_2}\cdot\frac{dw_2}{dw_1}\cdot\frac{dw_1}{dw}\cdot\frac{dw}{dz}$$

其中

$$\frac{dw^*}{dw_2}=\frac{1-\sqrt{-\alpha}\cdot\overline{\sqrt{-\alpha}}}{(1-\overline{\sqrt{-\alpha}}w)^2}$$

$$\left.\frac{dw^*}{dz}\right|_{w_2=\sqrt{-\alpha}}=\frac{1-\sqrt{-\alpha}\cdot\overline{\sqrt{-\alpha}}}{(1-\sqrt{-\alpha}\cdot\overline{\sqrt{-\alpha}})^2}=\frac{1}{1-|\alpha|}$$

$$\frac{dw_2}{dw_1}=\frac{1}{2\sqrt{w_1}},\left.\frac{dw_2}{dw_1}\right|_{w_1=-\alpha}=\frac{1}{2\sqrt{-\alpha}}$$

$$\frac{dw_1}{dw}=\frac{1-\alpha\bar{\alpha}}{(1-\bar{\alpha}w)^2},\left.\frac{dw_1}{dw}\right|_{w=0}=1-|\alpha|^2$$

$$\left|\frac{\mathrm{d}w^*}{\mathrm{d}z}\right|_{z=z_0}=\left|\frac{\mathrm{d}w^*}{\mathrm{d}w_2}\right|_{w_2=\sqrt{-\alpha}}\cdot\left|\frac{\mathrm{d}w_2}{\mathrm{d}w_1}\right|_{w_1=-\alpha}\cdot$$

$$\left|\frac{\mathrm{d}w_1}{\mathrm{d}w}\right|_{w=0}\cdot\left|\frac{\mathrm{d}\varphi}{\mathrm{d}z}\right|_{z=z_0}=$$

$$\frac{1}{1-|\alpha|}\cdot\frac{1}{2\sqrt{-\alpha}}(1-|\alpha|^2)\cdot d=$$

$$\frac{1+|\alpha|}{2\sqrt{|\alpha|}}\cdot d$$

因为

$$\frac{1+|\alpha|}{2\sqrt{|\alpha|}}d>\frac{1+|\alpha|}{1+|\alpha|}d(=d)$$

所以

$$|\lambda'(z_0)|>d$$

与 d 的定义矛盾.即区域 Δ 与区域 Δ^* 必须完全一致.

到此为止我们已经证明了位于单位圆盘内的区域 D 单叶保形变换到单位圆盘的事实.下面证明在一定条件下,实现上述条件的变换是唯一的.

3.要证满足条件:$f(z_0)=0,f'(z_0)>0(z_0\in D)$ 时,有且只有一个单叶正则变换 $w=f(z)$ 将区域 D 单叶保形变换到单位圆盘 $G:\{w\mid |w|<1\}$(称 $f(z_0)=0,f'(z_0)>0,z_0\in D$ 为 $w=f(z)$ 的正规化条件,也称唯一性条件).

事实上,设 $w=f(z),w_1=f_1(z)$ 都满足正规化条件,即

$$f(z_0)=0,f'(z_0)>0,z_0\in D$$
$$f_1(z_0)=0,f_1'(z_0)>0,z_0\in D$$

它们分别将区域 D 单叶保形变换为单位圆盘 $G:\{w\mid |w|<1\}$ 及 $G_1:\{w_1\mid |w_1|<1\}$(图5).

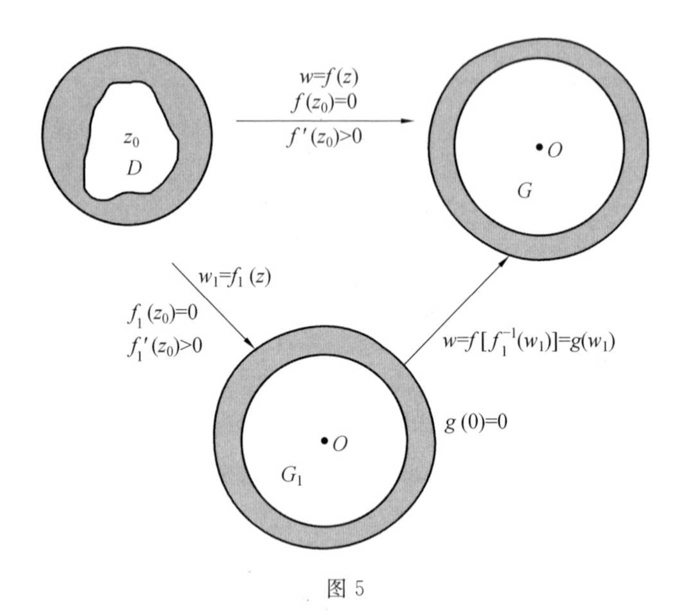

图 5

在图 5 中,$w_1=f_1(z)$ 的反变换 $z=f_1^{-1}(w_1)$ 将单位圆盘 G_1:$|w_1|<1$ 单叶保形变换到区域 D,$z_0=f_1^{-1}(0)$. 又 $w=f(z)$ 将区域 D 单叶保形变换到单位圆盘

$$G:|w|<1, f(z_0)=0$$

于是 $w=f[f_1^{-1}(w_1)]$ 将单位圆盘 G_1:$|w_1|<1$ 单叶保形变换到单位圆盘 G:$|w|<1$. 令

$$w=f[f_1^{-1}(w_1)]=g(w_1)$$

满足条件:

(1) $g(w_1)$ 在 $|w_1|<1$ 内单叶正则;

(2) $g(0)=f[f_1^{-1}(0)]=f(z_0)=0$;

(3) $|g(w_1)|=|w|<1$.

由施瓦兹(Schwarz)引理[①]有

$$|g(w_1)| = |w| \leqslant |w_1|$$

同理可证

$$|g^{-1}(w)| = |w_1| \leqslant |w|$$

由上述讨论可知 $|w| = |w_1|$,即

$$g(w_1) = e^{i\alpha} w_1 \quad (\alpha \text{ 为实数})$$

于是

$$g'(0) = e^{i\alpha} = \frac{f'(z_0)}{f_1'(z_0)} > 0$$

所以

$$e^{i\alpha} = 1$$

最后得

$$g(w_1) = w_1, f[f_1^{-1}(w_1)] = w_1$$

即

$$f(z) \equiv f_1(z)$$

更一般形式的正规化条件为

$$f(z_0) = 0, \arg f'(z_0) = \lambda \quad (z_0 \in D, \lambda \text{ 为实数})$$

事实上,任取一个将区域 D 单叶保形变换到单位圆盘 $G: |w| < 1$ 的变换 $f_0(z)$,令

$$f(z) = e^{i(\lambda - \arg f_0'(z_0))} \frac{f_0(z) - f_0(z_0)}{1 - \overline{f_0(z_0)} f_0(z)}$$

易证它将区域 D 单叶保形变换到单位圆盘 G: $|w| < 1$,且满足正规化条件. 假如存在变换 $f^*(z)$ 与 $f(z)$ 一样,也满足正规化条件且将区域 D 变换为单位圆盘 G,则变换 $w^* = f^*(f^{-1}(w))$ 将 $|w| < 1$ 单叶

① 施瓦兹引理:设(1) 在 $|z| < R$ 内 $f(z)$ 正则;(2) 在 $|z| < R$ 内,$|f(z)| < M$;(3) $f(0) = 0$,则 $|f(z)| \leqslant \frac{M}{R}|z|$ $(|z| < R)$.

保形变换到 $|w^*|<1$，$w=0$ 对应 $w^*=0$，于是有

$$f^*(f^{-1}(w)) \equiv \varepsilon w, f^*(z) \equiv \varepsilon f(z) \quad (|\varepsilon|=1)$$

由正规化条件

$$\arg f^{*\prime}(z_0)=\arg f'(z_0)(=\lambda)$$

$$\arg \varepsilon=0, \varepsilon=1$$

即

$$f^*(z) \equiv f(z)$$

第二节　卡拉瑟多里边界定理的证明

黎曼变换存在定理只说明双曲型单连续与单位圆盘之间的保形变换关系.显然其所考虑的仅是内点的对应情况.要了解边界点与象边界点的对应关系是比较困难的问题.必须考察该变换在接近于边界时的性质，这样才能洞察边界对应关系.为此我们先引进一系列重要引理，最后证明定理.

引理 1　(寇勃(Köebe)引理)　设

(1) 函数 $f(z)$ 在 $|z|<1$ 内有界、正则；

(2) $\lambda_n(n=1,2,\cdots)$ 是圆环：$0<\rho<|z|<1$ 内一列若尔当(Jordan)弧；

(3) z'_n, z''_n 分别是 λ_n 的两端点

$$z'_n \to a, z''_n \to b \quad (n \to \infty)$$

其中 a, b 是圆周 $|z|=1$ 上不同两点；

(4) 函数 $f(z)$ 在 λ_n 上一致收敛于零(其意义是：$\forall \varepsilon>0, \exists N>0$，当 $n>N$ 时，在弧 λ_n 上一致地有 $|f(z)|<\varepsilon$ 成立)，则

$$f(z) \equiv 0 \quad (|z|<1)$$

证明　倘 $f(z)\not\equiv 0$,不妨假设 $f(z_0)\neq 0$;否则若点 $z=0$ 是 $f(z)$ 的 p 重零点. 令 $F(z)=f(z)/z^p$ 仍满足本引理的条件且 $F(z)\neq 0$,只需对 $F(z)$ 加以讨论即可.

在弧 λ_n 上,有

$$|f(z)|\leqslant \max_{z\in\lambda_n}|f(z)|\ (=\varepsilon_n)$$

由假设知

$$\lim_{n\to\infty}\varepsilon_n=0 \qquad (1)$$

今将圆盘 $|z|<1$ 均匀划分成开度为 $\frac{2\pi}{m}$ 的 m 个相等扇形(图 1). 适当选择 m,使得 a,b 不为划分后扇形的半径端点. 除了边界含 a 与 b 的两个扇形外,所余的 $m-2$ 个扇形可分成两组,每组中的扇形两两邻接. 当 m 取充分大以后,每组中至少含两个扇形,而相邻两扇形以半径邻接,称这样的半径为两扇形的边界半径. 在图 1 中所示半径 l 就是一条边界半径.

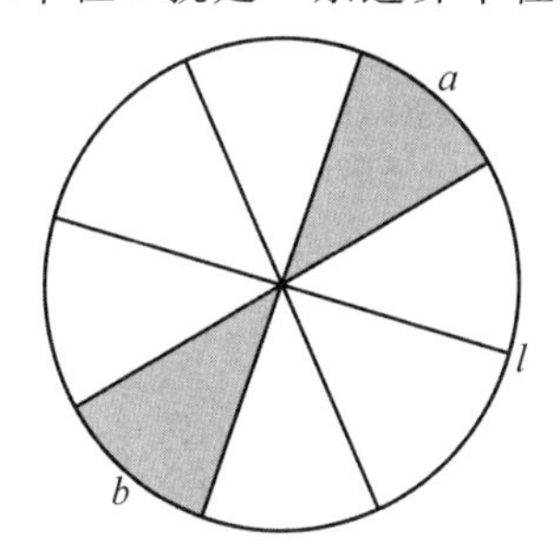

图 1

设无穷多条弧 λ_n 与边界半径 l 相交,记这些若尔当弧为 λ_{n_k}. 并从 λ_{n_k} 与 l 的某一交点出发,沿着 λ_{n_k} 以任一方向往前走,首先遇到最邻近于 l 的另一边界半径得交点z''_{n_k}. 再从点z''_{n_k}沿弧λ_{n_k}逆行初遇l于点z'_{n_k}，得弧λ_{n_k}上的一段弧$z'_{n_k}z''_{n_k}$，记为λ'_{n_k}. 弧λ'_{n_k}除了端点外完全落在以l为边界半径的一个扇形中，命此扇形为S，它含有λ'_{n_k}(图2).

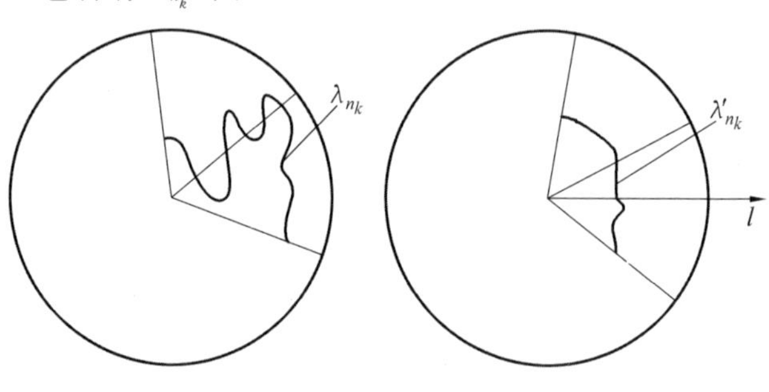

图 2

在λ'_{n_k}上，有

$$|f(z)| \leqslant s_{n_k}$$

不失一般性，不妨假设S对称于实轴(否则只需适当选取实数α，$f(\mathrm{e}^{\mathrm{i}\alpha}z)$就能达到要求). λ'_{n_k}从它在实轴上方的端点到第一次与实轴相交的交点停止那一部分弧，记以λ''_{n_k}(图3).

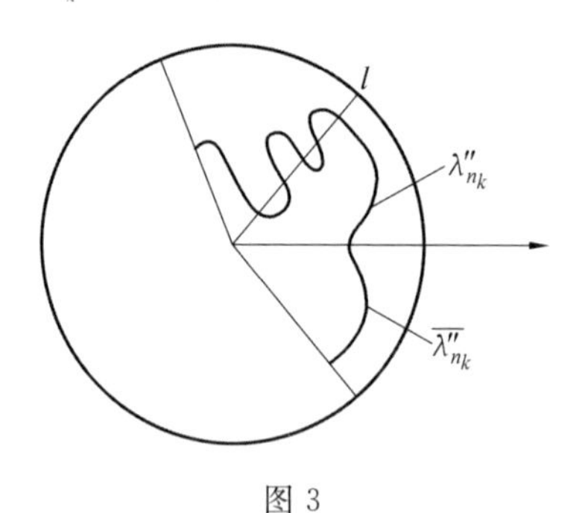

图 3

弧λ''_{n_k}关于实轴的对称弧，记以$\overline{\lambda''_{n_k}}$(图3). 函数

$\overline{f(\bar{z})}$ 在单位圆盘 $|z|<1$ 内正则.

当 $z\in\overline{\lambda''_{n_k}}$ 时,$\bar{z}\in\lambda''_{n_k}$ 且有

$$\overline{f(\bar{z})}=|f(\bar{z})|<\varepsilon_{n_k}$$

令

$$\psi(z)=f(z)\cdot\overline{f(\bar{z})}$$

在 $|z|<1$ 内正则.由假设

$$|f(z)|<M\quad(|z|<1)$$

当 $z\in\{\lambda''_{n_k}\cup\overline{\lambda''_{n_k}}\}$ 时,有

$$|\psi(z)|<M\varepsilon_{n_k}$$

令 $\eta=\mathrm{e}^{\mathrm{i}\frac{2\pi}{m}}$,考察函数

$$\varphi(z)=\psi(z)\psi(\eta z)\cdots\psi(\eta^{m-1}z)$$

在 $|z|<1$ 内正则.将弧段 $\lambda''_{n_k}\cup\overline{\lambda''_{n_k}}$ 绕原点分别旋转下列各角度

$$\frac{2\pi}{m},\frac{4\pi}{m},\frac{6\pi}{m},\cdots,\frac{2(m-1)\pi}{m}$$

得一梅花形若尔当闭曲线列$\{\lambda^*_{n_k}\}$.在每一个 λ''_{n_k} 上

$$|\varphi(z)|=|\psi(z)||\psi(\eta z)||\psi(\eta^2z)|\cdot\cdots\cdot|\psi(\eta^{m-1}z)|\leqslant\varepsilon_{n_k}M^{2m-1}$$

由最大模定理知,在梅花形若尔当闭曲线 $\lambda^*_{n_k}$ 的内部上式也成立.特别

$$|\varphi(0)|\leqslant\varepsilon_{n_k}M^{2m-1}$$

$$\varphi(0)=[\psi(0)]^m=[f(0)\cdot\overline{f(0)}]^m=|f(0)|^{2m}$$

但

$$\varepsilon_{n_k}\to0\quad(\text{当 }k\to\infty\text{ 时})$$

所以

$$|f(0)|=0,f(0)=0$$

与假设矛盾.故

$$f(z)\equiv0$$

引理 2 设

(1) 函数 $f(z)$ 在区域 B 内正则且有界，即 $\exists M > 0$，$|f(z)| < M$；

(2) 点 $z_0 \in B$，存在一个圆 $|z - z_0| = r$，其弧长为 αr 的那一段圆弧位于区域 B 的外部；

(3) 位于圆 $|z - z_0| = r$ 的内部的区域 B 的边界令其为 C，$\forall \zeta \in C$，有

$$\overline{\lim_{\substack{z \to \zeta \\ |z - z_0 < r| \\ z \in B}}} |f(z)| \leqslant m$$

则有

$$|f(z_0)| \leqslant M^{1-\frac{1}{n}} m^{\frac{1}{n}}$$

其中 n 是满足 $\frac{2\pi}{n} < \alpha$ 的自然数.

证明 将区域 B 绕点 z_0 分别旋转角度 $\frac{2\pi v}{n}$($v = 0, 1, 2, \cdots, n-1$) 得区域 D_v($v = 0, 1, 2, \cdots, n-1$). 令

$$G = \prod_{v=0}^{n-1} D_v$$

它至少包含点 z_0 但和圆周 $|z - z_0| = r$ 无公共点的区域 G^*，$G^* \subset G$(一般说来，G 是含点 z_0 的一个开集). 函数

$$F(z) = \prod_{v=0}^{n-1} f[z_0 + e^{\frac{2\pi v}{n}i}(z - z_0)]$$

在 G^* 内正则. $\forall \zeta \in \partial G^*$，$z \in C^*$，有

$$\overline{\lim_{z \to \zeta}} |F(z)| \leqslant M^{n-1} m$$

由最大模定理知，$z = z_0$ 时，有

$$|F(z_0)| \leqslant M^{n-1} m$$

但

$$F(z_0)=f(z_0)^n$$

所以

$$|f(z_0)|\leqslant M^{1-\frac{1}{n}}m^{\frac{1}{n}}$$

引理3　设

(1)B为双曲型单连域；

(2)函数$f(z)$在区域B内正则且有界，即$|f(z)|<M(>0)$；

(3)区域B的边界∂B上有一个有限点a，且存在点a的一个邻域$N(a,\delta)$，当$z\in\{N(a,\delta)\cap B\}$，同时趋于边界$\partial B$上点时，$f(z)$趋于常数$c$.

则在区域B内

$$f(z)\equiv c$$

证明　(1)区域B有外点情形.

设a是区域B的外点的极限点，那么，点a的δ邻域$N(a,\delta)$的部分边界位于区域B的外部. 在$N\left(a,\frac{\delta}{2}\right)\cap B$内任取一点$z_0$，作圆：$|z-z_0|=\frac{\delta}{2}$，有

$$\left\{z\,\middle|\,|z-z_0|<\frac{\delta}{2}\right\}\subset N(a,\delta)$$

显然在$|z-z_0|=\frac{\delta}{2}$上有一段圆弧在区域B的外部. 含在圆$|z-z_0|=\frac{\delta}{2}$的内部区域B的边界∂B的部分弧，令其为Γ，由假设知

$$\forall\zeta\in\Gamma,\quad\lim_{\substack{z\to\zeta\\ z\in\left\{B\cap|z-z_0|<\frac{\delta}{2}\right\}}}[f(z)-c]=0$$

由引理2

$$|f(z_0)-c|\leqslant\sqrt[n]{\varepsilon M^{n-1}}$$

由ε的任意性

$$f(z_0)\equiv c, z\in\left\{B\cap\left(|z-a|<\frac{\delta}{2}\right)\right\}$$

由正则函数唯一性定理，$f(z)$ 在区域 B 内恒等于常数 c. 即

$$f(z)\equiv c$$

(2) 区域 B 无外点情形.

设点 a,b 是区域 B 的界点，且 $a\neq b$，变换

$$z^*=\sqrt{\frac{z-a}{z-b}} \tag{1}$$

将平面 z 上区域 B 单叶保形变换到 z^* 平面上的区域 B^*.

$z=a$ 是区域 B 的界点，$z^*=0$ 为区域 B^* 的边界 ∂B^* 上的点. 在 $z^*=0$ 的任何邻域内都有区域 B^* 的外点，所以 $z^*=0$ 是区域 B^* 的外点的极限点. 于式(1) 中将 z 解出来后，代入 $f(z)-c$ 中，得到 $F(z^*)$，它在区域 B^* 内正则，由(1) 知，以点 $z^*=0$ 为区域 B^* 的边界点具有性质

$$F(z^*)=0, f(z)\equiv c$$

下面介绍可达边界点的概念.

定义 1 若点 z^* 是区域 B 的边界点，若对区域 B 中的任意一点 z_0，存在着除其一端点 z^* 外全部落在区域 B 中的连续曲线 l 将点 z_0 与端点 z^* 相联结，则称点 z^* 为区域 B 的一个可达边界点.

定义 1 也可改述为：

定义 2 设点 p 是区域 B 的一个边界点，只要

$$\lim_{n\to\infty}p_n=p, p_n\in B \quad (n=1,2,\cdots)$$

则区域 B 内以 p 为终点的若尔当弧 λ，点列 $\{p_n\}$ 的点依次排列在 λ 上，称点 p 为区域 B 的一个可达边界点.

有了可达边界点概念之后再对函数论中著名的若尔当定理(任一闭若尔当曲线 λ 分复平面为两个单连通区域,以 λ 为公共边界)可有进一步理解. 特别是萱弗利司(Shoenflics)有下列补充:

若尔当曲线上任何点是它内部区域的可达边界点;也是它外部区域的可达边界点.

定义 3　若点 $z^* \in \partial B$,且是区域 B 的一个可达边界点. 又若对区域 B 中任一点 z 都可用区域 B 内的两条若尔当曲线 l_1, l_2 将 z 与 z^* 联结起来,且在 z^* 的某个邻域 $N(z^*)$ 内不能用属于 $B \cap N(z^*)$ 中的若尔当曲线将 l_1 与 l_2 相连接,则称具有上述性质的 z^* 为区域 B 的二重可达边界点.

关于象的可达边界点与原像的可达边界点之间的对应关系,由寇勃于 1915 年发表在德国克勒数学期刊 145 卷上的文章里进行论述.

定理 1　(寇勃定理)设单叶正则变换 $w=f(z)$,将有界单连通区域 D 保形变换为单位圆盘 $G:\{w \mid |w|<1\}$.

(1) 区域 D 的每一个可达边界点,都对应圆周 $|w|=1$ 上一定点 w_1;

(2) 区域 D 的任两个不同的可达边界点必对应圆周 $|w|=1$ 上不同的两点;

(3) 设 F 是圆周 $|w|=1$ 上对应原像区域 D 的可达边界点的像点的全体,F 中的点在圆周 $|w|=1$ 上的分布是稠密的.

证明　1. 要证明,区域 D 的每一个一重可达边界点,都对应圆周 $|w|=1$ 上一定点. 首先证明:

(1) 设点 z_0 是区域 D 的边界点,则至少存在一个

像点 w_0，w_0 是区域 $G:\{w \mid |w|<1\}$ 的边界点.

事实上，$z_0 \in \partial D$，$\exists$ 点列 $\{z_0\} \subset D$，使得

$$\lim_{n\to\infty} z_n = z_0$$

因 $f(z_n)=w_n$，$\{w_n\}$ 为区域 G 内的点列，故至少存在子列 $\{w_{n_k}\}$，有

$$\lim_{k\to\infty} w_{n_k} = w_0$$

点 w_0 一定不是区域 G 的外点，否则一定存在一个点 w_0 的 δ 邻域 $N(z_0,\delta)$ 位于区域 G 的外部. 在 $N(w_0,\delta)$ 内没有 $\{w_{n_k}\}$ 中任何一点，这与 $\{w_{n_k}\}$ 收敛于 w_0 矛盾. 点 w_0 也不会是区域 G 的内点，否则一定存在一个点 w_0 的 δ^* 邻域 $N(w_0,\delta^*)$，使 $N(w_0,\delta^*)\subset G$，于是通过反变换 $z=f^{-1}(w)$ 得其原像邻域 $N(z_0^*,\delta)$，且 $N(z_0^*,\delta)\subset D$，同时，有无穷多点 $z_{n_k}=f^{-1}(w_{n_k})\in N(z_0^*,\delta)$，与点列 $\{z_{n_k}\}$ 收敛于 z_0 矛盾. 这样就证明了边界点一定对应边界点的事实.

(2) 区域 D 的每一个一重可达边界点，必对应圆周 $|w|=1$ 上一定点.

设点 z_1 是区域 D 的一重可达边界点，当点 z 沿若尔当曲线

$$l_1: z=z(t) \quad (a\leqslant t\leqslant b)$$

到达点 z_1 时，其像点 w 沿着区域 G 内的象连续曲线

$$\lambda_1: w=f[z(t)] \quad (a\leqslant t\leqslant b)$$

到达圆周上一定点. 事实上倘不是这样，在圆周 $|w|=1$ 上必有两个不同点 w_1，w_2 与 z_1 对应. 当像点 w 沿曲线 λ_1 无限地且同时趋向于点 w_1，w_2 时，即曲线 λ_1 中含有一列若尔当弧 λ_n，它们的端点分别趋近于圆周 $|w|=1$ 上的点 w_1 与 w_2. 这列若尔当弧 λ_n 的原像，则由反变换 $z=\varphi(w)$ 知其必一致收敛于 z_1，即 $\varphi(w)-$

z_1 在区域 G 内的若尔当弧 λ_n 上一致收敛于零. 由引理 1 得

$$\varphi(w) \equiv z_1$$

与 $\varphi(w)$ 不恒等于常数矛盾,故点 w 沿曲线 λ_1 只能趋近于圆周 ∂G: $|w|=1$ 上一定点.

2. 要证区域 D 的两个不同边界点必对应圆周 $|w|=1$ 上不同两点. 只需证明下列两点事实:

(1) 区域 D 的两个不同一重可达边界点 z_1 与 z_2 必对应圆周 $|w|=1$ 上不同的两个像点 w_1 与 w_2. 为此,设可达边界点 z_1 与 z_2 是由区域 D 内具有从某点 z_0 出发且无其他交点的两条若尔当曲线 l_1 与 l_2 所确定的点. 若尔当曲线 l_1 与 l_2 在 G 内的象曲线为

$$\lambda_k = f(l_k) \quad (k=1,2)$$

倘曲线 λ_1 与 λ_2 在圆周 ∂G: $|w|=1$ 上有公共点 $w_1(w_1=w_2)$,则曲线 $\lambda_1 \cup \lambda_2$ 形成一个闭曲线. 此闭曲线划分单位圆盘 G:$\{w \mid |w|<1\}$ 为两部分区域,其中一部分区域的边界为曲线 $\lambda_1 \cup \lambda_2$,它的原像区域必为区域 D 的子区域 D_1,且以曲线 $l_1 \cup l_2$ 为部分边界. 因为点 z_1 与点 z_2 不同,故区域 D_1 的边界 ∂D_1 上必有区域 D 的边界 ∂D 上点 ζ(否则区域 D_1 的边界为一开口的若尔当曲线,则区域 D_1 为无界区域与区域 D 为有界的假设矛盾). 今取 δ_1 为足够小正数,有 $N(\zeta,\delta_1) \cap \partial D_1$ 与 $N(\zeta,\delta_1) \cap \partial D$ 一致,且位于点 z_1 与 z_2 之间(否则点 ζ 是区域 D_1 除了 $l_1 \cup l_2$ 外的唯一边界点,则必有 $z_1=z_2=\zeta$,这是不可能的). 于是点 z 从 $D \cap N(\zeta,\delta_1)$ 内趋于区域 D_1 的边界上的点时,由于 $w=f(z)$ 的单叶性,点 w 从其象区域 $G_1=f[D \cap N(\zeta,\delta_1)]$ 内被迫趋于边界点 w_1,由引理 3,在区域 D 内

$$f(z) = w_1 (\text{常数})$$

这是不可能的. 所以

$$w_1 \neq w_2$$

(2) 若点 $z_1 = z_2 = z^*$ 为区域 D 的二重可达边界点. 倘其像点 $w_1 = w_2$，由二重可达边界点的定义，则必存在由区域 D 的内点 z_0 出发的两条若尔当曲线 l_1 与 l_2. 由若尔当曲线 l_1 与 l_2 所围成的区域 D_1 必含有一段区域 D 的边界，同样在这段边界上可取到一点 ζ，在点 ζ 的足够小邻域 $N(\zeta,\delta^*)$ 内，由于 $w = f(z)$ 的单叶性，当 z 从 $D \cap N(\zeta,\delta^*)$ 内趋于区域 D_1 的边界上点时，像点 w 从 $G^* = f[D \cap N(\zeta,\delta^*)]$ 内被迫趋于 w_1，由引理 3，得 $f(z) \equiv w_1$(常数)，这是不可能的. 故二重可达边界点 z^* 必对应两个不同的单位圆周 $|w| = 1$ 上的点 w_1 与 w_2.

3. 要证集合 F 的点在圆周 $|w| = 1$ 上的分布是稠密的.

倘在圆周 $|w| = 1$ 上存在一段圆弧 γ，它不含区域 D 的可达边界点的对应像点. 设点 $w_0 \in \partial G$，且 $w_0 \in \gamma$，存在点列 $\{w_n\}$ 收敛于 w_0. 点列 $\{w_n\}$ 的原像点列 $\{z_n\} = \{f^{-1}(w_n)\}$ 为有界点列，故至少存在一个子点列 $\{z_{n_k}\}$，有

$$\lim_{k\to\infty} z_{n_k} = z_0 \quad (z_0 \in \partial D)$$

今取 $d_{n_k} = \mathrm{dis}(z_{n_k}, \partial D)$ 也代表线段 $z_{n_k} z'_{n_k}$ 的符号

$$d_{n_k} = | z_{n_k} - z'_{n_k} | \quad (z'_{n_k} \in \partial D)$$

令

$$f(d_{n_k}) = L_{n_k}$$

其中 L_{n_k} 表示从点 w_{n_k} 出发沿弧 L_{n_k} 终止于圆周 $|w| = 1$ 上的点 w'_{n_k} 的一段若尔当弧. 点 w'_{n_k} 是可达边界点 z'_{n_k}

的像点，故点 $w'_{n_k} \notin \gamma$. 显然点 $w'_{n_k} \neq w_0$. $\forall z \in d_{n_k}$，有

$$|z - z_0| = |z - z_{n_k} + z_{n_k} - z_0| \leqslant |z - z_{n_k}| + |z_{n_k} - z_0|$$

又因为

$$|z - z_{n_k}| \leqslant |z'_{n_k} - z_{n_k}|$$
$$|z'_{n_k} - z_{n_k}| \leqslant |z_{n_k} - z_0|$$

所以

$$|z - z_0| \leqslant 2|z_{n_k} - z_0|$$

由于

$$\lim_{k \to \infty} z_{n_k} = z_0$$

有

$$|z - z_0| \leqslant 2|z_{n_k} - z_0| < 2\varepsilon \quad (z \in d_{n_k})$$

当 k 充分大时，位于 d_{n_k} 上的点 z 都拉到 z_0 的 $2s$ 的邻域中去. 点列 $\{w'_{n_k}\}$ 的极限点为 w^*（点 w^* 在圆弧 γ 外或在圆弧 γ 的一端点），于是，当 $z \in d_{n_k}$ 时，有 $f(z) \in L_{n_k}$. 当 $k > N$ 时，函数 $z = f^{-1}(w)$ 在若尔当弧 L_{n_k} 上一致收敛于点 z_0.

对函数 $f^{-1}(w) - z_0$ 应用引理1，得 $f^{-1}(w) - z_0 \equiv 0$，即

$$f^{-1}(w) \equiv z_0 \quad (w \in L_{n_k})$$

这是不可能的. 因此，不存在上述性质的圆弧 γ，故集合 F 的点在圆周 $|w| = 1$ 上的分布是稠密的.

对某些特殊区域，我们有下列定理：

定理 2　（卡拉瑟多里(Caratheodory)定理）　设

(1) 区域 D 是有界单连域，其边界 ∂D 上每一点都是区域 D 的可达边界点；

(2) 单叶正则变换 $w = f(z)$ 将区域 D 单叶保形变换到单位圆盘 G：$\{w \mid |w| < 1\}$.

则边界 ∂D 上所有点(α 重可达边界点算作 α 个不同边界点)与圆周 ∂G 上所有点成一一对应.

又若

(1) 在圆周 ∂G: $|w|=1$ 上任一点 w_0,定义

$$\lim_{\substack{w\to w_0\\|w|<1}} f^{-1}(w)=f^{-1}(w_0)=z_0$$

则反函数 $z=f^{-1}(w)$ 在闭圆盘 $|w|\leqslant 1$ 上连续.

(2) 区域 D 的所有边界点都是一重可达边界点,则函数 $w=f(z)$ 在闭区域 $D\cup\partial D$ 上连续. 即闭区域 $\overline{D}=D\cup\partial D$ 与 $\overline{G}=G\cup\partial D$ 为双方单值连续对应或称拓扑对应.

证明

1. 因为边界 ∂D 上每一点都是可达边界点,由寇勃定理知,∂D 与 ∂G(单位圆周)上点之间成一一对应关系.

2. 要证反函数 $z=f^{-1}(w)$ 在闭圆盘 $|w|\leqslant 1$ 上连续.

事实上,若 $w_0\in\partial G$, $|w_0|=1$,则

$$\lim_{\substack{w\to w_0\\|w|<1}} f^{-1}(w)=f^{-1}(w_0)$$

由寇勃定理知,点 $f^{-1}(w_0)$ 唯一存在. 设 $|w_n|\leqslant 1$ 且

$$w_n\to w_0\quad(n\to\infty)$$

由归并原则知,只需证明

$$\lim_{n\to\infty} f^{-1}(w_n)=f^{-1}(w_0)$$

成立.

事实上

(1) 若点列 $\{w_n\}$ 中只包含圆周 $|w|=1$ 上有限个

点，则由 $f^{-1}(w_0)$ 的定义，点列 $\{z_n\}=\{f^{-1}(w_n)\}$ 趋于 $z_0=f^{-1}(w_0)$.

(2) 若点列 $\{w_n\}$ 中包含圆周 $|w|=1$ 上无穷多个点，记以 $\{w_{n_k}\}$. 只需证明

$$\lim_{k\to\infty} f^{-1}(w_{n_k})=f^{-1}(w_0)=z_0$$

其中

$$f^{-1}(w_{n_k})=\lim_{\substack{|w|<1\\ w\to w_{n_k}}} f^{-1}(w)$$

对任意给定的足够小的正数 ε，在圆 $|w|<1$ 内都存在 w'_{n_k} 及正数 N_1，当 $k>N_1$ 且 $|w'_{n_k}-w_{n_k}|<\dfrac{1}{k}$ 时，有

$$|f^{-1}(w'_{n_k})-f^{-1}(w_{n_k})|<\frac{\varepsilon}{2}\quad (k=1,2,\cdots)$$

由于 $w_{n_k}\to w_0(k\to\infty)$，就有 $w'_{n_k}\to w_0(k\to\infty)$. 对上述的正数 ε，存在正数 N_2，当 $k>N_2$ 时，有

$$|f^{-1}(w'_{n_k})-f^{-1}(w_0)|<\frac{\varepsilon}{2}$$

因此，存在正数 N，$N=\max\{N_1,N_2\}$，当 $k>N$ 时，有

$$\begin{aligned}&|f^{-1}(w_{n_k})-f^{-1}(w_0)|\leqslant\\&|f^{-1}(w_{n_k})-f^{-1}(w'_{n_k})|+\\&|f^{-1}(w'_{n_k})-f^{-1}(w_0)|<\varepsilon\end{aligned}$$

即

$$\lim_{k\to\infty} f^{-1}(w_{n_k})=f^{-1}(w_0)=z_0$$

所以反函数 $z=f^{-1}(w)$ 在点 w_0 连续. 由于点 w_0 是圆周 $|w|=1$ 上任意一点，故 $z=f^{-1}(w)$ 在闭圆盘 $|w|\leqslant 1$ 上连续.

3. 要证若边界 ∂D 上每一点都是一重可达边界点，则函数 $w=f(z)$ 在闭区域 $\overline{D}$ 上连续.

今取点 $z_0 \in \partial D, z_n \in \overline{D}$，有 $z_n \to z_0(n \to \infty)$. 令 $f(z_n)=w_n(n=1,2,3,\cdots)$，那么点列$\{w_n\}$一定收敛于圆周 $|w|=1$ 上唯一一点 w_0（否则点列$\{w_n\}$中有两个子点列分别收敛于圆周 $|w|=1$ 上的不同两点，其所对应的原像点列$\{z_n\}$中也有两个子点列分别收敛于 D 的两个不同边界点，这是不可能的）. 于是边界点 w_0 与趋于点 z_0 的点列$\{z_n\}$的选择无关. 所以函数 $w=f(z)$ 在闭区域 $\overline{D}$ 上连续，且闭区域 $\overline{D}$ 与闭圆盘 $\overline{G}$ 之间成双方单值连续对应.

卡拉瑟多里边界定理的另一种形式：

定理 3 设

(1) D 为有界单连通区域，其边界 ∂D 为若尔当闭曲线；

(2) 单叶正则变换 $w=f(z)$ 将区域 D 单叶保形变换为单位圆盘 G：$\{w \mid |w|<1\}$.

则边界 ∂D 上所有点与圆周 ∂G 上所有点成双方单值对应.

若在单位圆周 $|w|=1$ 上任取一点 w_0，定义

$$\lim_{\substack{w \to w_0 \\ |w_0|<1}} f^{-1}(w)=f^{-1}(w_0)=z_0$$

则闭区域 $\overline{D}$ 与 $\overline{G}$ 为双方单值连续对应.

证明 证明方法与定理 2 完全相同. 读者可自行证明.

第三节　上半平面到多边形内部的保形变换定理的证明

定理　设

(1)Π 是平面 w 上以 $w_k(1\leqslant k\leqslant n)$ 为顶点的有界 n 边形. 在顶点 w_k 的内角为 $\alpha_k\pi(0<\alpha_k\leqslant 2)$，$\sum_{k=1}^{n}\alpha_k=n-2$；

(2) 变换 $w=f(z)$ 将平面 z 的上半平面 $\operatorname{Im} z>0$ 单叶保形变换到 n 边开形 Π(图 1) 的内部；

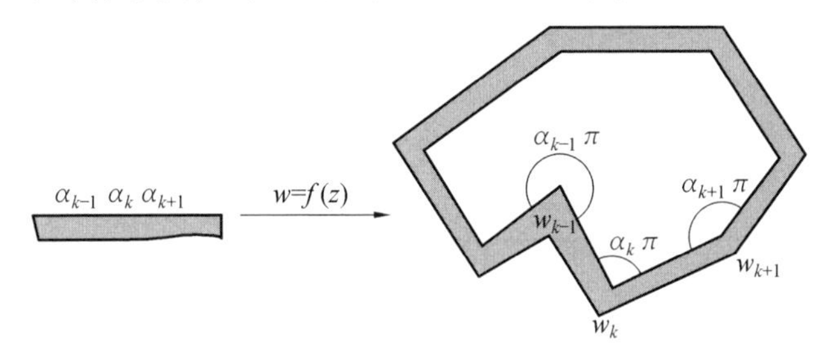

图 1

(3) 平面 z 实轴上依次排列的点 a_k

$$a_1<a_2<a_3<\cdots<a_k<a_{k+1}<\cdots<a_n$$

分别对应平面 w 上 n 边形 Π 以逆时针方向排列的 n 个顶点 $w(1\leqslant k\leqslant n)$.

则

(1) 若点 $a_k\neq\infty(1\leqslant k\leqslant n)$ 时，有

$$w=f(z)=c\int_{z_0}^{z}(z-a_1)^{\alpha_1-1}(z-a_2)^{\alpha_2-1}\cdot\cdots\cdot(z-a_k)^{\alpha_k-1}\cdot\cdots\cdot(z-a_n)^{\alpha_n-1}\mathrm{d}z+c_1 \qquad (1)$$

(2) 若点 $a_n=\infty$ 时,有

$$w=f(z)=c\int_{z_0}^{z}(z-a_1)^{\alpha_1-1}(z-a_2)^{\alpha_2-1}\cdot\cdots\cdot(z-a_{n-1})^{\alpha_{n-1}-1}\mathrm{d}z+c_1 \tag{2}$$

其中,z_0,c,c_1 都为常数. 式(1)(2) 都称为施瓦兹－克利斯铎夫(Christoffel) 公式.

证明

1. 由黎曼变换存在定理知,将上半平面 $z\mathrm{Im}\ z>0$ 单叶地保形变换到多边形 Π 内部的变换 $w=f(z)$ 一定存在.

2. 由卡拉瑟多里边界对应定理知,实轴上的点与多边形 Π 的边界 $\partial\Pi$ 上的点成双方单值连续对应关系.

3. 求函数 $w=f(z)$ 的解析表达式(1).

要求 $f(z)$ 的解析式,只需求出 $f''(z)/f'(z)$ 的表达式就行了. 首先证明

(1) 函数 $f''(z)/f'(z)$ 可通过任何线段 a_ka_{k+1}($k=1,2,\cdots,n$) 单值地开拓到同一个正则函数,记为 $\mathscr{F}(z)$.

已知变换 $w=f(z)$ 将线段 a_ka_{k+1} 双方单值地映到线段 w_kw_{k+1}($k=1,2,\cdots,n$;$a_{n+1}=a_0$,$w_{n+1}=w_0$),由对称原理知,函数 $w=f(z)$ 可以越过线段 a_ka_{k+1} 解析开拓到整个下半平面(图 2). 这样,在下半平面上,对不同的线段 a_ka_{k+1}($1\leqslant k\leqslant n-1$) 进行解析开拓后,可以得到不同的函数,记为 $w=f_k(z)$,$\mathrm{Im}\ z<0$($1\leqslant k\leqslant n$).

(i) 相邻的 $f_k(z)$ 之间有关系

$$f_k(z)-w_{k+1}=\mathrm{e}^{\mathrm{i}2\alpha_{k+1}\pi}[f_{k+1}(z)+w_{k+1}] \tag{3}$$

设 $\mathrm{Im}\ z<0$,则 $\mathrm{Im}\ \bar{z}>0$,令

$$f(\bar{z})=\bar{w}$$

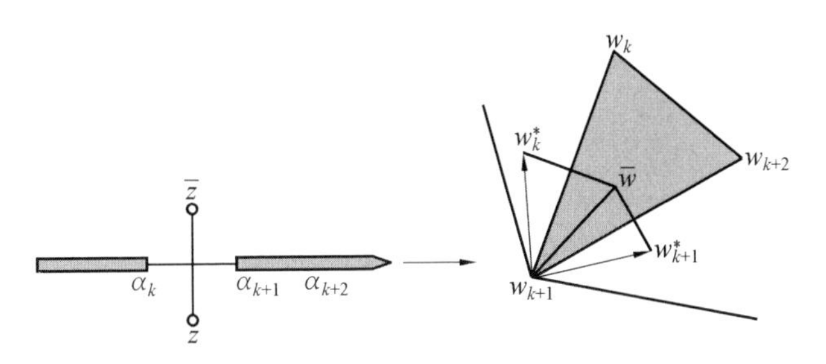

图 2

其中 $\bar{w}$ 位于多边形 Π 的内部,根据对称原理

$$f_k(z)=w_k^*$$

其中 w_k^* 是点 $\bar{w}$ 关于线段 w_kw_{k+1} 的对称点,而点

$$f_{k+1}(z)=w_{k+1}^*$$

是点 $\bar{w}$ 关于线段 $w_{k+1}w_{k+2}$ 的对称点.于是,向量

$$\boldsymbol{w}_{k+1}^*-\boldsymbol{w}_{k+1}$$

依逆时针方向转角度 $2\alpha_{k+1}\pi$ 就到达向量 $\boldsymbol{w}_k^*-\boldsymbol{w}_{k+1}$,这就证明了

$$f_k(z)-w_{k+1}=\mathrm{e}^{\mathrm{i}2\alpha_{k+1}\pi}[f_{k+1}(z)-w_{k+1}]$$

见图 2 的右图.

上述关系式说明了尽管函数 $w=f(z)$ 在通过不同线段 $a_ka_{k+1}(1\leqslant k\leqslant n-1)$ 解析开拓到下半平面后,可以得到不同函数值 $f_k(z)$,但是通过相邻的两个线段进行解析开拓后,得到相邻的 $f_k(z)$ 之间有式(3)所揭示的关系.

(ii) 相邻的 $f'_k(z)$,$f''_k(z)$ 之间有下列关系

$$\frac{f''_k(z)}{f'_k(z)}=\frac{f''_{k+1}(z)}{f'_{k+1}(z)}\quad(1\leqslant k\leqslant n)\qquad(4)$$

由(i)中式(3)知

$$f_k(z)-w_{k+1}=\mathrm{e}^{\mathrm{i}2\alpha_{k+1}\pi}[f_{k+1}(z)-w_{k+1}]$$

求导后为

$$f'_k(z)=\mathrm{e}^{\mathrm{i}2\alpha_{k+1}\pi}f'_{k+1}(z)$$
$$f''_k(z)=\mathrm{e}^{\mathrm{i}2\alpha_{k+1}\pi}f''_{k+1}(z)$$

由于函数 $f_k(z)$ 在上半平面 $z\mathrm{Im}\ z>0$ 上单叶正则，所以

$$f'_k(z)\neq 0$$

于是有

$$\frac{f''_k(z)}{f'_k(z)}=\frac{f''_{k+1}(z)}{f'_{k+1}(z)}\quad(1\leqslant k\leqslant n)$$

式(4)说明只要 k 是满足关系 $1\leqslant k\leqslant n$ 的任何一个自然数结论都成立，且在上半平面 $z\mathrm{Im}\ z>0$ 内正则. 于是可以省去 k，即函数 $\dfrac{f''(z)}{f'(z)}$ 通过任一线段 a_ka_{k+1} $(1\leqslant k\leqslant n)$ 都单值地解析开拓到同一个正则函数 $\mathscr{F}(z)$.

(2) 要求出函数 $\mathscr{F}(z)$ 的解析表达式.

已知 $\mathscr{F}(z)$ 在复平面 z 上除了点 $a_k(1\leqslant k\leqslant n)$ 外处处正则. 要证：点 $a_k(1\leqslant k\leqslant n)$ 是 $\mathscr{F}(z)$ 的简单极点，点 ∞ 是 $\mathscr{F}(z)$ 的可去奇点. 为此，我们首先研究 $f(z)$ 在点 a_k 的变换性质.

如图 3 所示，变换

$$t=(f(z)-w_k)^{\alpha_k^{-1}}$$

将上半平面 $z\mathrm{Im}\ z>0$ 上以点 a_k 为心的某半邻域内部分区域 δ_k 保形变换为以点 $t=0$ 为心的半邻域 R_k. 由对称原理知，变换

$$t=(f(z)-w_k)^{\alpha_k^{-1}}$$

将被包含在以 a_k 为心的邻域内且关于实轴具有对称性的区域 σ_k ($\delta_k\subset\sigma_k$，且 $a_k\in\sigma_k$) 单叶保形变换为以点 $t=0$ 为心的一个邻域 T_k(图 4). 令

$$t=\psi_k(z)=(f(z)-w_k)^{\alpha_k^{-1}}$$

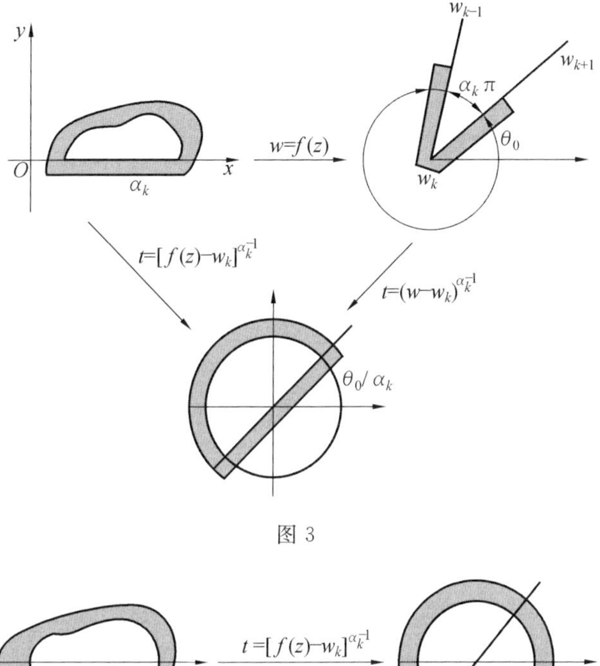

图 3

图 4

易证

$$\psi_k(\bar{z})=\psi_k(z)$$

则 $\psi_k(z)$ 在以点 a_k 为心 δ 为半径的邻域 $N(a_k,\delta)$ 内单叶正则，$N(a_k,\delta)\subset\sigma_k$. $\psi_k(a_k)=0$，$\psi'(a_k)\neq 0$，所以

$$\psi_k(z)=(z-a_k)\lambda_k(z)$$

其中 $\lambda_k(z)$ 在点 a_k 正则，且 $\lambda_k(a_k)=\psi'_k(a_k)\neq 0$，有

$$(f(z)-w_k)^{\alpha_k^{-1}}=(z-a_k)\lambda_k(z)$$

而函数 $f(z)$ 与 $f'(z)$ 分别为

$$f(z) = w_k + (z - a_k)^{\alpha_k} \lambda_k(z)^{\alpha_k}$$

$$f'(z) = (z - a_k)^{\alpha_k - 1} \alpha_k \lambda_k(z)^{\alpha_k - 1} [\lambda_k(z) + (z - a_k)\lambda'_k(z)]$$

令

$$h_k(z) = \alpha_k \lambda_k(z)^{\alpha_k - 1} [\lambda_k(z) + (z - a_k)\lambda'_k(z)]$$

那么

$$f'(z) = (z - a_k)^{\alpha_k - 1} h_k(z)$$

其中 $h_k(z)$ 在点 a_k 正则，且 $h_k(a_k) = \alpha_k \lambda_k(a_k)^{\alpha_k} \neq 0$，故有

$$\mathscr{F}(z) = \frac{f''(z)}{f'(z)} = \frac{d\log f'(z)}{dz}$$

$$\mathscr{F}(z) = \frac{\alpha_k - 1}{z - a_k} + \frac{h'_k(z)}{h_k(z)} \tag{5}$$

其中$\frac{h'_k(z)}{h_k(z)}$在点 a_k 正则. 式(5) 表明点 $z = a_k$ 是$\frac{f''(z)}{f'(z)}$的简单极点，且在该点的残数等于 $\alpha_k - 1$. 即

$$\operatorname*{Res}_{z=a_k} \frac{f''(z)}{f'(z)} = \alpha_k - 1$$

$$\mathscr{F}(z) = \frac{f''(z)}{f'(z)}$$

在点 $z = a_k (1 \leqslant k \leqslant n)$ 处主要部分为$\frac{\alpha_k - 1}{z - a_k} (1 \leqslant k \leqslant n)$，又因为 $f(z)$ 在点 $z = \infty$ 处正则，因此，在 $z = \infty$ 的邻域内，有

$$f(z) = c_0 + \frac{c_1}{z} + \frac{c_2}{z^2} + \cdots$$

$$f'(z) = -\frac{c_1}{z^2} - \frac{2c_2}{z^3} - \cdots$$

$$f''(z) = \frac{2c_1}{z^3} + \frac{6c_2}{z^4} + \cdots$$

所以

$$\mathscr{F}(z)=\frac{f''(z)}{f'(z)}=-\frac{2}{z}+\cdots$$

由此可见

$$\mathscr{F}(\infty)=0$$

现在已证明：点 $z=a_k(1\leqslant k\leqslant n)$ 是 $\mathscr{F}(z)$ 的简单极点，点 $z=\infty$ 是 $\mathscr{F}(z)$ 的可去奇点. 令

$$F(z)=\mathscr{F}(z)-\sum_{k=1}^{n}\frac{\alpha_k-1}{z-a_k}$$

且

$$\lim_{z\to\infty}\mathscr{F}(z)=0$$

由复变函数论中刘维尔(Liouville)定理知

$$F(z)\equiv 0\quad(|z|\leqslant\infty)$$

因此

$$\mathscr{F}(z)=\sum_{k=1}^{n}\frac{\alpha_k-1}{z-a_k}$$

即

$$\frac{f''(z)}{f'(z)}=[\log f'(z)]'_z=\sum_{k=1}^{n}\frac{\alpha_k-1}{z-a_k}\quad(\operatorname{Im} z>0)$$

积分并去掉对数符号后得

$$f(z)=c\int_{z_0}^{z}\prod_{k=1}^{n}(z-a_k)^{\alpha_k-1}\mathrm{d}z+c_1$$

4. 求 $f(z)$ 的表达式(2).

如果点 $a_n=\infty$ 对应多边形 Π 的第 n 个顶点 w_n，那么只需引进 ζ 平面，使平面 z 实轴上的 n 个点 $a_k(1\leqslant k\leqslant n)$ 都对应 ζ 平面实轴上的有限个点就行了. 为此，选择实数 a 满足条件

$$a\neq 0,a<a_1$$

令

$$\zeta=-\frac{1}{z-a}$$

点 a_k 对应 ζ 平面的实轴上点 $\beta_k(k=1,2,3,\cdots,n-1)$；点 $a_n=\infty$ 则对应 $\zeta_n=0$. 这样，我们就可以建立 ζ 平面的上半平面 $\operatorname{Im}\zeta>0$ 与平面 w 上多边形 Π 内部的对应关系. 令点 β_k 对应于 $w_k(1\leqslant k\leqslant n-1)$；$\beta_n=0$ 对应于点 w_n. 由式(1) 知

$$\begin{aligned}w=F(\zeta)=&c\int_{\zeta_0}^{\zeta}(\zeta-\beta_1)^{\alpha_1-1}(\zeta-\beta_2)^{\alpha_2-1}\cdot\cdots\cdot\\&(\zeta-\beta_{n-1})^{\alpha_{n-1}-1}\zeta^{\alpha_n-1}\mathrm{d}\zeta+c_1=\\&c\int_{\zeta_0}^{\zeta}\prod_{k=1}^{n-1}(\zeta-\beta_k)^{\alpha_n-1}\zeta^{\alpha_n-1}\mathrm{d}\zeta+c_1\end{aligned}$$

如图 5 所示，可建立上半平面 z 与平面 w 上的多边形 Π 的内部之间的变换关系

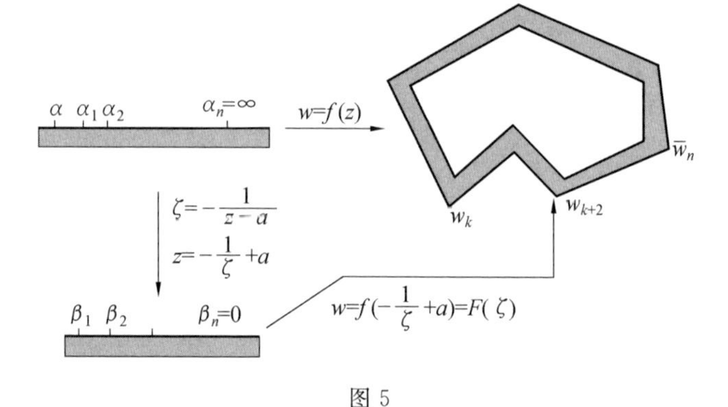

图 5

$$\begin{aligned}w=&c\int_{z_0}^{z}\prod_{k=1}^{n-1}\left(-\frac{1}{z-a}+\frac{1}{a_k-a}\right)^{\alpha_k-1}\cdot\\&\left(-\frac{1}{z-a}\right)^{\alpha_n-1}\frac{\mathrm{d}z}{(z-a)^2}+c_1=\\&c\int_{z_0}^{z}\prod_{k=1}^{n-1}\left(\frac{z-a_k}{(z-a)(a_k-a)}\right)^{\alpha_k-1}\cdot\end{aligned}$$

$$\frac{(-1)^{\alpha_n-1}}{(z-a)^{\alpha_n-1}(z-a)^2}\mathrm{d}z+c_1=$$

$$c\int_{z_0}^{z}\frac{\prod_{k=1}^{n-1}(z-a_k)^{\alpha_k-1}(-1)^{\alpha_n-1}}{\prod_{k=1}^{n-1}(a_k-a)^{\alpha_k-1}\prod_{k=1}^{n}(z-a)^{\alpha_k-1}(z-a)^2}\mathrm{d}z+c_1$$

所以

$$w=f(z)=\frac{c(-1)^{\alpha_n-1}}{\prod_{k=1}^{n-1}(a_k-a)^{\alpha_k-1}}\cdot$$

$$\int_{z_0}^{z}\prod_{k=1}^{n-1}(z-a_k)^{\alpha_k-1}\mathrm{d}z+c_1$$

令

$$c^*=c(-1)^{\alpha_n-1}/\prod_{k=1}^{n-1}(a_k-a)^{\alpha_k-1}$$

即

$$w=f(z)=c^*\int_{z_0}^{z}\prod_{k=1}^{n-1}(z-a_k)^{\alpha_k-1}\mathrm{d}z+c_1$$

由此可知,若取平面 z 的实轴上第 n 个点 $a_n=\infty$ 时,施瓦兹－克利斯铎夫公式中就可以少一个因子 $(z-a_n)^{\alpha_n-1}$,从而公式得到简化.

第二编

保角变换

关于几道培训题的高等背景

第六章

第一节　引　　言

保形映射是古典问题之一，远自托勒密(Ptolemy)开始，即有立体投影的概念. 16世纪初，由于航海术的发展，遂有所谓“Mercator投影”的出现，这些都是保形映射的萌芽. 到了19世纪，随着生产力的进一步发展，柯西(Cauchy)已经建立起近代解析函数理论的基础，引导出分析中的几何内容，高斯(Gauss)也在微分几何中介绍了保形映射的内容. 但是把保形映射作为复变函数的基本内容之一，并同时给予系统的研究，则是自黎曼开始. 黎曼的学位论文《一元复变函数普遍理论基础》给出了保形映射与复变函数理论的基本联系，开辟了几何函数论的新途径.

本来在欧拉(Euler)时代,由于流体力学的研究,需要许多的数学内容,复变函数就是其中的一部分,黎曼在前人的基础上进一步给出系统的研究.现在保形映射已经成为复变函数理论中的主要工具之一,它在二维位势理论的边值问题中有着极大的应用.

第二节　几道数学竞赛培训题

先来看三道复数的竞赛培训试题.

试题 1　已知 $z,a,x\in\mathbf{C}$,$x=\dfrac{a-z}{1-az}$,且 $|z|=1$,求证:$|x|=1$.

试题 2　证明:若对 $z_1,z_2\in\mathbf{C}$,$|z_1-\bar{z}_2|=|1-z_1z_2|$ 成立,则 $|z_1|$,$|z_2|$ 中至少有一个等于 1.

试题 3　已知 $z,w\in\mathbf{C}$,且 $z\neq w$,$|z|=2$,求 $\left|\dfrac{z-w}{4-\bar{z}w}\right|$ 的值.

这三个问题的共同之处在于都出现形式 $\dfrac{z_1-z_2}{1-\bar{z}_1z_2}$,在试题 2 中是将 z_2 变为 $\bar{z}_2$,于是有

$$\left|\frac{z_1-\bar{z}_2}{1-\bar{z}_1\bar{z}_2}\right|=\frac{|z_1-\bar{z}_2|}{1-\bar{z}_1\bar{z}_2}=\frac{|z_1-\bar{z}_2|}{1-z_1z_2}$$

在试题 3 中令 $z_1=\dfrac{z}{|z|}$,$z_2=\dfrac{w}{2}$,则将 $z=2z_1$,$w=2z_2$ 代入 $\left|\dfrac{z-w}{4-zw}\right|$ 中得

$$\left|\frac{2z_1-2z_2}{4-4\bar{z}_1z_2}\right|=\frac{1}{2}\left|\frac{z_1-z_2}{1-\bar{z}_1z_2}\right|$$

再看一道培训讲座例题(《中学生数学》2005 年增

刊第六讲复数,长沙市雅礼中学杨日武).

设 $|a|<1$,对复平面上作何点 z, $\left|\frac{z-a}{1-\bar{a}z}\right|$ 或者小于1,或者等于1,或者大于1,从而整个平面分成三个子集.所述的条件等价于

$$|z-a|^2 \lesseqqgtr |1-\bar{a}z|^2$$

或

$$(1-|a|^2)(|z|^2-1) \lesseqqgtr 0$$

第一个集合是开圆盘 $|z|<1$,第二个集合是单位圆周 $|z|=1$,第三个集合是闭单位圆盘的外部 $|z|>1$. 对于 $z=\infty$,该表达式的值为 $|a|^{-1}$,从而 $z=\infty$ 属于第三个集合.

第三节　保角变换

我们知道,在映射 $w=f(z)$ 之下,曲线被映为曲线,我们进一步可以给出两条曲线在它们交点处的夹角的定义,并研究在映射 $w=f(z)$ 之下夹角的变化.有一种映射可以保持曲线交角是不变的,因而称为保角映射或保角变换.保角映射的理论是复变函数论的一个重要组成部分,它不但在理论研究中具有重要的作用,而且在应用上也是很有用的一部分.在力学、空气动力学、弹性力学、电学以及热学中都要用到保角映射.例如,在许多问题中都要处理在电荷周围的电位势问题,或处理一个热体周围的温度分布问题.对于一般形状的带电体、带热体或障碍体,计算位势、温度或流速并不是一件容易的事情,为了克服这一困难，我们常借助保角变换，将它们化为最简单的形状．例如，为了设计飞机的机翼，需要计算空气流过机翼时的速度，机翼的横断面是一个“复杂”的形状，经过一个适当的保角变换这个断面可以化为“简单”的形状圆，这时物体本身可考虑为圆柱形．而对圆来说，计算特别简单，然后再化回去，就可以得到原来要求的东西．

这样一来，保角映射为我们提供了一种计算位势、温度及流速等物理量的有力工具．

一般来说，在域 D 中定义的函数 $w=f(z)$，把 D 内的曲线

$$C: z(t)=x(t)+\mathrm{i}g(t) \quad (a \leqslant t \leqslant b)$$

映射为平面 w 的曲线

$$\Gamma: f(z(t))=f(x(t)+\mathrm{i}g(t)) \quad (a \leqslant t \leqslant b)$$

称 Γ 为在 f 下 C 的象（图 1）．

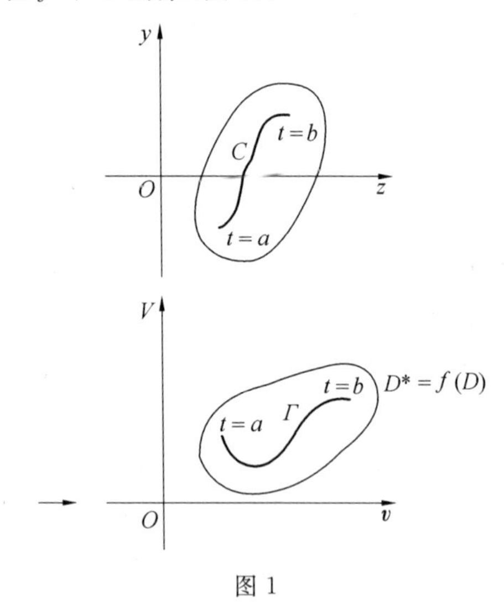

图 1

下面我们建立保角映射的概念．

设 C_1,C_2 为通过 z_C 的两条光滑曲线,在 $w=f(z)$ 下,它们在平面 w 的象为 Γ_1,Γ_2. 当在 z_0 处 C_1,C_2 的切线夹角与 $w_0=f(z_0)$ 处 Γ_1,Γ_2 的切线的夹角,包括角的取向在内相等时,则称 $w=f(z)$ 在 z_0 保角映射. 最容易而且基本的保角映射即一次映射

$$w=f(z)=\frac{az+b}{cz+d},ad-bc\neq 0$$

这样类型的有理数称为一次函数,由此函数决定的从平面 z 到平面 w 的映射称为一次映射.

一次映射具有下列重要性质.

定理 1(圆圆对应)　一次映射将平面 z 上的圆变为平面 w 上的圆,但直线看为圆的一种.

定理 2(镜像原理)　如在一次映射下平面 z 的圆 O 变为平面 w 上的圆 O',则关于圆 O 互相处于镜像位置的两点 P,Q 变为关于圆 O' 处于镜像位置的两点.

利用以上两个定理可证明 1920 年 A. Winternitz 在 *Monatsh Math*. Vol. 30:123 中证明的如下结论:

设 C 是单位圆内的一个圆周,则存在单位圆到其自身的形如

$$w=e^{i\alpha}\frac{z-a}{1-\bar{a}z}$$

的变换,它把圆周 C 映射到以原点为中心的圆周.

证明　按假设,沿圆周 C 我们有 $\left|\frac{z-a}{1-\bar{a}z}\right|=$常数,即 a 和 $\frac{1}{\bar{a}}$(若 $a=0$,则为 0 和 ∞)是关于 C 以及单位圆周公共的调和点对. 设 z_0 表示 C 的圆心,r 为其半径,$z_0\neq 0$,$r<1-|z_0|$,则 $a(|a|<1)$ 满足二次方程

$$(a-z_0)\left(\frac{1}{a}-\bar{z}_0\right)=r^2$$

或

$$(|a|-|z_0|)\left(\frac{1}{|a|}-|z_0|\right)=r^2$$

其中,$\arg a=\arg z_0$,a 是任意的.

有一则回忆文章也谈到了保角问题,是杨振宁先生怀念陈省身的,他说:

我很可能旁听过陈省身的好几门数学课,但据保存至今的成绩单,我只在 1940 年秋天,当我还是三年级大学生时,选修过他的微分几何课程.

今天,我已不很记得上课的情形了.可是有一件事使我印象很深:如何证明每个二维曲面都和平面有保角(conformal) 变换关系.我知道如何把度量张量化成 $A^2\mathrm{d}u^2+B^2\mathrm{d}v^2$ 的形式,却无法再前进.有一天,陈先生告诉我要用复变数,并写下

$$C\mathrm{d}z=A\mathrm{d}u+\mathrm{i}B\mathrm{d}v$$

这个式子.学到这简单的妙诀,是我毕生难忘的经历.

(摘自《杨振宁的科学世界:数学与物理的交融》,季理真,林开亮主编.高等教育出版社,2018.)

从一道中国大学生夏令营试题的解法谈起

第七章

第一节 一道中国大学生夏令营试题

与美国普特南竞赛相应有中国大学生数学夏令营,该夏令营由中国科学院数学研究所举办,命题者多为中国著名数学家.可惜只办了十届就停止了.

在其试题中我们也发现了保角映射 $w=\dfrac{z+z_0}{1+z\bar{z}_0}$.

以下的试题及解答选自许以超、陆柱家主编的《中国大学生数学夏令营题解》.

试题 设 $f(z)$ 为单位圆盘 $D=\{z\in\mathbf{C}\mid |z|<1\}$ 上的全纯函数，在 $|z|=1$ 上有 $|f(z)|\leqslant 1$. 又设 $z_0\in D$ 是 $f(z)$ 的一个 m 重零点，z_0 满足

$$|z_0|\leqslant\frac{m-1}{m}$$

其中 m 是正整数，$m\geqslant 2$，试证

$$|f(-z_0)|<\mathrm{e}^{-\frac{1}{2m}}$$

式中，e 为自然对数的底.（第四届全国大学生数学夏令营试题）

证明 考虑到单位圆盘 D 到自身上的一一保角变换

$$w=\frac{z+z_0}{1+z\bar{z}_0}$$

于是在 D 上有全纯函数

$$g(z)=f\left(\frac{z+z_0}{1+z\bar{z}_0}\right)$$

由题设，于是有 $|g(z)|\leqslant 1$ 在 $|z|=1$ 上成立. 令 z_0 为 $f(z)$ 之 m 重零点，而 $g(0)=f(z_0)$，所以原点为 $g(z)$ 的 m 重零点. 在原点附近将 $g(z)$ 展成幂级数，便知道函数

$$h(z)=\begin{cases}\dfrac{g(z)}{z^m} & (z\neq 0,\ |z|\leqslant 1)\\[2ex] \dfrac{1}{m!}\left.\dfrac{\mathrm{d}^m g(z)}{\mathrm{d}z^m}\right|_{z=0} & (z=0)\end{cases}$$

在单位圆盘 D 上全纯，且在单位圆周 $|z|=1$ 上有

$$|h(z)|=|g(z)|\leqslant 1$$

当 $h(z)$ 为常数时，有 $g(z)=cz^m$，其中 c 为复数，且 $|c|\leqslant 1$；当 $h(z)$ 不是常数时，由最大模原理可知在单位圆盘 D 上

$$|h(z)|<1$$

即

$$|g(z)|<|z|^m$$

总之,有

$$|g(z)|\leqslant|z|^m,\forall z\in D$$

即

$$\left|f\left(\frac{z+z_0}{1+\bar{z}_0 z}\right)\right|\leqslant|z|^m,\forall z\in D$$

令

$$z'=\frac{z+z_0}{1+\bar{z}_0 z}$$

有

$$z'+z'z\bar{z}_0=z+z_0$$

即有

$$(1-\bar{z}_0 z')z=z'-z_0$$

令 $|z_0|<1,|z'|<1$,所以

$$z=\frac{z'-z_0}{1-\bar{z}_0 z'}$$

这证明了

$$|f(z)|\leqslant\left|\frac{z-z_0}{1-\bar{z}_0 z}\right|,\forall z\in D$$

特别地

$$|f(-z_0)|\leqslant\left|\frac{-2z_0}{1+|z_0|^2}\right|^m=\frac{2^m|z_0|^m}{(1+|z_0|^2)^m}$$

注意到题设

$$|z_0|\leqslant\frac{m-1}{m}$$

记 $|z_0|=x$,有 $0\leqslant x\leqslant\dfrac{m-1}{m}$,而对 $k(x)=\dfrac{2x}{1+x^2}$,有

$k'(x)>0, 0\leqslant x\leqslant\frac{m-1}{m}$，所以在$\left[0,\frac{m-1}{m}\right]$上，$k(x)$单调递增，因此在此区间上

$$k(x)\leqslant\frac{\frac{2(m-1)}{m}}{1-\left(\frac{m-1}{m}\right)^2}=\frac{2m(m-1)}{m^2+(m-1)^2}=$$

$$\frac{2m^2-2m}{2m^2-2m+1}$$

即证明了

$$|f(-z_0)|\leqslant\left(\frac{2m^2-2m}{2m^2-2m+1}\right)^m=$$

$$\left(\frac{2m^2-2m+1}{2m(m-1)}\right)^{-m}=$$

$$\left(1+\frac{1}{2m(m-1)}\right)^{-m}$$

为了证 $|f(-z_0)|<e^{-\frac{1}{2m}}$，需要证

$$\lg|f(z_0)|<-\frac{1}{2m}$$

今已知

$$\lg|f(-z_0)|\leqslant -m\lg\left(1+\frac{1}{2m(m-1)}\right)$$

问题化为要证

$$\lg\left(1+\frac{1}{2m(m-1)}\right)>\frac{1}{2m^2}$$

事实上，考虑函数

$$l(x)=\lg(1+x)-\frac{m-1}{m}x$$

有

$$\frac{dl(x)}{dx}=\frac{1}{1+x}-\frac{m-1}{m}$$

因此当$0<x<\frac{1}{m-1}$时，有$\frac{m-1}{m}<\frac{1}{1+\lambda}<1$，所以$\frac{\mathrm{d}l(x)}{\mathrm{d}x}>0$，即在$\left(0,\frac{1}{m-1}\right)$中$l(x)$严格单调递增. 令$l(0)=0$，所以有

$$0<\frac{1}{2m(m-1)}<\frac{1}{m-1}$$

也是一个欧氏圆周. 但一般来说，非欧圆心与欧氏圆心不重合，在此观点之下，罗巴切夫斯基几何中的所有命题都变成了单位圆内关于圆弧或圆周的命题，成为一种真实自然的几何现象. 这就是为什么将庞加莱度量称为非欧度量的缘由.

G. Pick 对 A. Winternitz 定理做了一个几何解释：把平面z上的单位圆盘映射成平面w上的单位圆盘，并且把前一圆盘内一点z_0映射成后一圆盘的原点的分式线性映射是

$$w=\mathrm{e}^{\mathrm{i}\alpha}\frac{z-z_0}{1-\bar{z}_0z} \tag{1}$$

其中，α是一实数. 我们也可把z和w两平面上的单位圆盘看作平面z上的同一单位圆盘D，于是式(1)可看作把D中的点z_0映射成D中的点w，而把D整体保持不变的分式线性映射. 让z_0及α变动，全部式(1)型的分式线性映射构成一个群G. 我们可以在D内建立一种非欧几何，即把D看成一种非欧平面的象，在D内任意两点间，可定义非欧距离，它在群G中的映射下保持不变.

设G中的映射(1)把D内不同两点z_1及z_2映射成D内不同两点w_1及w_2，通过计算得到

$$w_1=w_2=\mathrm{e}^{\mathrm{i}\alpha}\frac{(z_1-z_2)(1-|z_0|^2)}{(1-\bar{z}_0z_1)(1-\bar{z}_0z_2)}$$

$$1-\overline{w}_1 w_2=\frac{(1-\overline{z}_1 z_2)(1-|z_0|^2)}{(1-\overline{z}_0 z_1)(1-\overline{z}_0 z_2)}$$

从而

$$\left|\frac{z_1-z_2}{1-\overline{z}_1 z_2}\right|=\left|\frac{w_1-w_2}{1-\overline{w}_1 w_2}\right| \tag{2}$$

于是

$$\delta(z_1,z_2)=\left|\frac{z_1-z_2}{1-\overline{z}_1 z_2}\right| \tag{3}$$

是群 G 中映射下的不变式.

在式(2) 中令 $z_1\rightarrow z_2$,可以推出:在 D 内

$$\left|\frac{\mathrm{d}w}{\mathrm{d}z}\right|=\frac{1-|w|^2}{1-|z|^2}$$

亦即

$$\frac{|\mathrm{d}w|}{1-|w|^2}=\frac{|\mathrm{d}z|}{1-|z|^2}$$

于是可取在群 G 中映射下不变的微分式

$$\mathrm{d}s=\frac{z|\mathrm{d}z|}{1-|z|^2}$$

作为双曲长度(一种非欧长度)元素,在这种度量下,D 内任何可求长曲线 γ 有

$$\lg\left(1+\frac{1}{2m(m-1)}\right)-\frac{m-1}{m}\frac{1}{2m(m-1)}>0$$

即

$$\lg\left(1+\frac{1}{2m(m-1)}\right)>\frac{1}{2m^2}$$

注 若设 $f(z)$ 在点 $z=z_0$ 有 $m-1$ 重零点,则题设不成立.事实上,令

$$z_0=\frac{m-1}{m}$$

$$f(z)=\left(\frac{z-z_0}{1-\overline{z}_0 z}\right)^{m-1}$$

则

$$f(-z_0)=\left(\frac{-2z_0}{1+|z_0|^2}\right)^{m-1}$$

因此

$$|f(-z_0)|=\left[\frac{\frac{2(m-1)}{m}}{1+\left(\frac{m-1}{m}\right)^2}\right]^{m-1}=$$

$$\left(\frac{2m(m-1)}{m^2+(m-1)^2}\right)^{m-1}=$$

$$\left(\frac{2m^2-2m+1}{2m^2-2m}\right)^{-m+1}=$$

$$\left(1+\frac{1}{2m(m-1)}\right)^{1-m}>e^{-\frac{1}{2m}}$$

第二节　与非欧几何的联系

欧几里得《几何原本》中的第五公设(即平行公设)曾引起人们广泛的关注.人们试图用其他公设证明它,但都失败了.1837年罗巴切夫斯基提出了与欧几里得第五公设不同的公设,并在此基础上建立了一种新几何,打破了传统欧氏几何一统天下的局面.然而,罗巴切夫斯基几何在开始的很长一段时间内不为人们所接受,因为它没有一个实际模型.第一个这样的模型是由贝尔特拉米(Beltrami)给出的,将罗巴切夫斯基几何局部地在伪球面上实现.后来,克莱因与庞加莱先后给出了非欧几何的整体模型,使罗巴切夫斯基几何在单位圆内实现,从此人们对它有了某种真实感,庞加莱的模型尤其受到人们的关注,这是因为解析函数在庞加莱度量下有许多优美的性质.

庞加莱将单位圆 Δ 设想为一个罗巴切夫斯基平面,单位圆内与单位圆周正交的圆弧视为非欧直线,两条非欧直线之交角就是两圆弧在交点处的夹角.非欧圆周定义为到一点(非欧圆心)的非欧距离等于常数的点的集合,它实际上非欧长度

$$\int_\gamma \frac{z\,|\,dz\,|}{1-|\,z\,|^2}$$

在群 G 中映射下不变.

关于这个 G. Pick 的观点可参见余家荣、路见可主编的《复变函数专题选讲(一)》(高等教育出版社,1993).进一步论述可见 Mats Andersson 著《复分析中的若干论题》(Topics in Complex Analysis,清华大学出版社,2005).

第三节　与多复变函数论的联系

施瓦兹引理的研究一直是多复变函数论中一个活跃的领域,我们知道单复变函数的施瓦兹引理是考虑在单位圆 B 内解析的函数 $f(z)$,当 $|f(z)|\leqslant 1$,且 $f(0)=0$ 时,则有 $|f(z)|\leqslant|z|$.原来施瓦兹的证明仅仅对 $f(z)$ 是单叶的情形,而现在为人们所熟知的形式和证明实际上是来源于卡拉瑟多里,而 G. Pick 则给出了施瓦兹引理的几何含义,即若 $f:B\to B$ 是解析映射,则对于 B 中任两点 z_1,z_2,有

$$\left|\frac{f(z_1)-f(z_2)}{1-\overline{f(z_1)}f(z_2)}\right|\leqslant\left|\frac{z_1-z_2}{1-\bar{z}_1 z_2}\right| \tag{1}$$

这等价于对任一点 $z \in B$,有

$$\frac{|f'(z)|}{1-|f(z)|^2} \leqslant \frac{1}{1-|z|^2} \tag{2}$$

等式在一点成立当且仅当 f 是把 B 一一地映为 B.

第一个不等式的几何含义是在解析映射下非欧距离缩小,第二个不等式是非欧体积缩小,这两个结论在单复变数中是等价的.

由于施瓦兹引理在单复变函数论中应用很广泛,所以很多人都致力于把它推广到多复变数,有的人研究距离缩小,有的人研究体积缩小,这两者在多复变数中通常是不等价的.

如卡拉瑟多里在 $\mathbf{C}^n$ 的有界域 D 中引进度量

$$M_D(a,b) = \sup_{\varphi \in \varepsilon(0)} E(\varphi(a),\varphi(b))$$

其中

$$E(t_1,t_2) = \frac{1}{2}\lg \frac{1+\left|\frac{t_2-t_1}{1-\bar{t}_1 t_2}\right|}{1-\left|\frac{t_1-t_2}{1-\bar{t}_1 t_2}\right|}$$

表示单位圆 B 中两点 t_1,t_2 的非欧距离. $\varepsilon(D)$ 表示在 D 中解析的函数适合 $|\varphi|<1$ 的集合,a,b 为 D 中任意两点,这个度量被称为卡拉瑟多里度量,它是距离缩小的,即若 $f:D\to D$ 是解析映照,则对任两点 $a,b\in D$ 有 $M_D(f(a),f(b)) \leqslant M_D(a,b)$. 在一般情形仅知道 $M_D(a,b)$ 是 a 与 b 的连续函数,而并不是 a 与 b 的可微函数,因此不能由此导出一个微分度量,故不能由此直接得出体积缩小的结论.

第四节　复函数的逼近

线性逼近的问题可作如下描述，设 φ 是定义在某个确定空间 A 上函数的集，f 是定义在 A 上的函数，问能否求得一个接近于函数 f 的线性组合 $P = a_1\varphi_1 + \cdots + a_n\varphi_n$（其中 $\varphi_i \in \varphi$）？这里有两个先决的问题：其一是选择集 φ，其二是确定 P 与 f 之间偏差的度量.

设 z 是实或复标量的巴拿赫(Banach)空间（完备的赋范线性空间），又设 $\boldsymbol{x}_1,\cdots,\boldsymbol{x}_n$ 是 z 中给定的向量，考察形如 $\boldsymbol{y}=\sum_{i=1}^{n} a_i\boldsymbol{x}_i$ 的线性组合（多项式），其中 a_i 是标量. 对于每个 $\boldsymbol{x} \in z$，$\boldsymbol{x}$ 借助多项式 $\boldsymbol{y}$ 的逼近阶 $E_n(x)$ 为

$$E(\boldsymbol{x}) = E_n(\boldsymbol{x}) = \inf_{\boldsymbol{y}} \| \boldsymbol{x} - \boldsymbol{y} \|$$

倘若下确界为某个 $\boldsymbol{y}=\boldsymbol{y}_0$ 所达到，则称此 $\boldsymbol{y}_0$ 为 $\boldsymbol{x}$ 的最佳逼近线性组合，或最佳逼近多项式.

考察在圆 A：$|z|\leqslant 1$ 上的函数 $f(z)=(z-\alpha)^{-1}$，α 是复常数，且 $|\alpha|>1$，设

$$P_n(z) = \frac{1}{z-\alpha} - Cz^n\frac{\bar{\alpha}z-1}{z-\alpha} = \frac{1-Cz^n(\bar{\alpha}z-1)}{z-\alpha} \tag{1}$$

显然，P_n 是 n 阶多项式，当且仅当 $1-C\alpha^n(\bar{\alpha}\alpha-1)=0$，于是，设

$$C = \frac{\alpha^{-n}}{|\alpha|^2-1} \tag{2}$$

1959 年 S. Ja. Al′per 在 Uspehi Math. 上发表了题为 *Asymptotic Values of Best Approximation of Analytic Functions in a Complex Domain* 的论文，他证明了下面的定理.

Al′per 定理　设 P_n 和 C 由式(1) 和(2) 定义，那么 P_n 是 f 的最佳逼近多项式，且

$$E_n(f)=C$$

证明　对于 $|z|=1$，有

$$\left|\frac{\bar{\alpha}z-1}{z-\alpha}\right|=\left|\frac{\frac{\alpha}{z}-1}{z-\alpha}\right|=1$$

又因为 $\dfrac{\bar{\alpha}z-1}{z-\alpha}$ 是 $|z|\leqslant 1$ 中的解析函数，故当 $|z|<1$ 时，此表达式不超过 1. 设 $F=f-P_n$，且设 A_0 是 A 的子集，在其上函数 $|F(z)|$ 达到它的最大值 $\|F\|$. 可以看到 A_0 恰恰就是圆周 $|z|=1$，并且 $\|F\|=|C|$.

余下还要证明：不存在 n 阶多项式 Q_n，使得

$$|F(z)-Q_n(z)|<|C|,\ |z|\leqslant 1$$

证明可参见 G. G. 洛伦茨著，谢庭藩，施咸亮译的《函数逼近论》(上海科学技术出版社，1981).

第五节　与插值问题的联系

在单位圆内全纯的函数 $f(z)$ 称为属于 $H^p(0<p<+\infty)$ 空间，如果

$$\sup_{T<1}\left\{\int_0^{2\pi}|f(re^{ix})|^p d\theta\right\}<+\infty$$

设 $\{z_k\}$ 是 $|z|<1$ 内的任意一点列，$\{w_k\}$ 为一列

复数，插值问题是讨论在什么样的情况下存在函数 $f(z) \in H^p$ 使得 $f(z_k)=w_k, k=1,2,\cdots$.

1958 年 L. Carleson 在 Amer. J. Math.（1958，154：137-152）证明了一个重要结果：若 $0<p<+\infty$，则 $T_p(H^p)=l^p$ 的充要条件是 $\{z_k\}$ 为一致分离的.

$|z|<1$ 内的点列 $\{z_k\}$ 称为一致分离，如果存在正数 δ 使

$$\prod_{\substack{j=1 \\ j\neq k}}^{\infty}\left|\frac{z_k-z_j}{1-\bar{z}_j z_k}\right| \geqslant \delta \quad (k=1,2,\cdots)$$

再记 T_p 为 $H^p(0<p<+\infty)$，H^∞ 为 $|z|<1$ 上全体有界全纯函数构成的空间上的线性算术，由

$$T_p(f)=\{(1-|z_k|^2)^{\frac{1}{p}}f(z_k)\}$$

定义，记 $t^p(0<p<+\infty)$ 为以数列 $(a_1,a_2,\cdots)$ 为元素构成的空间，适合条件 $z|a_j|^p<+\infty$，l^∞ 则为全体有界数列构成的空间.

第六节　麦比乌斯变换在低阶占优不等式中的应用

R. S. 瓦尔格（Richardon S. Varga）1990 年出版了一本小册子《数学问题和猜想的科学计算》（*Scientific Computation on Math Problem and Conjectures*），在书中瓦尔格通过若干恰当的实例论述了科学计算在研究数学问题和猜想中的作用，其中一个是推广琴生（Jensen）不等式的结论.

令 $p(z)=\sum_{j=0}^{m}a_j z^j$ 表示任意的复多项式（不恒为

零）. 给定实数 $d\in(0,1)$ 和非负整数 k，若

$$\sum_{j=0}^{k}|a_j|\geqslant d\sum_{j=0}^{m}|a_j| \tag{1}$$

成立，则称 $p(z)$ 具有 k 阶占优 d. 1985 年 Beauzamy 和 Enflo 在《数论杂志》上发表了一篇文章，将这一概念推广到不是多项式的函数上，得到下面的定理.

定理　给定任意的实数 $d\in(0,1)$ 和非负整数 k，令实数 $C_{d,k}$（仅依赖于 d,k）为

$$C_{d,k}=\sup_{1<t<p}\left\{t\log\left\{\frac{2d}{(t-1)\left[\left(\frac{t+1}{t-1}\right)^{k+1}-1\right]}\right\}\right\} \tag{2}$$

则对任意满足式(1) 的多项式 $p(z)=\sum\limits_{j=0}^{m}a_jz^j(\neq 0)$ 下式成立

$$\frac{1}{2\pi}\int_0^{2\pi}\log|p(e^{i\theta})|d\theta-\log(\sum_{j=0}^{m}|a_j|)\geqslant C_{d,k} \tag{3}$$

（注：定理的重要性质是下界 $C_{d,k}$ 和 $p(z)$ 的阶无关）.

在这个定理的证明中麦比乌斯变换起到了重要作用.

证明　令 $p(z)=\sum\limits_{j=0}^{m}a_jz^j$ 是满足式(1) 的任意多项式($\neq 0$)，不失一般性，利用 $\sum\limits_{j=0}^{m}|a_j|=1$，对 $p(z)$ 进行规范化，这样从式(3) 可以证得

$$\frac{1}{2\pi}\int_0^{2\pi}\log|p(e^{i\theta})|d\theta\geqslant C_{d,k} \tag{3'}$$

对于任意的 $r(0<r<1)$，由柯西公式得

$$a_j=\frac{1}{2\pi}\int_0^{2\pi}\frac{p(re^{i\theta})d\theta}{r^je^{ij\theta}}\quad(j=0,1,\cdots,m)$$

由此,取绝对值,则可证得

$$\sum_{j=0}^{k} |a_j| \leqslant \max_{|z|=r}\{|p(z)|\} \cdot \sum_{j=0}^{k} \frac{1}{r^j} =$$

$$\max_{|z|=r} |p(z)| \cdot \left\{\frac{\frac{1}{r^{k+1}}-1}{\frac{1}{r}-1}\right\} \tag{4}$$

因此可选择任意的 z_0,$|z_0|=r$,使得 $|p(z_0)|=\max\limits_{|z|=r}|p(z)|$. 注意由于 $p(z)\neq 0$,所以 $|p(z_0)|>0$. 其次,令 $f(z)$ 为 $|z|\leqslant 1$ 中任意的解析函数,且 $f(0)\neq 0$,再令 $z_\Delta(f)$ 是 $f(z)$ 在 $0\leqslant|z|<1$ 中的零点,则由琴生公式得

$$\frac{1}{2\pi}\int_0^{2\pi}\log|f(\mathrm{e}^{\mathrm{i}\theta})|\,\mathrm{d}\theta =$$

$$\log|f(0)| + \sum_{z_j\in z_\Delta(f)}\log\frac{1}{|z_j|} \tag{5}$$

由于式(5)的最后一项非负,因此,从式(5)可得经典的琴生不等式

$$\frac{1}{2\pi}\int_0^{2\pi}\log|f(\mathrm{e}^{\mathrm{i}\theta})|\,\mathrm{d}\theta \geqslant \log|f(0)| \tag{5'}$$

特别地,利用给定的多项式 $p(z)$ 和麦比乌斯(Möbius)函数 $w(z)=\dfrac{z+z_0}{1+\bar{z}_0 z}$(它把圆盘 $|z|\leqslant 1$ 保形映射到圆盘$|w|<1$ 上),令

$$f(z)=p(w(z))=p\left(\frac{z+z_0}{1+\bar{z}_0 z}\right)$$

它在 $|z|\leqslant 1$ 中解析,且 $f(0)=p(z_0)\neq 0$,则对 $f(z)$ 利用琴生不等式(5′),直接得出

$$I \triangleq \frac{1}{2\pi}\int_0^{2\pi}\log\left|p\left(\frac{\mathrm{e}^{\mathrm{i}\theta}+z_0}{1+\bar{z}_0\mathrm{e}^{\mathrm{i}\theta}}\right)\right|\mathrm{d}\theta \geqslant$$

$$\log|p(z_0)| \tag{6}$$

再者,利用变换 $e^{i\phi}=\dfrac{e^{i\theta}+z_0}{1+\bar{z}_0e^{i\theta}}$,并经简单计算得

$$I=\frac{1}{2\pi}\int_0^{2\pi}\log|p(e^{i\phi})|\cdot$$

$$\frac{e^{i\phi}(1-r^2)}{\{-\bar{z}_0e^{2i\phi}+(1+r^2)e^{i\phi}-z_0\}}d\phi=$$

$$\frac{1}{2\pi}\int_0^{2\pi}\log|p(e^{i\phi})|\cdot\frac{1-r^2}{|1-\bar{z}_0e^{i\phi}|^2}d\phi \tag{7}$$

对于在式(7)中第一个积分中的第二个被积项,我们有下界

$$\frac{1-r^2}{|1-\bar{z}_0e^{i\phi}|^2}\geqslant\frac{1-r}{1+r},\text{对于实的 }\phi \tag{7'}$$

但是,由于

$$|p(e^{i\phi})|=\left|\sum_{j=0}^{m}a_je^{ij\phi}\right|\leqslant\sum_{j=0}^{m}|a_j|=1$$

则同一积分中的第一个被积项满足 $\log|p(e^{i\theta})|\leqslant 0$,这样,利用不等式(7′),我们有 I 的上界

$$I\leqslant\frac{1}{2\pi}\left(\frac{1-r}{1+r}\right)\int_0^{2\pi}\log|p(e^{i\phi})|\,d\phi \tag{8}$$

联立不等式(1)(在规范 $\sum\limits_{j=0}^{m}|a_j|=1$ 的意义下)和式(4)(6)(8)得

$$\frac{1}{2\pi}\int_0^{2\pi}\log|p(e^{i\phi})|\,d\phi\geqslant$$

$$\left(\frac{1+r}{1-r}\right)\log\left[\frac{d\left(\frac{1}{r}-1\right)}{\frac{1}{r^{k+1}}-1}\right]\quad(0<r<1)$$

并且,利用变量变换 $t=\dfrac{1+r}{1-r}$,上式变为

$$\frac{1}{2\pi}\int_{0}^{2\pi}\log|p(e^{i\phi})|d\phi \geqslant$$

$$t\log\left\{\frac{2d}{(t-1)\left[\left(\frac{t+1}{t-1}\right)^{k+1}-1\right]}\right\} \tag{9}$$

将其设为 $f_{d,k(t)}$.

对于任意的 A, $1 \leqslant t \leqslant +\infty$, 显然, 在 $(1, +\infty)$ 上, $f_{d,k(t)}$ 是实值连续函数, 容易证明

$$C_{d,k} = \sup_{1<t<\infty} f_{d,k(t)} \tag{10}$$

对于 $d(0 < d < 1)$ 和任意非负的整数 k, 上式是有限的. 这样, 由于不等式(9) 对于 $t(0 < t < +\infty)$ 成立, 所以对式(10) 的 $C_{d,k}$, 它也成立, 即定理成立.

施瓦兹引理

第八章

第一节　施瓦兹引理

复变函数论中的一个基本定理称为施瓦兹引理.

施瓦兹引理　令 $D=\{z \mid |z|<1\}$，如果 $f:D\to C$ 在 D 内解析，$|f(z)|\leqslant 1$，并且 $f(0)=0$，那么：

(1) 在 D 内，$|f(z)|\leqslant|z|$；

(2) 如果对于 $z_0\in D-\{0\}$，$|f(z_0)|=|z_0|$，那么在 D 内，$f(z)=\lambda z$，其中 λ 是模为 1 的复常数.

在施瓦兹引理中，对函数及其定义域作了一些特殊的假设，应用公式线性映射，可以得到比较一般的结果.

定理　设 $f:D\to C$ 在 D 内解析，$|f(z)|\leqslant 1$，并且 $f(z_0)=w_0$，其中 $z_0\in D$，那么在 D 内

$$\left|\frac{f(z)-w_0}{1-\overline{w_0}f(z)}\right| \leqslant \left|\frac{z-z_0}{1-\overline{z_0}z}\right|$$

在上式中，只有当 $f(z)$ 是分式线性映射时，等式才可能成立.

这个定理曾作为复分析的试题出现在美国加州大学洛杉矶分校(UCLA)1986 年秋季的博士资格考试中(见《数学译林》，1990 年第四期). 在 1985 年春季的试题中也出现了一道以此为素材的问题.

试题　对 $|\alpha|<1$，设

$$T_\alpha(z)=\frac{z-\alpha}{1-\overline{\alpha}z}$$

$\Delta\alpha=\{T_\alpha z \mid |z|\leqslant \frac{1}{2}\}$ 为圆盘，$r_\alpha=\Delta\alpha$ 为半径，$d_\alpha=\inf\{1-|w| \mid w\in\Delta\alpha\}=\Delta\alpha$ 为到 $\{|w|=1\}$ 之距离. 试证：存在有限正常数 a 和 b，使得

$$a\leqslant \inf_{|\alpha|<1}\frac{r_\alpha}{d_\alpha}\leqslant \sup_{|\alpha|<1}\frac{r_\alpha}{d_\alpha}\leqslant b$$

第二节　同时代的两位施瓦兹

中文译名为施瓦兹的著名数学家共有三位.

在数学史上有两位同时代的施瓦兹，其中一位是捷克数学家施瓦兹，1914 年 5 月 18 日出生，曾任捷克科学院院士、斯洛伐克工学院教授，他是半群论的创立者之一，尤其在拓扑半群论方面做出了贡献，曾获得捷克国家奖金和劳动勋章.

我们要介绍的是另一位德国的数学家施瓦兹，他

1843年1月25日生于赫尔姆斯多夫.1860年进入柏林工业学院学习,1864年毕业,并获得哲学博士学位.他开始学习化学,后受库默尔(Kummer)和魏尔斯特拉斯的影响转攻数学,1867年任助理教授,两年后转为正教授,在苏黎世大学任教,1875年到哥廷根主持数学讲座,1892年作为魏尔斯特拉斯的继任者赴柏林大学就职.任教期间当选为普鲁士科学院和巴伐利亚科学院院士,并和库默尔的一个女儿结了婚.施瓦兹作为数学家具有极强的几何直觉.

1884年,施瓦兹对三维空间的等周问题提供了严密的解法,并且他还用纯几何的方法解决了如下问题:求每个顶点都在已知锐角三角形的三条边上,且周长最短的三角形.施瓦兹得到的结论是此三角形的三个顶点是已知锐角三角形三条高的垂足.1880年,施瓦兹在给埃尔米特(Hermite)的信中指出,当时教科书中的曲面面积概念有问题,并举出一个著名的反例.根据这个例子证明了,用当时通常采用的曲面面积的概念会得出一个确定的圆柱面的面积的值可以是任何实数,甚至是无穷大的结论.于是他用测度的概念重新给出了曲面面积的合理的定义.

另外一个容易弄混的数学家也译为施瓦兹,但他的名字中多了一个字母t,即Schwartz.这是一位法国大数学家,现代概率论的主要奠基人莱维(Lévy)是他的岳父,施瓦兹是法国布尔巴基学派的创始人,曾获1950年第二届菲尔兹奖.

第三节　一个伯克利问题

1977年加利福尼亚大学伯克利分校数学系开始了面向博士学位的数学笔试，作为对博士生最主要的要求之一.

在1991年的试题中有一题为：

试题　令函数 f 在单位圆盘中是解析的，具有 $|f(z)|\leqslant 1$ 且 $f(0)=0$，假设在 $(0,1)$ 中有一个数 r，使得 $f(r)=f(-r)=0$，证明

$$|f(z)|\leqslant|z|\left|\frac{z^2-r^2}{1-r^2z^2}\right|$$

证明　施瓦兹引理意味着函数 $f_1(z)=\frac{f(z)}{z}$ 满足 $|f_1(z)|\leqslant 1$，由前文知，线性分式映射 $z\mapsto\frac{z-r}{1-rz}(r\in\mathbf{R}\Rightarrow\bar{r}=r)$ 将单位圆盘映满它自身，在函数 $f_2(z)=f_1\left(\frac{z-r}{1-rz}\right)$ 上应用施瓦兹引理，我们断言函数 $f_3(x)=\frac{f_1(x)}{\frac{z+r}{1+rz}}$ 满足 $|f_3(z)|\leqslant 1$，类似地，(映射 $z\mapsto\frac{z+r}{1+rz}$ 将单位圆盘映满它自身) 把施瓦兹引理应用于函数 $f_4(z)=f_3\left(\frac{z+r}{1+rz}\right)$，意味着函数 $f_5(z)=\frac{f_3(z)}{\frac{z-r}{1-rz}}$ 满足 $|f_5(z)|\leqslant 1$，于是，合在一起有

$$|f(z)|\leqslant|z|\left|\frac{z-r}{1-rz}\right|\left|\frac{z+r}{1+rz}\right||f_5(z)|\leqslant$$

$$|z|\left|\frac{z-r}{1-rz}\right|\left|\frac{z+r}{1+rz}\right|$$

即为所求的不等式.

另外还有许多类似的问题:

问题 1　设 f 是解析函数,对于 $|z|<1$,有 $|f(z)|<1$,考虑函数 $g:D\to D$,它的定义是

$$g(z)=\frac{f(z)-a}{1-\bar{a}f(z)}$$

其中 $a=f(0)$,证明:对于 $|z|<1$,有

$$\frac{|f(0)|-|z|}{1-|f(0)||z|}\leqslant|f(z)|\leqslant\frac{|f(0)|+|z|}{1+|f(0)||z|}$$

问题 2　设 f 在 $D=\{z\,|\,|z|<1\}$ 内是解析的,并且假设对于 D 内所有的 z 都有 $|f(z)|\leqslant M$.

(1) 如果对于 $1\leqslant k\leqslant n$,有 $f(z_k)=0$,证明:对于 $|z|<1$,有

$$|f(z)|\leqslant M\prod_{k=1}^{n}\frac{|z-z_k|}{|1-\bar{z}_kz|}$$

(2) 如果对于 $1\leqslant k\leqslant n$,有 $f(z_k)=0$,其中每一个 $z_k\neq0$,且 $f(0)=me^{id}(z_1z_2\cdots z_n)$,求关于 f 的公式.

设函数 $f(z)$ 在单位圆 $|z|<1$ 内正则,有零点 $z_1,z_2,\cdots,z_n$. 又设 $f(z)$ 在 $|z|<1$ 内有界,则在 $|z|<1$ 内成立更强的不等式

$$|f(z)|\leqslant\left|\frac{z-z_1}{1-\bar{z}_1z}\cdot\frac{z-z_2}{1-\bar{z}_2z}\cdot\cdots\cdot\frac{z-z_n}{1-\bar{z}_nz}\right|M$$

等号在开圆盘 $|z|<1$ 的每一点上或者都成立,或者都不成立.

保角变换与保形变换[①]

第九章

函数 $W=e^Z$ 在有限复平面内是否为保形变换？有的学生说是保形变换；有的学生说是保角变换，不是保形变换. 他们各自都有书本为依据. 这个事例说明，由于有关复变函数论的著作（特别是教材和教学参考书）对保角变换和保形变换（映射或映照）所下的定义不一致，在教学中已导致学生走向了无所适从的地步，值得我们关注.

明确的概念，是人们正确思维的必要条件. 只有概念明确才能作出恰当的判断，才能进行符合逻辑的推理，才能得到对事物的正确认识. 如果概念不明确，就会引起思想混乱，造成认识上的错误. 学生不能正确判断函数 $W=e^Z$ 在有限复平面内是否为保形变换，就是由于保形变换的概念不明确而引起的思想

① 选择《湖北师院学报》(自然科学报)(1986 年第 2 期).

混乱.基础课教材中的基本概念,必须强调准确、简明.在教学内容的改革中,把基本概念的定义规一化、明确化是必要的也是可能的.

保角变换、保形变换、共形映射、保形映射、同形映射、保形映照、共形映照…… 本来是由外文,例如英文"Conformal mapping"俄文"Конформное отображение"等翻译过来的同一数学名词(概念).现在把保形变换、共形映射、同形映射、保形映照、共形映照……作为同义语仍为大家所公认,还有许多人保持着保角度变换与保形变换是同一数学名词(概念)的传统观念.但是随着复变函数理论在中国的发展,由对外文的译法不同,解释不同和后来著书者往往各自对保角变换和保形变换下定义,因而产生了概念上的混乱现象.1986年,湖北师院的李民强教授将某些复变函数论著作中有关保角变换与保形变换的各种不同定义进行归纳和分析,供正在学习复变函数论课程者参考.

在一般的复变函数论著作中,关于保角变换和保形变换的定义,根据参考书的原文或原意,主要可归纳为下面几种:

定义A　(以下简称A)

设连续变换 $W=f(z)$ 能保持过点 z_0 的任意两条曲线的交角大小及方向(简称保角性),则称它在 z_0 处为保角变换.若 $W=f(z)$ 在区域 G 内每一点均为保角变换,则称它在区域 G 内为保角变换.

定义B　(以下简称B)

若 $W=f(z)$ 在区域 G 内是单叶的且保角的,则称变换 $W=f(z)$ 在 G 内是保形的,也称它为保形变换.

注　(1)其中保角性是指A中的保角性.

(2) 由单叶性和保角性可推出 $W=f(z)$ 在 G 内的解析性. 所以定义 B 与把单叶解析函数称为保形变换是等价的.

定义 C (以下简称 C)

设 $W=f(z)$ 在区域 G 内解析,若在 G 内任意一点,变换 $W=f(z)$ 具有:

Ⅰ. 旋转角的不变性,并保持角的定向;

Ⅱ. 伸缩率的不变性.

则称 $W=f(z)$ 为保角变换或第一类保角变换.

定义 D (以下简称 D)

在区域 G 内 $W=f(z)$ 是第一类保角变换同时又是单叶变换时,称为保形变换.

注 定义 D 与把单叶解析函数称为保形变换是等价的.

定义 E (以下简称 E)

若连续变换 $W=f(z)$ 在点 z_0 处具有伸缩率的不变性(即 $\lim\left|\dfrac{w-w_0}{z-z_0}\right|=$ 常数),且保持夹角的不变性(指定义 A 中的保角性),则称 $f(z)$ 在 z_0 为保形变换.

定义 F (以下简称 F)

若 $W=f(z)$ 在区域 G 内每一点构成保形变换(指定义 E 所述的保形变换),则称 $W=f(z)$ 在 G 内为保形变换.

注 定义 F 与把导数不为零的解析函数称为保形变换是等价的.

定义是揭示概念内涵的逻辑方法. 给概念下定义,就是揭示概念所反映事物的本质属性,并把这类事物与别的事物区别开来. 所以,概念的明确与否,取

决于给概念下的定义是否正确，是否符合逻辑. 现在我们来考察上述各定义之间的关系.

保角变换　保角变换的定义有A和C两种. 因为从连续变换$W=f(z)$具有保角性，不能断言它具有伸缩率的不变性，例如一个变换的微分为零的点可能保角但不保形，所以A与C是有本质差别的两个不同定义. 根据定义的条件可知，凡满足C的条件的连续函数都满足A的条件，反之则不然. 可见C所定义的保角变换的外延完全包含在A所定义的保角变换的外延之中，反之则不然. 同是保角变换一个概念，给出使其外延不重合的两种定义，而且两种定义并存、并用这是不合逻辑的. 它必将在我们的教学中带来困难.

保形变换　在一个区域G内. 因为连续单叶变换具有保角性时必然为解析函数，所以B与D实际上是等价定义，简而言之，它们所定义的保形变换就是单叶解析函数. 另外，由F所确定的保形变换就是导数不为零的解析函数.

在区域G内的单叶解析函数，其导数必定不为零. 然而在G内导数不为零的解析函数它在G内不一定具有单叶性. 因此在区域内保形变换的两种不同定义又造成了同一个概念具有两种不同外延的逻辑错误. 很自然这种错误直接影响对函数性质的判断，会在学生的思想上造成混乱. 像前面提到的$W=e^Z$，它在有限复平面内不是单叶函数，按前一种定义，它不构成保形变换；另一方面在有限复平面内$(e^Z)'=e^Z\neq 0$，所以按后一定义，它是保形变换. 谁是谁非就难裁决了.

当然我们也会注意到，如果函数$W=f(z)$在某一点z_0解析且$f'(z_0)\neq 0$，那么$f(z)$在z_0的充分小邻域内必具单叶性. 所以对某一点而言，把单叶解析函数称为保形变换与把导数不为零的解析函数称为保形变换，两种定义是等价的. 可是函数 $W=f(z)$ 在区域 G 内每一点的充分小邻域单叶，并不能断言 $f(z)$ 是区域 G 内的单叶函数，这就决定了在区域 G 内保形变换的两种定义不等价性.

保角变换与保形变换的关系　(1) 我们采用 A 来定义保角变换这一概念，那么不管用 B,D,E,F 中哪一个定义来确定保形变换，很明显保角变换的外延总大于保形变换的外延，也就是说保形变换是种概念而保角变换是属概念，它们之间是属种关系. 所以应把保角变换与保形变换看作截然不同的两个概念.

(2) 如果我们采用 C 作保角变换的定义，采用导数不为零的解析函数作为保形变换的定义，则保角变换与保形变换两概念的外延完全重合，它们之间是同一关系. 这就是把保角变换与保形变换视为同一个概念的情况.

(3) 当我们以 C 作保角变换的定义，把单叶解析函数称为保形变换时，则在单叶性区域内保角变换与保形变换是同一关系，可以把它们视为同一个概念. 但在非单叶性区域内它们又是属种关系，是不相同的两个概念.

马库希维奇谈保角变换[①]

第十章

1. 设 z 是某一个点. 如果 z 加上了某一数 a，就得到新的点 $z'=z+a$. 显然易见，从点 z 转变到点 z'，可以用移动(或搬动) 向量 $\boldsymbol{a}$ 的办法得出，也就是把点 z 沿向量 $\boldsymbol{a}$ 的方向移动一个和这向量的长相等的距离(图 1). 选取适当的 $\boldsymbol{a}$，就可以得到点 z 的任何移动位置. 例如，假使点 z 需要沿轴 Ax 的正方向移动一个单位，我们就取 $|a|=1$；于是得到点 $z'=z+1$. 又，假使 z 需要沿轴 Ay 的负方向移动两个单位，我们就取 $|a|=-2\mathrm{i}$；于是得到点 $z''=z+(-2i)=z-2\mathrm{i}$(图 2).

① 摘自《复数和保角映象》，马库希维奇著. 中国青年出版社，1957.

由此可见，加法运算 $z'=z+\boldsymbol{a}$ 在几何上就是表示点 z 移动一个向量 $\boldsymbol{a}$.

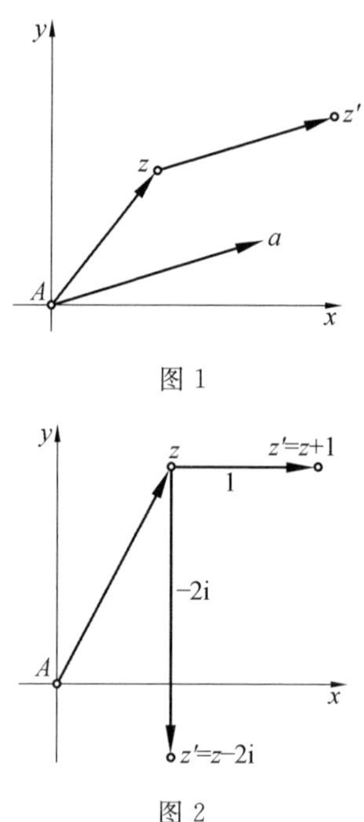

图 1

图 2

2. 我们现在来讨论用某一个数 $c\neq 0$ 来乘 z 的乘法运算. 要用 c 乘 z，就必须用数 $|c|$ 去乘向量 $\overrightarrow{AE}$ 的长(就是数 $|z|$)，并且把得到的向量转动一个等于 $\arg c$ 的角(图 3). 前一个运算不改变向量 $\overrightarrow{AE}$ 的方向，而只能改变它的长度. 就是说，如果 $|c|<1$，这个长度就缩短，如果 $|c|>1$，这个长度就增大，如果 $c=1$，那么它就保持不变. 我们把这运算叫作把向量 $\overrightarrow{AE}$ 伸长到 $|c|$ 倍. 在这里，"伸长"一词是在附有条件的意义下来理解的；事实上，伸长只是在 $|c|>1$ 时才发生，这时候，向量 $\overrightarrow{AE}$ 的长在乘过后，就加长到了 $|c|$ 倍. 但是，当

$|c|=1$(向量$\overrightarrow{AE}$的长不变)以及$|c|<1$时(乘过后向量$\overrightarrow{AE}$的长缩短),我们还是说伸长.

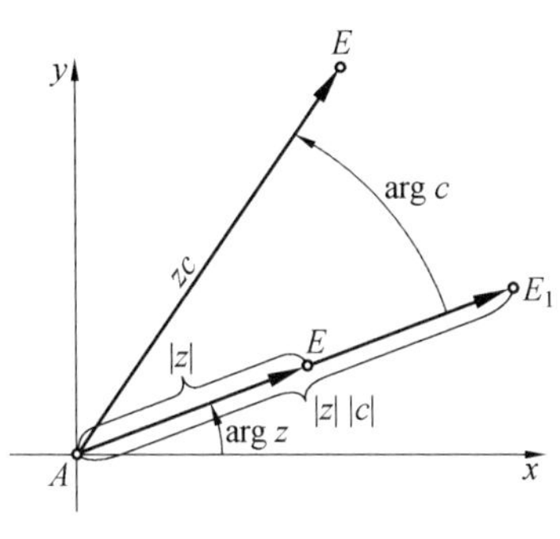

图 3

如果c是一个正实数,那么$\arg c=0$.

在这种情形,转动角度$\arg c$,由伸长而得到的向量$\overrightarrow{AE_1}$并不改变;因此,点E_1就表示乘积zc.可以这样说,用正的实数c乘z,在几何上就是表示向量$\overrightarrow{AE}$(表示z的)伸长到c倍.变动c,可以得出向量$\overrightarrow{AE}$的各种倍数的伸长.例如,要得到两倍的伸长,应该用2乘z;要得到$\frac{2}{3}$倍的伸长,应该用$\frac{2}{3}$乘z.

如果因子c不是正的实数,那么$\mathrm{arc}\ c$就不等于零.在这种情形,用c乘z就不只是向量$\overrightarrow{AE}$的伸长,而且还要求把伸长了的向量绕点A转一个$\arg c$的角.因此,在一般情形,乘法运算$z\cdot c$既表示伸长(到$|c|$倍),也表示旋转(一个$\arg c$的角).在特殊情形,当c的绝对值等于1时,用c乘z就只是把向量$\overrightarrow{AE}$绕点A转一个$\arg c$的角.适当地选取c,就可以使$\overrightarrow{AE}$转过任意的角度.比如说,要想使$\overrightarrow{AE}$顺正方向(逆时针方向)转90°角,那么就用i来乘z;实际上,$|\mathrm{i}|=1$,$\arg \mathrm{i}=90^\circ$.要想

使$\overrightarrow{AE}$顺负方向(顺时针方向)转45°角,那么就用复数c来乘z,这个c的绝对值等于1,幅角等于$-45°$.靠图4的帮助,很容易求出这个数来,在图4上,画了一点C,它表示数c.显而易见,点C的坐标是这样

$$x=\frac{\sqrt{2}}{2},y=-\frac{\sqrt{2}}{2}$$

因此

$$c=\frac{\sqrt{2}}{2}-\mathrm{i}\frac{\sqrt{2}}{2}$$

由此可见,用$c=\frac{\sqrt{2}}{2}-\mathrm{i}\frac{\sqrt{2}}{2}$乘$z$跟把(表示$z$的)向量$\overrightarrow{AE}$绕点$A$按负方向转45°角是意义相同的.

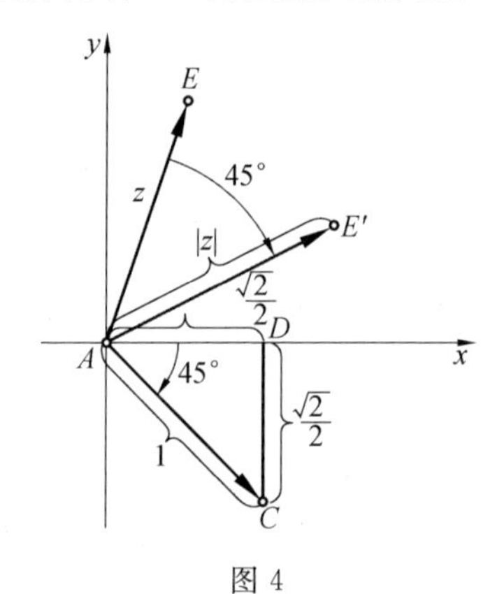

图 4

3.我们已经看到,公式$z'=z+a$或$z'=cz$把点z变到点z'.现在让我们来讨论不是一个点,而是点z的一个无穷集合,这个无穷集合组成了某一个几何图形P(比如说,是一个三角形;如图5).如果我们把公式$z'=z+\boldsymbol{a}$应用到每一个点z,那么移动一个向量$\boldsymbol{a}$,就可以从旧的点z得到新的点z'.由移动得到的一切点

组成一个新的图形 P'. 显然，如果把整个图形 P 作为一个整体，移动向量 $\boldsymbol{a}$，我们也可以得到图形 P'. 这样看来，利用公式 $z'=z+\boldsymbol{a}$，不但可以变换一个点，而且还可以变换整个图形（点的集合）. 这个变换就是把图形移动向量 $\boldsymbol{a}$. 自然，新的图形和原来的图形是相等（重合）的.

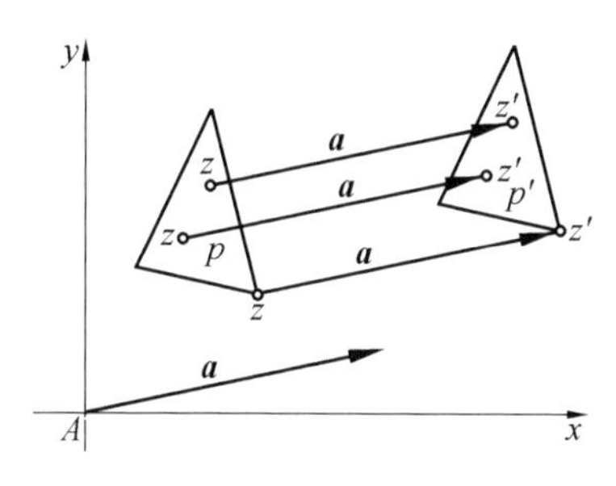

图 5

4. 我们可以把公式 $z'=cz$ 应用到图形 P 的每一个点上. 如果 c 是正的实数，那么在图形 P 上的每一个点 z 变换成了新的点 z'，而 z' 都在点 A 到点 z 的射线上，同时比值 $\frac{|z'|}{|z|}$（就是点 z' 到 A 的距离和点 z 到 A 的距离的比）等于 c. 这样的变换，在几何学上叫作位似变换，点 z' 和 z 叫作位似点，点 A 叫作位似中心，数 c 叫作位似系数.

位似变换的结果，把图形 P 上一切点的总集变换到组成图形 P' 的某些新的点的总集（图 6）. 这个新的图形叫作已知图形 P 的位似图形. 容易看出，当 P 是一个多边形（例如三角形）时，位似图形 P' 也是一个多边形，并且和原来的多边形 P 相似. 要证明这一事实，只要看图 6 上多边形 P 的一边 BC 上的点在位似变换时变到什么位置就行了.

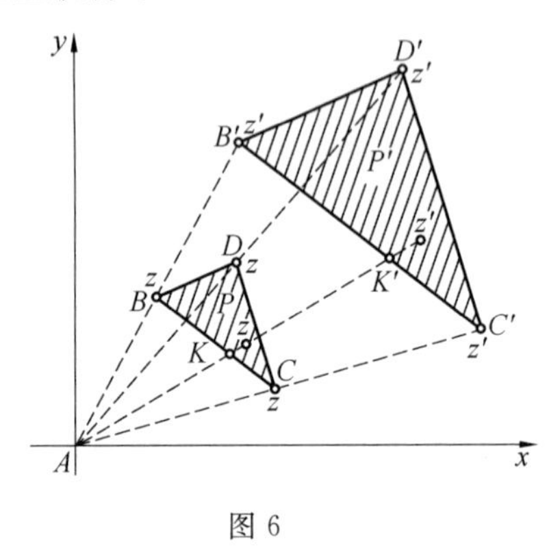

图 6

如果点 B 变换到点 B',点 C 变换到点 C',那么把 B' 和 C' 用线段联结起来以后,我们就知道,$\triangle ABC$ 和 $\triangle A'B'C'$ 是相似的(角 A 公有,而且夹角 A 的边相互成比例:$\dfrac{AB'}{AB}=\dfrac{AC'}{AC}=c$). 从这里就有边 $B'C'$ 平行于 BC,而且$\dfrac{B'C'}{BC}=c$. 设 K 是边 BC 上的一点;那么射线 AK 和 $B'C'$ 相交于某一点 K',$\triangle AKC$ 和 $\triangle AK'C'$ 也相似,于是就知$\dfrac{AK'}{AK}=\dfrac{AC'}{AC}=c$. 因此点 K' 是点 K 的位似点(位似中心是 A,位似系数等于 c). 于是可以断言:在边 BC 上的一切点,经过位似变换,都变换到了在边 $B'C'$ 上的点;这样一来,边 $B'C'$ 上的每一个点就会是边 BC 上的某一个点的位似点. 由此可见,整个线段 $B'C'$ 是线段 BC 的位似线段. 同样的推理应用到多边形 P 的所有的边上,便可以知道,所有的边都变换到了新的多边形 P' 的边,而且对应边两两平行,两对应边长的比等于同一个数 c

$$\frac{B'C'}{BC}=\frac{C'D'}{CD}=\frac{D'B'}{DB}=c$$

这样就证明了位似图形 P 和 P' 是相似的.

因此,用公式 $z'=cz$(c 是正的实数)不但能够变换一个点,而且能够变换整个图形 P. 这个变换是位似变换,它的位似中心是 A,位似系数等于 c. 如果 P 是一个多边形,那么变换到的图形 P' 也是多边形,而且和 P 相似.

5. 现在,我们假定公式 $z'=cz$ 里的数 c 不是正的. 首先,设 $|c|=1$. 在这种场合,乘法运算就变成了把向量 Az 绕点 A 旋转一个等于 c 的幅角的角. 如果把这个运算应用到图形 P 的每一个点 z 上,那么结果就是把图形 P 绕点 A 旋转 $\arg c$ 的角. 因此,用公式 $z'=cz$,其中 $|c|=1$,会使任何图形 P 变到图形 P',P' 是由图形 P 绕点 A 旋转 $\arg c$ 的角得到的. 例如,取 $c=\mathrm{i}$,因为 $\arg \mathrm{i}=90°$,于是 $z'=\mathrm{i}z$ 就是把图形绕点 A 旋转 $90°$. 图 7 表示的就是经过这个变换的一个三角形.

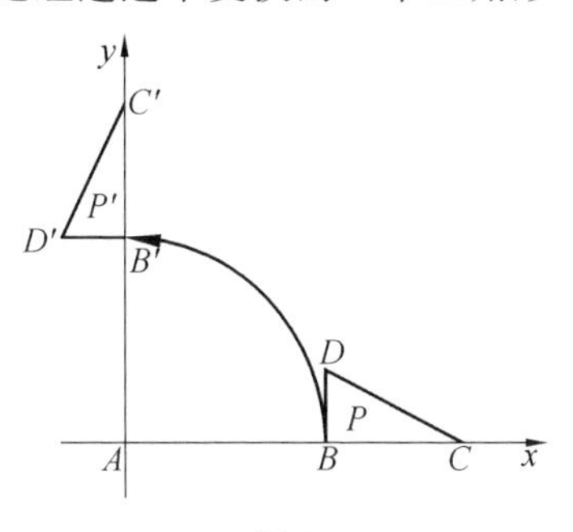

图 7

如果在公式 $z'=cz$ 里,不加条件 $|c|=1$,而只认为 c 是一个复数(不是正数也不是零),那么图形 P 的相应变换可以分作两步来进行. 首先把它伸长 $|c|$ 倍,

结果就是把图形 P 变换到位似图形 P_1，然后再把 P_1 绕点 A 旋转 $\arg c$.

图 8 表示的就是经过 $z'=\frac{\mathrm{i}}{2}z\left(\left|\frac{\mathrm{i}}{2}\right|=\frac{1}{2},\right.$ $\left.\arg\frac{\mathrm{i}}{2}=90°\right)$ 变换后的三角形 P.

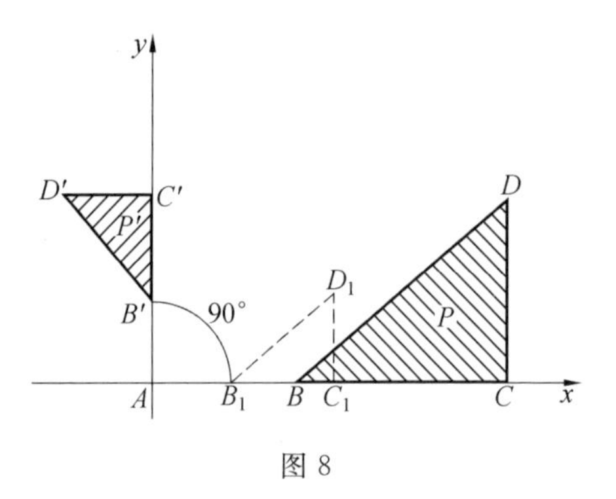

图 8

6. 在公式 $z'=z+a$ 和 $z'=cz$ 里，我们可以把 z 看作自变数，把 z' 看作函数. 这就是最简单的复变数 z 的函数. 对于 z 用任何一个复数常数进行加法、减法、乘法、除法以及乘幂（可以看作是乘法的重复），我们就可以得到 z 的其他不同函数，例如 $z'=\frac{1}{z}$，或 $z'=z^2+cz+d$，或 $z'=\frac{z-a}{z-b}$，等等.

所有这样的复变函数，都叫作有理函数；因为这样的函数是靠运用所谓有理运算（加，减，乘，除）得来的. 有理函数并不能包括所有的复变函数；例如，也可以确定并且研究如下形式的函数，$z'=\sqrt[n]{z}$，$z'=a^n$，$z'=\sin z$，等等. 但是在这里，我们只限于讨论有理函数，而且是最简单的有理函数.

7. 我们已经看到，函数 $z'=z+\boldsymbol{a}$ 或 $z''=cz$ 都对应于平面上图形的一定的几何变换. 这也就是说，如果变数 z 跑过图形 P 上的点，函数 $z'=z+a$ 就跑过图形 P' 上的点，图 P' 是从 P 移动向量 $\boldsymbol{a}$ 得来的；函数 $z''=cz$ 就跑过图形 P'' 上的点，图形 P'' 是从 P 作系数等于 $|c|$ 的位似变换、再绕点 A 旋转 $\arg c$ 得来的. 因此可以说：函数 $z'=z+\boldsymbol{a}$ 产生移动变换，而函数 $z'=cz$ 产生位似变换和旋转变换（如果 c 是正的实数，那么作的是一个位似变换；如果 $|c|=1$ 而 $c\neq 1$，那么作的是一个旋转变换）. 现在就产生了这样的问题：关于其他的复变函数特别是有理函数产生的变换可以说明什么呢？为了使读者明确做这一个工作并不是无聊的，我们就在这里先告诉读者，由有理复变函数产生的变换，是多种多样而且富于几何性质的，同时却具有某种普遍的性质. 这就是说，虽然经过这种变换，图形的形状和大小一般说来是改变了，但是所考虑的图形的任何两条线间的夹角大小不变[①].

当函数是 $z'=z+\boldsymbol{a}$ 或 $z'=cz$ 这两个特殊情况时，在变换得到的图形里，角的不变性是直接由于我们讨论的是移动变换、位似变换或旋转变换的缘故. 很有趣，这种现象也发生在任何有理复变函数所产生的变换中，并且也产生在其他的更普遍而复杂的复变函数所谓解析函数中.

8. 在几何变换中，在变换得到的图形里任何两条

---

① 严格说来，在这里可能有个别的点，以这些点作顶点的角是改变了的，增加到二倍、三倍或一般说来增加到整数倍. 但是，这样的点只是这个一般规则的例外.

线之间的夹角大小不变时，这种变换就叫作保角变换，有时也叫作保角映象.

上面讨论的位似变换和旋转变换，都是保角映象的例子. 下面我们再来举一个别的例子. 现在还要说明，保角映象的定义要求的就是：在研究的图形里，任何两条线之间的夹角是保持不变的. 我们来讨论紧靠在轴 Ax 和 Ay 上的正方形 $ABCD$(图 9). 现在把它变换一下，使在变换得到的图形上各点的横坐标 x 不变，纵坐标 y 加倍. 例如，点 K 变换到 K'，点 L 变换到 L'. 如果我们把正方形上所有的点都这样变换一下，那么正方形 $ABCD$ 显然就变到了长方形 $ABC'D'$，这个长方形和原来的正方形有公共底边，但是高等于原来的两倍. 这时候，边 AB 变换到它本身(AB 上的一切点都保持原位，因为这些点的纵坐标是零，零的两倍还是零)，AD 变换到 AD'，DC 变换到 $D'C'$，BC 变换到 BC'. 当然，两边的夹角，原来它们是直角，因此仍保持直角，这就是说，角保持不变. 但是，我们考察正方形的边 AB 和对角线 AC 的夹角 BAC(图 9)；这个角等于 $45°$. 变换的结果，AB 保持原位，但是直线 AC 却变到了直线 AC'(为什么？). 因此，$\angle BAC$ 变到了另外一个(大一些的) $\angle BAC'$，这也就是说，角并不是保持不变的. 如果我们不考察 $\angle BAC$，而考察以正方形 $ABCD$ 里任意一点 Q 为顶点的 $\angle PQC$(图 10)，那么也很容易证明，经过这种变换，这个角是改变了的.

从这里可以得出以下的结论：虽然四边形 $ABCD$ 本身的四个角经过这种变换后没有改变(它们仍保持直角)，但是这种变换并不是保角变换，因为在四边形 $ABCD$ 里面任何一点上作以这个点为顶点的角，这些角在变换后是改变(增大) 了的.

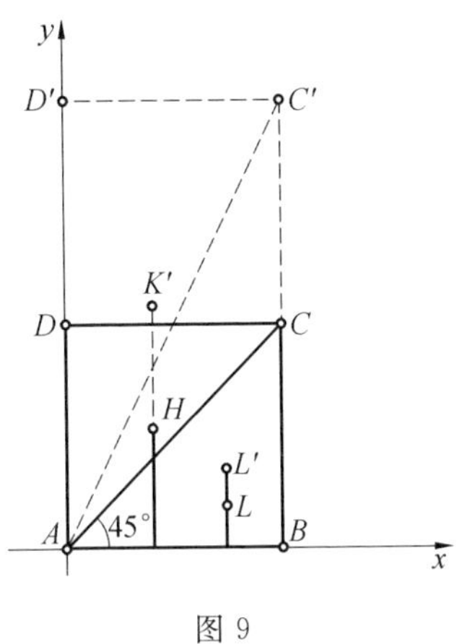

图 9

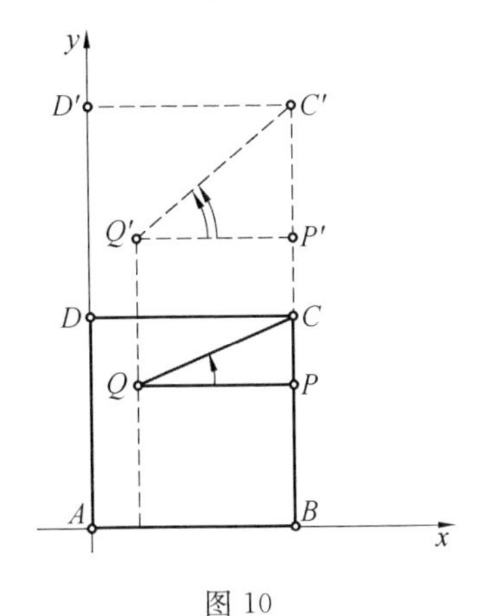

图 10

9. 为了往下讨论，我们首先需要让读者明了，两条曲线 QR 和 QP 相交于点 Q 时（图 11），对这两条曲线的夹角应该怎样来理解.

在曲线 QP 上取点 Q 以外的任意一点 Q_1 引弦 QQ_1. 同样地，在曲线 QR 上取点 Q 以外的任意一点 Q_2，引弦 QQ_2. $\angle Q_1QQ_2$ 的值可以看作是曲线角 PQR

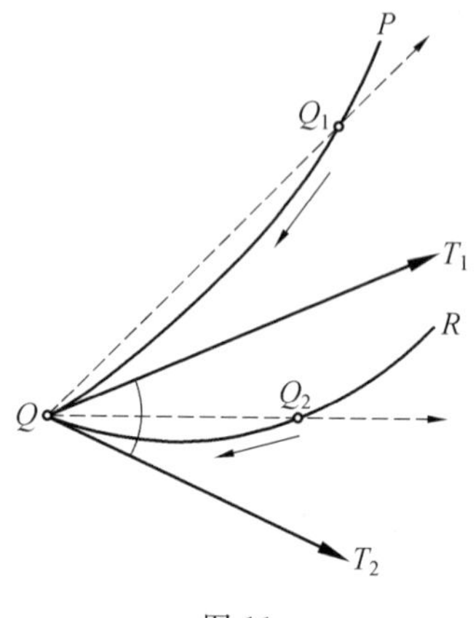

图 11

的值的渐近值. 当点 Q_1 和 Q_2 越接近点 Q 时,弦就越凑近曲线 QP 和 QR 在点 Q 附近的一段. 因此 $\angle Q_1QQ_2$ 可以看作是跟这两条曲线间夹角的值越来越接近的渐近值. 如果点 Q_1 沿曲线 QP 移动,点 Q_2 沿曲线 QR 移动,并且都无限接近点 Q,那么弦 QQ_1 和 QQ_2 就会绕着点 Q 转动,逐渐趋近极限位置 QT_1 和 QT_2. 射线 QT_1 和 QT_2 比从点 Q 所作的其他射线更凑近在点 Q 附近的两条曲线. 这两条直线叫作曲线 QP 和 QR 的切线,它们的夹角 T_1QT_2 就是曲线 QP 和 QR 在点 Q 的夹角. 因此,两曲线相交于某一点,所谓两曲线的夹角,就是在交点作出的两曲线的切线的夹角.

这个定义也可以应用于一条曲线 QP 和一条直线 QR 相交于一点 Q 所形成的角(图 12). 设 QT_1 是 QP 在点 Q 的切线. 为了引用定义,应该把直线 QR 换成这直线的切线. 但是很容易知道,直线 QR 的切线就是直线本身. 事实上,为了引一弦,应该在 QR 上取点 Q 以外的任意一点 Q_1,然后联给 Q 和 Q_1. 显然,这条连线仍旧是 QR. 如果 Q_1 逐渐接近 Q,上述的弦却保持不变. 因

为切线是弦的极限位置，所以切线仍然是直线 QR. 因此，应该把曲线 QP 和直线 QR 间的夹角理解作曲线 QP 在点 Q 的切线 QT_1 和原直线 QR 间的夹角. 可能有这样的情形，直线 QR 就是曲线 QP 的切线（也就是 QR 和 QT_1 重合）；这时候 QR 和 QP 的夹角就变成了零. 于是，曲线和从点 Q 所作的切线间的夹角等于零.

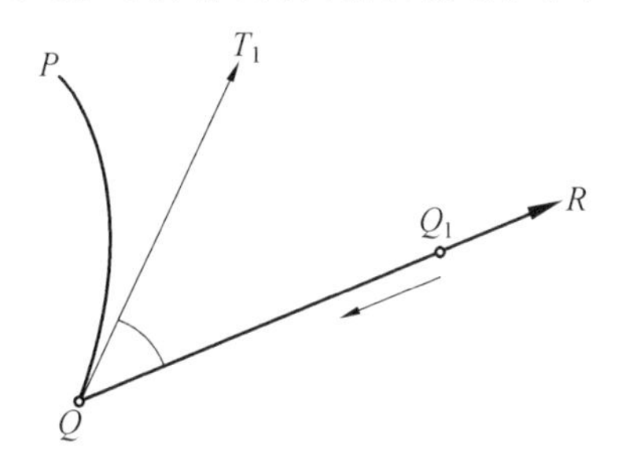

图 12

10. 保角映象有很多用处. 例如，在地图的制图学中就要用到它.

每一幅地图，都是把地球表面的一部分描绘到平面上（一张纸上）. 描绘时，大陆和海洋的轮廓多多少少要受到歪曲. 读者容易相信，如果不允许有伸长和缩短、不允许有破裂和褶纹，那么就不可能把一块块的球面（例如乒乓球的破壳）压放在一个平面上. 由于同样的缘故，不允许改变比例因而也不允许改变形状，就不可能把地球表面（以后可以把它看作球面）描绘在平面上，这也就是说，不可能制成地图. 但是，可以这样来制地图，就是使地球表面上的任何两直线间的夹角大小不变.

假使要制一幅北半球的地图，在这幅地图上，地球表面任何两方向间的夹角大小都要画得和原来一样.为了表现得显明,我们可以这样做:设想地球是任何透明材料,比如说是玻璃形成的,除了北半球的大陆的周界、国家和海洋的周界以及经纬线以外,其他地方都涂上一层不透明的颜料.此外,可以把以北半球上任何一点作顶点的任意角 PQR 的边(曲线)保留,不涂不透明的颜料.如果在地球的南极放一个又小又亮的电灯,而在地球的前面和地轴垂直的方向放一幅银幕,那么在一间黑屋子里,我们就可以在银幕上看到北半球的地界图(图 13).可以用几何方法证明,在这样的地图(叫作极射赤面投影图)上,北半球上任何两条线间的夹角大小都表示得和原来一样.特别是 $\angle PQR$ 表示得也和原来一样大.

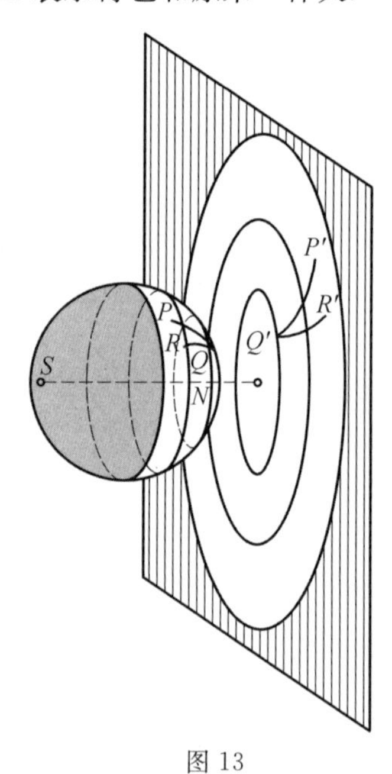

图 13

11. 上面我们叙述了怎样才可以画成一幅所有的角都保持原来数值的北半球地图. 如果不把发射光线的光源(电灯)放在南极,而放在北极,那么就可以用同样的方法得到南半球的地图,并且使南半球上所有的角都保持原来的数值. 用上述方法得到的每一幅地图都是平面图;如果再把这个平面图作一次保角映象,它就变换成一幅新的图,这幅新图仍旧可以看作是一幅地图. 因为经过保角映象后角是不变的,所以在新的地图上地球表面任何两方向间的夹角仍保持原来数值. 图 14 左边的地图是格陵兰的极射赤面投影图,右边的是把左边图上每一个点经过下列变换公式而得到的

$$z' = \log_e |z| + i\arg z$$

这里作对数的底数的就是所谓纳氏数

$$e = 2.71828\cdots$$

而 $\arg z$ 不是用度数来计算而是用弧度来计算的.

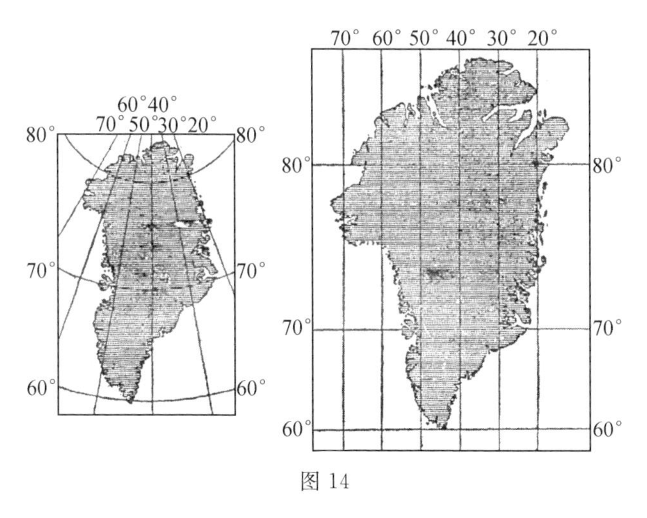

图 14

毫无疑问，这个公式，一看就知道是很复杂的、特地造作的. 在这里我们不可能详细地去研究它，也不可能去验证由这个公式产生的变换的确是保角变换. 我们只能说，用这样的公式来绘制地图，大约是四百年前荷兰学者麦卡托(Mercator)首创的. 直到现在，这种地图在航海中仍旧广泛地应用着. 这种地图比极射赤面投影图好的地方就在：图上不但经线是直线，而且纬线也是直线；还有，地球表面上的任何路线，凡是顺着走时罗盘指针方向保持不变的路线(所谓斜航线)，在图上也被画成了直线.

12. 保角映象最重要的应用是在物理学和力学问题方面. 在许多问题里，例如讨论一个带电的电容器周围空间中一点的电位，或者讨论一个加热物体周围的温度，讨论液体或气体在某一个渠道内绕流过一个障碍物时液流或气流里微粒的速度，都需要计算电位、温度和速度等. 如果碰到问题里的物体形状特别简单(例如成平板状或圆柱状)，解答这类问题就没有多大困难. 但是还有很多其他情况，也需要会做这种计算. 例如，在制造飞机的时候，必须会计算机翼周围气流里空气微粒的速度[①].

机翼的横断面(翼型)如图 15(a) 所示. 其实，当被绕流过的物体的横断面图是一个圆时(就是说，物体本身是一个圆柱时)(图 15(b))，计算速度就特别简单.

---

① 飞机飞行时，空气微粒和机翼当然都在运动. 但是，根据力学的定律，可以作为这样的情形来研究：假设机翼不动，空气却在机翼周围绕流而过.

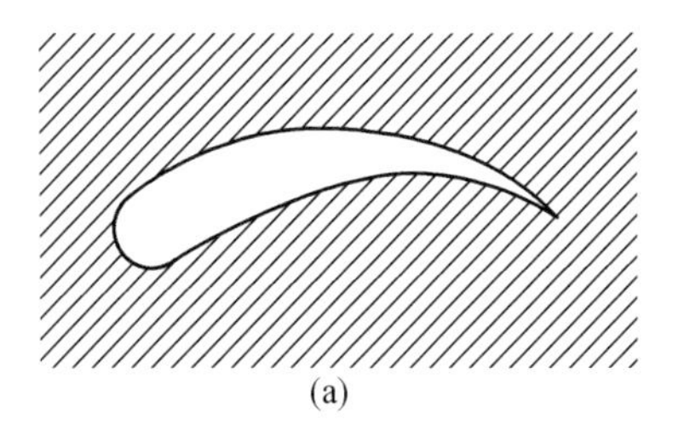
(a)

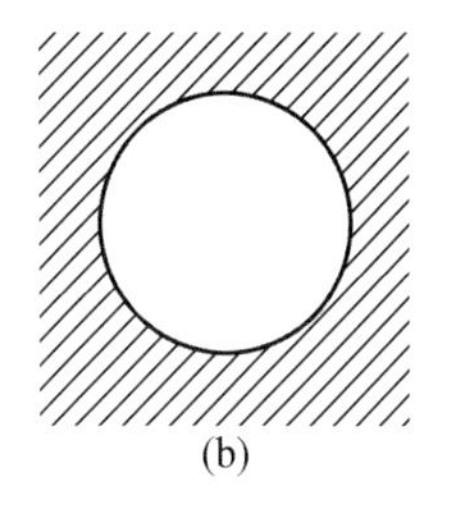
(b)

图 15

由此可见,为了把绕流过机翼的空气流的速度问题变换成简单的绕流过圆柱的问题,只要用保角映象把图 15(a) 的图形(翼型的外周) 变换到图 15(b) 的图形(圆的外周) 就行了. 这种样子的映象,可以用一定的复变函数来实现. 知道了这个函数,就可以把绕流过圆柱的气流的速度换算到绕流过机翼的气流的速度,因此,提出来的问题就完全解决了.

同样地,用保角映象可以把任何形状(任何横截面) 的物体的研究里有关计算电位和温度的问题变换成最简单的情形来解决. 然后用那个实现保角映象的复变函数,把结果反过来转算到原来的带电(或带热) 的物体的周围空间去.

13. 上面讲到的关于保角映象在制图、力学和物理学问题上的应用,我们没有给出证明.

从这里直到本章的末了,我们要讨论最简单的有理函数,用这些函数可以实现某些保角映象. 我们要谈到的函数就是:(1)$z'=\frac{z-a}{z-b}$(所谓线性分式函数);(2)$z'=z^2$;(3)$z'=\frac{1}{2}\left(z+\frac{1}{z}\right)$. 最后一个函数是以著名的俄罗斯学者尼古拉 · 叶戈罗维奇 · 茹科夫斯基

(Николай Егорович Жуковский,1847—1921)的名字来命名的,列宁把他称为“俄罗斯航空之父”. 这个函数叫作儒科夫斯基函数,因为儒科夫斯基很成功地应用它来解决了一些飞机的理论问题;特别是他说明了,利用这个函数可以得到某些具有理论和实用价值的飞机翼型图.

关于儒科夫斯基函数的应用,我们下面还要讲到.

尼古拉·叶戈罗维奇·茹科夫斯基

(1847—1921)

14. 先从线性分式函数 $z'=\dfrac{z-a}{z-b}$ 讲起. 在这里,a 和 b 是两个不相等的复数. 我们来证明:用这个函数,可以把每一个经过点 a 和 b 的圆弧 PLQ 变换到由坐标原点发射出来的某一射线 $P'L'$,并且这一射线和正实轴的夹角等于方向 baN 和圆弧在点 a 的切线的夹角(图 16).

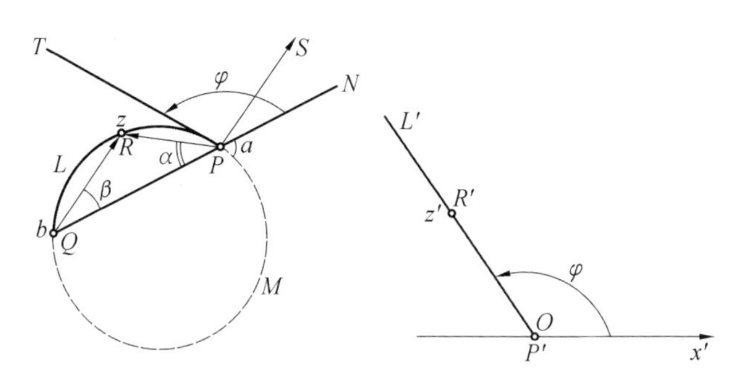

图 16

设点 z 在弧 PLQ 上(图 16 左图),让我们证明,它的象(也就是和它对应的点 $z'=\dfrac{z-a}{z-b}$)一定在射线 $P'L'$ 上(图 16 右图).要作出向量 z',必须知道这个向量的长($|z'|$)和这个向量对正实轴的倾斜角($\arg z'$).但是,z' 是两个复数 $z-a$ 和 $z-b$ 的商,而表示 $z-a$ 和 $z-b$ 的是向量 $\overrightarrow{PR}$ 和 $\overrightarrow{QR}$.于是 $|z'|=\dfrac{|z-a|}{|z-b|}$,而 $\arg z'$ 等于 $\angle SPR$(向量 $\overrightarrow{PS}$ 和向量 $\overrightarrow{QR}$ 等长而且方向相同,计算方向是从 $\overrightarrow{PS}$ 到 $\overrightarrow{PR}$.显然,$\angle SPR=\angle QRP$,因而它等于圆弧 QMP 的一半.而 $\angle NPT$ 也等于圆弧 QMP 的一半.于是

$$\arg z'=\angle SPR=\angle QRP=\angle NPT=\varphi$$

由此可知,在圆弧 PLQ 上任何地方的点 z,它的像点 $z'=\dfrac{z-a}{z-b}$ 都具有相同的幅角 φ.这就是说,圆弧上所有点的像都在和正实轴成倾斜角 φ 的一条射线 $P'L'$ 上.

如果 PLQ 不是一个圆弧,而是一段直线 PQ,这个结论仍然是对的.这时候,应该把角 φ 看成等于 180°,

射线 $P'L'$ 和负实轴相重合(图 17). 事实上,如果 z 是线段QP 上的一点,那么表示 $z-a$ 和 $z-b$ 的两个向量的方向刚巧是相反的. 因此知道,商 $z'=\dfrac{z-a}{z-b}$ 是负的实数,也就是说 z' 在负实轴上.

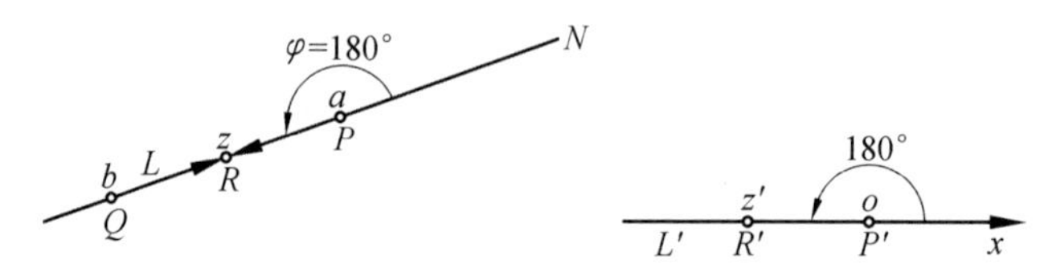

图 17

我们已经证明了,圆弧 PLQ 的所有的像点都在射线 $P'L'$ 上. 但是,这些像点是占满整段射线 $P'L'$ 呢,还是在 $P'L'$ 上有不是圆弧 PLQ 上任何一点的像点呢? 现在让我们来证明:像点是占满整段射线的.

先来看看点 P'(原点);这个点是点 P 的像点,因为当 $z=a$ 时,$z'=\dfrac{z-a}{z-b}$ 变成零. 在射线 $P'L'$ 上任取一点 z'(图 18),但不取 P'(也就是 $z'\neq 0$). 显然 z' 不可能是正的实数,因为射线 $P'L'$ 不和正实轴重合.

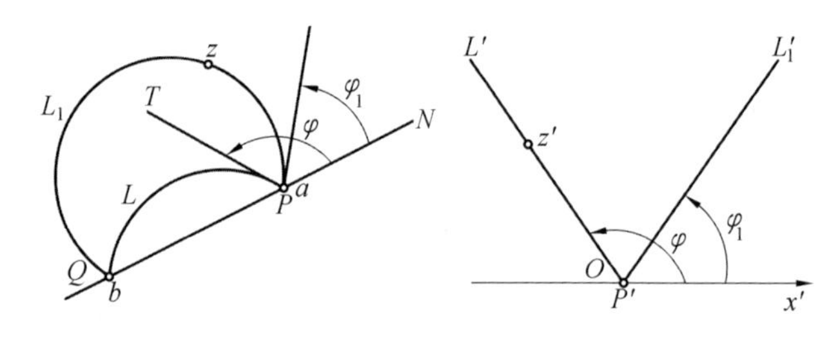

图 18

把 z 看作未知数,从方程 $z'=\dfrac{z-a}{z-b}$ 求解 z,便有

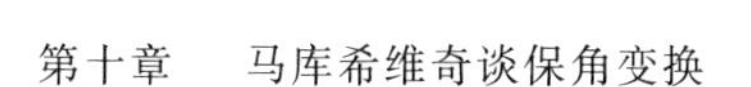

$z'z-z'b=z-a$，由此得 $z=\dfrac{z'b-a}{z'-1}$. 所以对于 $P'L'$ 上的每一个点 z'，可以找到唯一的一个值 z，使 $z'=\dfrac{z-a}{z-b}$，这也就是说 z' 是 z 的像点. 但是点 z 的位置在哪里呢？是不是可能 z 不在弧 PLQ 上？我们说，这是不可能的. 首先，点 z 不可能在线段 PQ 的延长线上（就是在线段 PQ 以外）. 否则复数 $z-a$ 和 $z-b$ 就会有相等的幅角，$z'=\dfrac{z-a}{z-b}$ 就会是一个正数. 现在假设 z 不在 PQ 的延长线上，经过 P 和 Q 作一个圆弧，并且使圆弧经过 z（要是 z 在线段 PQ 上，那就不用作圆弧而应该取线段 PQ）. 设所作的圆弧是 PL_1Q；因为它和 PLQ 不重合，所以这个圆弧在点 P 的切线将和方向 baN 形成夹角 φ_1 不等于 φ（图 18）. 因此点 z 的函数 $z'=\dfrac{z-a}{z-b}$ 的值一定可以用射线 $P'L_1'$ 和正实轴成倾斜角 φ_1，因此知道 $P'L_1'$ 不和 $P'L'$ 重合. 我们发现了一个矛盾，因为得到的结论是：除点 P' 以外的点 z' 一定在射线 $P'L'$ 上，也在 $P'L_1'$ 上. 所以我们证明了，在 $P'L'$ 上的每一个点 z' 只是一个点 z 的象 $\left(z'=\dfrac{z-a}{z-b}\right)$，而且 z 在弧 PLQ 上. 由此可知，如果点 z' 跑过了射线 $P'L'$，那么从公式 $z'=\dfrac{z-a}{z-b}$ 决定的和 z' 对应的点 z 就要跑过 PLQ.

下面让我们证明：当点 z 顺着 P 到 Q 的方向画出圆弧 PLQ 时，像点 z' 就会顺着从点 P' 远去的一个方向画出射线 $P'L'$. 为了达到这个目的，只需证明：当点 z 作上面规定的运动时，距离

$$P'R'=|z'|=\frac{|z-a|}{|z-b|}=\frac{PR}{QR}=\frac{\sin\beta}{\sin\alpha}$$

(图 16) 逐渐增大而趋向无穷. 但知

$$\varphi+\alpha+\beta=180^\circ$$

因而

$$\beta=180^\circ-(\alpha+\varphi)$$

$$\sin\beta=\sin(\alpha+\varphi)=\sin\alpha\cos\varphi+\cos\alpha\sin\varphi$$

于是

$$P'R'=|z'|=\frac{\sin\alpha\cos\varphi+\cos\alpha\sin\varphi}{\sin\alpha}=$$

$$\cos\varphi+\sin\varphi\cot\alpha$$

当点 z 顺着弧 PLQ 从 P 向 Q 运动时, 角 α 的值从 $180^\circ-\varphi$ 逐渐减小到 0, 而角 φ 不变. 因此, $\cot\alpha$ 的值是从 $-\cot\varphi$ 的值增加到 $+\infty$

$$|z'|=\cos\varphi+\cot\alpha\sin\varphi$$

也一样会增加(因为 $\sin\varphi$ 的值是正的), 并且从 $\cos\varphi-\cot\varphi\sin\varphi=0$ 增加到 $+\infty$.

15. 我们来研究一个任意圆 PLM, 它经过点 a 而不经过点 b(图 19). 设圆在点 a 的切线和 baN 方向形成的角等于 φ. 作一个经过点 a 和点 b 的辅助圆, 使这个圆在点 a 的切线和 baN 方向成 $\varphi+90^\circ$ 角. 这个辅助圆和原来的圆相交于某一个点 E; 把这个点所表示的复数记作 c. 我们来证明, 函数 $z'=\frac{z-a}{z-b}$ 把圆 PLM 变成一个以线段 $P'E'$ 作直径的圆 $P'L'M'$, 点 P' 表示的是复数 0, 点 E' 表示的是复数 $c'=\frac{c-a}{c-b}$(图 19). 因此, 圆 $P'L'M'$ 在点 P' 的切线和实轴正方向的交角是 φ.

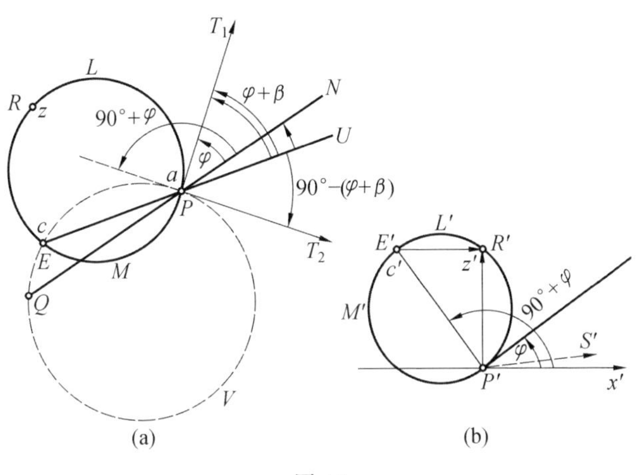

图 19

因此,我们打算证明,PLM 上每一点 z 的对应点 $z'=\frac{z-a}{z-b}$ 必定在圆 $P'L'M'$ 上,并且点 0 和 $c'=\frac{c-a}{c-b}$ 是圆 $P'L'M'$ 的一直径的两端点. 显然,只要证明,从每一点 $z'=\frac{z-a}{z-b}$(设 z 在 PLM 上)来看线段 $P'E'$,所张的视角都是直角,也就是说,$\angle E'R'P'$ 等于直角①. 但是,$\angle E'R'P'$ 是表示复数 $z'-c'$ 的向量$\overrightarrow{E'R'}$ 和表示复数 z' 的向量 $\overrightarrow{P'R'}$ 形成的;这个角度等于 $\angle S'P'R'$(向量$\overrightarrow{P'S'}$ 和向量$\overrightarrow{E'R'}$ 方向相同,长度相等),$\angle S'P'R'$ 的方向是从$\overrightarrow{P'S'}$ 到$\overrightarrow{P'R'}$ 的. $\angle S'P'R'$ 等于 $\arg\frac{z'}{z'-c'}$,因此,我们感兴趣的 $\angle P'R'E'$ 也等于

---

① 因为,从平面上某一点来看一个线段,如果所张的视角是直角,那么这一点必在以该线段作直径的圆上.

复数$\frac{z'}{z'-c'}$的幅角，也就是说$\angle P'R'E' = \arg\frac{z'}{z'-c'}$.

变换式子$\frac{z'}{z'-c'}$，用$\frac{z-a}{z-b}$来代替z'，用$\frac{c-a}{c-b}$来代替c'.得到

$$\frac{z'}{z'-c'} = \frac{z-a}{z-b} \div \left(\frac{z-a}{z-b} - \frac{c-a}{c-b}\right) =$$

$$\frac{z-a}{z-b} \div \frac{(z-c)(a-b)}{(z-b)(c-b)} =$$

$$\frac{z-a}{z-c} \div \frac{b-a}{b-c} = \frac{z''}{b''}$$

在这里，$\frac{z-a}{z-c} = z''$，$\frac{b-a}{b-c} = b''$.显然，z''也是z的线性分式函数.这个函数$z'' = \frac{z-a}{z-b}$和我们原来的函数$z' = \frac{z-a}{z-b}$的差别，只是把点c换成了点b.对于这个新函数，可以应用已经获得的结果.这就是说，如果点z在联结a和c的圆弧上，那么点z''就一定在从坐标原点出发的射线上.这时候，如果圆弧在点a的切线和caU方向相交成某一角α，那么对应的射线和实轴正方向也相交成角α；换句话说，就是z''的幅角等于α.因为点z在经过点a和c的圆弧PLE上，这个圆弧的切线PT_1和caU方向的交角等于$\beta+\varphi$(图19(a))，所以无论z在弧PLE的什么地方，复数$z'' = \frac{z-a}{z-b}$的幅角都应该等于$\beta+\varphi$.另外，点b在联结点a和c的圆弧PVE上.这个圆弧在点a的切线PT_2和caU方向的交角是$(\beta+\varphi)-90°$(这个角的绝对值等于$90°-(\beta+\varphi)$，但是从

图 19(a) 可以看出，在我们考虑的情形，这个角的转动方向是负的，因此应该加上负号)．因此，线性分式函数$\frac{z-a}{z-c}$在$z=b$时的值，也就是复数$b''=\frac{b-a}{b-c}$，应该用射线上某一点来表示，这条射线从坐标原点射出，和实轴正方向的交角是$(\beta+\varphi)-90°$，也就是说

$$\arg b''=(\beta+\varphi)-90°$$

回想一下，我们要求出的角是

$$\angle P'R'E'=\arg\frac{z'}{z'-c'}$$

我们已经求出，$\frac{z'}{z'-c'}=\frac{z''}{b''}$，并且

$$\arg z''=\beta+\varphi, \arg b''=(\beta+\varphi)-90°$$

从这里可以推出，$\arg\frac{z''}{b''}=90°$(图 20)，以及

$$\angle P'R'E'=\arg\frac{z'}{z-c'}=\arg\frac{z''}{b''}=90°$$

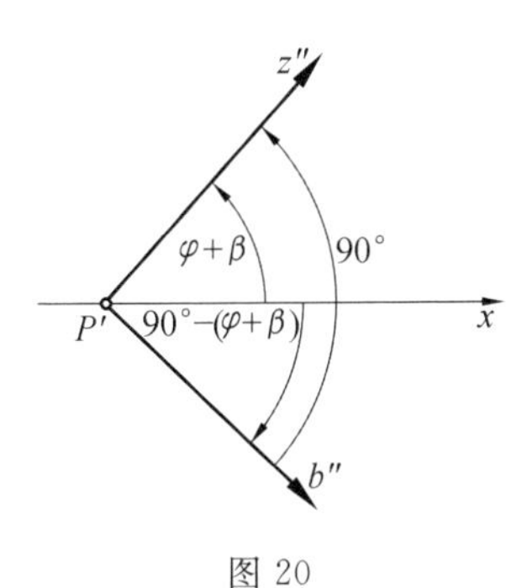

图 20

因此，从每一个点$z'=\frac{z-a}{z-b}$来看线段$P'E'$，所张的角都是直角．这就说明了，点z'在以线段$P'E'$作直

径的圆 $P'L'M'$ 上①.

还必须说明，这个圆在点 P' 的切线和实轴正方向相交成角 φ. 为了说明这一点，只要证明，直线 $P'E'$ 和实轴正方向的交角等于 $\varphi+90°$. 后一个角等于 $\arg c'=\arg\frac{c-a}{c-b}$. 但是点 c 在联结点 a 和 b 的圆弧 PEQ 上. 因为这个弧在点 a 的切线和 baN 方向成角 $90°+\varphi$，所以点 $c'=\frac{c-a}{c-b}$ 应该在和实轴正方向成交角 $90°+\varphi$ 的射线上，就是 $\arg c'=90°+\varphi$，这正是需要证明的.

16. 作为一个例子，我们来说明图 21(a) 阴影线部分，用函数 $z'=\frac{z-1}{z+1}$ 作映象以后将变成什么样子. 这个函数具有形式 $\frac{z-a}{z-b}$，这里 $a=1, b=-1$. 因为弧 PLQ 经过点 1 和 -1，并且在点 $a=1$ 和方向 QPN 相交成角 φ，所以这个弧将变换到从坐标原点开始并和实轴正方向相交成角 φ 的射线. 弧 PMQ 也是联结 1 和 -1 两点的圆弧，不过它的点 $a=1$ 和 QPN 方向的交角是 $\varphi-180°$（这个角的绝对值等于 $180°-\varphi$；但我们知道这个角是按顺时针方向转动的，这就是说，它的方向是负的）. 因此，函数 $z'=\frac{z-1}{z+1}$ 把弧 PMQ 变换到从原

---

① 在证明时，我们取在弧 PLE 上的点 z；这时对应点 z' 落在半圆 $P'L'E'$ 上. 如果取在弧 EMP 上的点 z，证明并没有改变；只是要注意，这个圆弧在点 a 的切线方向和 PT_1 相反. 这就表示，$\arg z''$ 不等于 $\beta+\varphi$，而等于 $\beta+\varphi-180°$. 因此，得到 $\angle P'R'E'=\arg\frac{z'}{z'-c'}$ 的值是 $(\beta+\varphi-180°)-(\beta+\varphi-90°)=-90°$. 这相当于点 z' 在半圆 $E'M'P'$ 上.

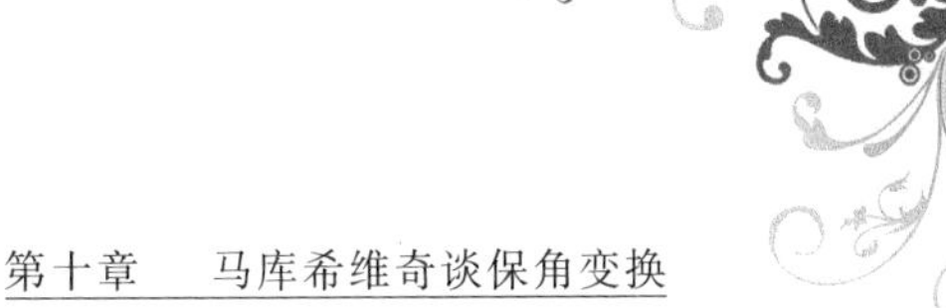

点开始并和实轴正方向相交成角 $\varphi-180^\circ$ 的射线 $P'M'$. 显然，射线 $P'L'$ 和 $P'M'$ 合成一条直线；因此，函数 $z'=\dfrac{z-1}{z+1}$ 把整个圆周 $PLQM$（由弧 PLQ 和弧 PMQ 组成）变换到整条直线 $M'P'L'$.

通过点 P 和 Q 作一辅助圆弧，使这个圆在点 P 的切线和 QPN 方向成角 $\varphi+90^\circ$. 这个圆弧和圆周 PRS 相交于点 E. 弧 PEQ 被函数 $z'=\dfrac{z-1}{z+1}$ 变换到从点 P' 出发并和实轴正方向成交角 $\varphi+90^\circ$ 的射线. 这样，点 E 就变换到这条射线上的一点 E'. 圆周 $PRES$ 用函数 $z'=\dfrac{z-1}{z+1}$ 变换到以线段 $P'E'$ 作直径的圆周 $P'R'E'S'$.

于是，结果圆周 $PLQM$ 变换到直线 $M'P'L'$，而内切于前一个圆周的圆周 $PRES$ 变换到和直线 $M'P'L'$ 相切于点 P' 的圆周 $P'R'E'S'$. 是不是可以认为，把图上阴影部分用函数 $z'=\dfrac{z-1}{z+1}$ 来变换的问题已经完全解决了呢？不，问题还没有彻底解决：我们已经解决的只是这部分的边界的变换，还需要知道在圆 $PRES$ 和 $PLQM$ 内部各点的变换情形.

为了搞清楚这方面的情况，我们得注意，图上阴影部分可以用和 $PLQM$ 相切于点 P 并处在 $PRES$ 和 $PLQM$ 间的圆周来填满. 这种圆周和弧 PEQ 相交于点 E 和点 Q 之间的一些点. 在图 21 上，用虚线画出了这种圆组成的无穷圆集合中的三个圆，它们和弧 PEQ 相交于点 E_1，E_2 和 E_3. 如果我们知道这些圆用函数 $z'=\dfrac{z-1}{z+1}$ 变换到什么曲线，那么我们对于由这些曲线填满而成的图形就可以想象得出. 而这也正是原图形经过变换以后所得到的图形.

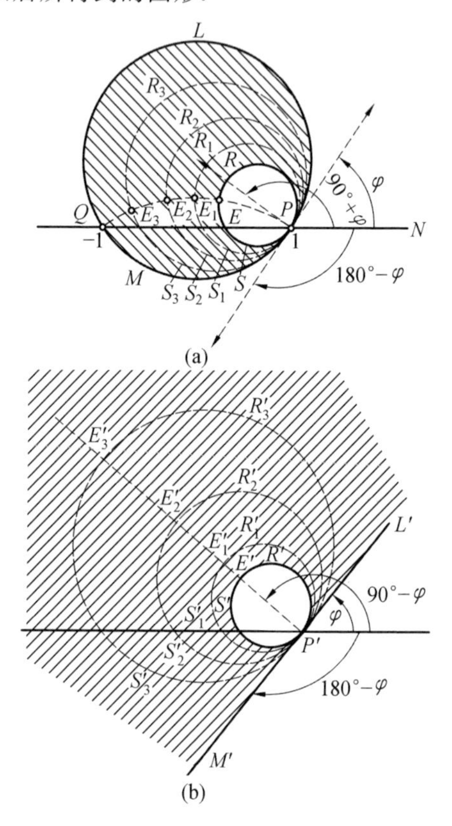

图 21

但是,圆周 $PR_1E_1S_1$ 变换到圆周 $P'R'_1E'_1S'_1$,圆周 $PR_2E_2S_2$ 变换到 $P'R'_2E'_2S'_2$,等等.

我们指出,当点 z 顺着弧 PQ 逐渐接近点 Q 时,它的对应点 z' 就顺着以 P' 作始点的射线离开点 P' 越来越远. 由此可知,如果点 E_2 比点 E_1 更接近 Q,那么点 E_2 在射线上的像点 $E_2{}'$ 比 E_1 的像点 E'_1 离 P' 更远. 因

此，圆周 $PR_2E_2S_2$ 的像圆 $P'R'_2E'_2S'_2$ 的直径 $P'E'_2$ 就比圆周 $PR_1E_1S_1$ 的像圆 $P'R'_1E'_1S'_1$ 的直径 $P'E'_1$ 更长，这在我们的图上就已经表示出来了. 如果取圆周 $PR_3E_3S_3$，使它和弧 PEQ 的交点十分接近点 Q，那么我们可以得到，它的像 $P'R'_3E'_3S'_3$ 具有尽可能大的直径. 显然，填满图 21(a) 阴影图形的圆周 $PR_1E_1S_1$，$PR_2E_2S_2$，$PR_3E_3S_3$ 等的像圆，将填满图 21(b) 的阴影图形. 后者正是原来图形用函数 $z'=\dfrac{z-1}{z+1}$ 变换以后所得的象. 因此，函数 $z'=\dfrac{z-1}{z+1}$ 把两个圆周包围成的图形(图 21(a)) 变换到以一直线和一圆周作界线的图形(图 21(b)).

17. 现在我们来讨论用函数 $z'=z^2$ 所作的变换. 在前文的注里，我们已经预示读者，对于用有理函数所作的变换，保持角度不变的规律可能出现例外. 这就是说，以某些例外点作顶点的角，经过变换以后，可能变大了若干倍. 在现在讨论的这个情形，就有这种例外点，它就是原点 A. 我们说，所有以 A 作顶点的角，用 $z'=z^2$ 变换以后，都变成了原来的两倍.

取由点 A 出发、和实轴正方向相交成角 φ 的射线 AM(图 22). 对于在这条射线上的每一点 z，$\arg z=\varphi$. 因为向量 $\boldsymbol{z}'=\boldsymbol{z}^2=\boldsymbol{z}\cdot\boldsymbol{z}$ 是把向量 $\boldsymbol{z}$ 伸长到 $|\boldsymbol{z}|$ 倍并把幅角 $\arg\boldsymbol{z}=\varphi$ 扩大到两倍得到的，所以

$$|\boldsymbol{z}'|=|\boldsymbol{z}|\cdot|\boldsymbol{z}|=|\boldsymbol{z}|^2$$

而

$$\arg\boldsymbol{z}'=\arg\boldsymbol{z}+\arg\boldsymbol{z}=2\varphi$$

因此，点 $\boldsymbol{z}'$ 一定在从点 A' 出发并和实轴正方向相交成角 2φ 的射线 $A'M'$ 上. 如果点 z 顺着 AM 从点 A 无限

远离开去，那么对应点 z' 将顺着 $A'M'$ 从点 A' 无限远离开去；这时候，点 z' 到点 A' 的距离始终等于点 z 到点 A 距离的平方（$|z'|=|z|^2$）.

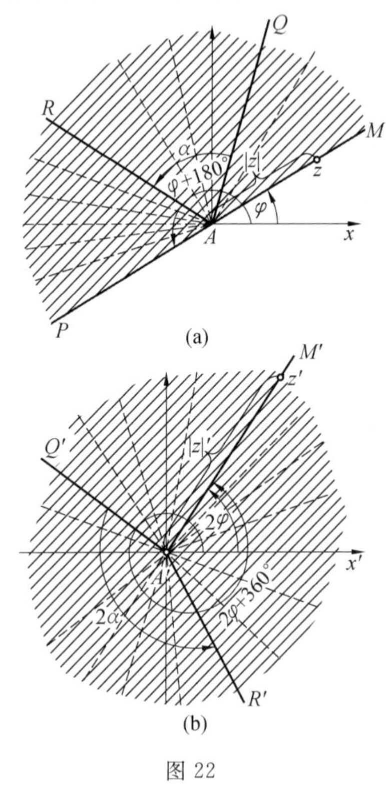

图 22

由此可知，函数 $z'=z^2$ 把射线 AM 变换到射线 $A'M'$，并且 $A'M'$ 和 $A'x'$ 轴的倾斜角等于 AM 和 Ax 轴的倾斜角的两倍.

容易想见，和 Ax 轴相交成角 $\varphi+180°$ 的射线 AP（AM 和 AP 在同一直线上），也用函数 $z'=z^2$ 变换成射线 $A'M'$. 事实上，如果把角 $\varphi+180°$ 加倍，就得到

$2\varphi+360^{\circ}$；和 $A'x'$ 相交成这个角度的射线和射线 $A'M'$ 重合.

试看图 22(a) 的阴影图形 —— 所谓半平面 —— 用函数 $z'=z^2$ 变换后的图形是什么. 半平面可以看作是由点 A 出发、和 Ax 的倾斜角大于 φ 但小于 $\varphi+180^{\circ}$ 的射线填满而成的图形. 射线 AM 和 AP 组成半平面的边界(一条直线)；我们不把这两条射线算在半平面以内. 函数 $z'=z^2$ 把半平面内的所有射线变换成从 A' 出发并和 $A'x'$ 的倾斜角大于 2φ 但小于 $2\varphi+360^{\circ}$ 的所有射线.

由此可知，以射线 AM 和 AP 作边界的半平面，变换成以单独一条射线 $A'M'$ 作边界的图形(见图 22(b)). 变换成的图形可以看作一个平面，但是它不包括射线 $A'M'$. 既然这样说，我们就要证明，这个图形是由平面上除了在 $A'M'$ 上的以外的点组成的. 如果在半平面内任意取两条射线 AQ 和 AR，和 Ax 的倾斜角分别等于 φ_1 和 φ_2 $(\varphi_2>\varphi_1)$，那么它们的交角是 $\alpha=\varphi_2-\varphi_1$. 函数 $z'=z^2$ 把这两条射线变换成 $A'Q'$ 和 $A'R'$，它们和 $A'x'$ 的倾斜角分别是 $2\varphi_1$ 和 $2\varphi_2$. 显然，$\angle Q'A'R'$ 等于

$$2\varphi_2-2\varphi_1=2(\varphi_2-\varphi_1)=2\alpha$$

因此，以 A 作顶的角，用 $z'=z^2$ 变换以后，变成了原来的两倍，换句话说，就是映象在点 A 失去了保角性.

18. 我们来证明，用 $z'=z^2$ 变换以后，以任何点 $z_0\neq 0$ 作顶点的角都保持不变. 由此可知，坐标原点是使以上变换失去保角性的唯一的点.

设 L 是一条从点 z_0 出发的任何曲线. 如果在 L 上

取 z_0 以外的任意一点 z_1，那么联结 z_0 和 z_1 的割线的方向跟表示差数 z_1-z_0 的向量 $\overrightarrow{Q_0Q_1}$ 一致(图 23(a)). 函数 $z'=z^2$ 把曲线 L 变换成某一曲线 L'，把点 z_0 和 z_1 变换成在曲线 L' 上的新的点 $z'_0=z_0^2$ 和 $z'_1=z_1^2$. 显然，联结 z'_0 和 z'_1 的割线的方向跟表示差数 $z'_1-z'_0$ 的向量 $\overrightarrow{Q'_0Q'_1}$ 一致(图 23(b)). 我们来比较这两条割线的方向；这只要比较向量 $z'_1-z'_0$ 和 z_1-z_0 的方向就行了. 因为它们的交角是看作由向量 z_1-z_0 旋转到向量 $z'_1-z'_0$ 的角度的，它正好等于商数 $\dfrac{z'_1-z'_0}{z_1-z_0}$ 的幅角，所以问题就变成了计算 $\arg\dfrac{z'_1-z'_0}{z_1-z_0}$. 在商数 $\dfrac{z'_1-z'_0}{z_1-z_0}$ 里，可以代入 $z'_1=z_1^2$，$z'_0=z_0^2$，得到

$$\frac{z'_1-z'_0}{z_1-z_0}=\frac{z_1^2-z_0^2}{z_1-z_0}=z_1+z_0$$

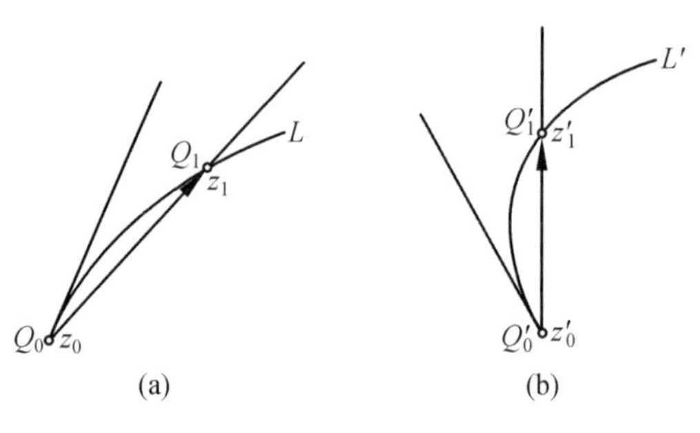

图 23

以及

$$\arg\frac{z'_1-z'_0}{z_1-z_0}=\arg(z_1+z_0)$$

因此，曲线 L' 和 L 上通过对应点对 z_0，z_1(L 上的)和 $z'_0=z_0^2$，$z'_1=z_1^2$(L' 上的)的两条割线的交角等于

$\arg(z_1+z_0)$. 从割线转变到切线，点 z_1 将沿曲线 L 无限趋近点 z_0.

这时候，点 $z'_1=z_1^2$ 也将沿曲线 L' 无限趋近点 $z'_0=z_0^2$. 因此，这两条割线也就无限趋近于从点 z_0 和 z'_0 引出的两条切线，两割线的交角也就无限趋近两切线的交角. 但是两割线的交角等于 $\arg(z_0+z_1)$，当 z_1 趋近 z_0 时，这个交角就趋近 $\arg(2z_0)$；$\arg(2z_0)$ 是和 $\arg z_0$ 完全相同的. 因此，从曲线 L' 和 L 上的对应点 $z'_0=z_0^2$ 和 z_0 引出的两切线的交角等于 $\arg z_0$. 例如，设使 $z_0=2$，那么 $\arg z_0=0$；因而知道，通过点 $z_0=2$ 的任意曲线 L 在这一点的切线，方向和 L 用函数 $z'=z^2$ 变换以后得到的曲线 L' 在点 $z'_0=z_0^2=4$ 的切线一致. 设使 $z_0=\mathrm{i}$，那么 $\arg z_0=90°$；因此，通过点 $z_0=\mathrm{i}$ 的任意曲线 L 在这一点的切线，和映象曲线 L' 在点 $z_0^2=\mathrm{i}^2=-1$ 的切线互相垂直.

回到一般的情况，我们可以说，当通过点 z_0 的曲线用函数 $z'=z^2$ 作变换时，曲线在点 z_0 的切线旋转了一个等于 $\arg z_0$ 的角.

现在就不难看出，为什么在这种变换里，以 z_0 $(z_0\neq 0)$ 作顶点的角是不变的. 设通过点 z_0 有两条曲线 L_1 和 L_2，它们在这一点的交角是 α，这就是说，两曲线在点 z_0 的切线的交角等于 α. 经过变换以后，点 z_0 变换到点 $z'_0=z_0^2$，曲线 L_1 和 L_2 变换到 L'_1 和 L'_2. 新曲线在点 z'_0 的切线的方向，可以从旧曲线在点 z_0 的切线旋转一个同样的等于 $\arg z_0$ 的角度得到. 显然，两条新切线间的角度仍是 α. 这正表明了，两曲线以任意点 $z_0\neq 0$ 作顶点的夹角，用 $z'=z^2$ 变换以后，大小是不变的.

注意，我们用来证明保角映象 $z'=z^2$ 的方法，对于其他函数，例如线性分式函数 $z'=\dfrac{z-a}{z-b}$ 或儒科夫斯基函数 $z'=\dfrac{1}{2}(z+\dfrac{1}{z})$ 也都适用. 这里只是切线旋转的角度要用不同的式子来表示. 例如，对于线性分式函数，通过点 z_0 的曲线在这一点的切线旋转的角度等于 $\arg\dfrac{a-b}{(z_0-b)^2}$，而在儒科夫斯基函数的情形，这个旋转角度等于 $\arg\left(1-\dfrac{1}{z_0^2}\right)$. 在前一种情形，必须附加条件 $z_0\neq b$（在点 $z_0=b$，分式 $\dfrac{z-a}{z-b}$ 没有意义）；在后一种情形，必须附加条件 $z_0\neq 0$（理由同上），此外还得假设 $z_0\neq\pm 1$（在 $z_0=\pm 1$ 时，$1-\dfrac{1}{z_0^2}$ 等于零，因此 $\arg\left(1-\dfrac{1}{z_0^2}\right)$ 没有意义）. 可以验证，儒科夫斯基函数在点 -1 和 $+1$ 失去保角性：以这两点作顶点的角，经过变换以后，扩大到原来的两倍.

19. 现在来看，通过点 A 的圆，用函数 $z'=z^2$ 变换以后，变换成什么. 设圆在点 A 的切线和 Ax 相交成角 φ（图 24）. 显然，圆整个在以这条切线作界线的半平面内. 函数 $z'=z^2$ 把半平面变换成不包括射线 $A'M'$ 的平面. 为了确定这个圆经过变换以后的象，在半平面内从 A 尽可能引一些射线，并标出每一条射线和圆周的交点. 在我们的图上画了七条射线；所有的角，$\angle MAB_1$，$\angle B_1AB_2$，$\angle B_2AB_3$，…，$\angle B_7AP$ 都相等（等于 $22\dfrac{1}{2}°$）. 函数 $z'=z^2$ 把这七条射线变换成另外七条射线，每两条射线的交角扩大到原来的两倍；所有的

角 $\angle M'A'B'_1$，$\angle B'_1A'B'_2$，$\angle B'_2A'B'_3$，…，$\angle B'_7A'P'$ 都等于 45°.

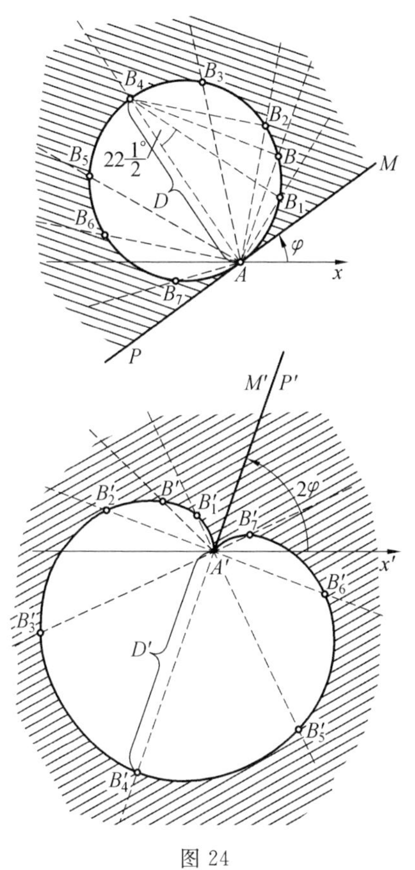

图 24

我们来计算一下，点 B_1，B_2，B_3，…，B_7 变换到什么地方去了. 像点 B'_1，B'_2，B'_3，…，B'_7 到点 A' 的距离，分别等于 AB_1，AB_2，AB_3，…，AB_7 的平方. 但是从图 24 立刻看出

$$AB_7 = AB_1 = AB_4 \sin 22\frac{1}{2}^\circ = D\sin 22\frac{1}{2}^\circ$$

(D 是圆的直径)；又

$$AB_6 = AB_2 = D\sin 45^\circ$$

$$AB_5 = AB_3 = D\sin 67\frac{1}{2}^\circ, AB_4 = D$$

再要注意

$$\sin^2 22\frac{1}{2}^\circ = \frac{1-\cos 45^\circ}{2} = \frac{2-\sqrt{2}}{4} =$$

$$\frac{2-1.414\ 2}{4} = 0.146\ 4\cdots$$

$$\sin^2 45^\circ = 0.500\ 0\cdots$$

$$\sin^2 67\frac{1}{2}^\circ = \cos^2 22\frac{1}{2}^\circ = 1-\sin^2 22\frac{1}{2}^\circ = 0.853\ 5\cdots$$

因此

$$A'B'_7 = A'B'_1 = 0.146\ 4D^2$$

$$A'B'_6 = A'B'_2 = 0.500\ 0D^2$$

$$A'B'_5 = A'B'_3 = 0.852\ 5D^2$$

$$A'B'_4 = D^2$$

经过 $A', B'_1, B'_2, B'_3, \cdots, B'_7$ 这些点的曲线，就是圆用 $z' = z^2$ 作变换后的象. 如果要得到它的更精确的形象，可以取更多的射线. 这种曲线叫作心脏线. 容易看出，图 24(a) 阴影部分表示的图形(由半平面除去一圆得到的图形)，用函数 $z' = z^2$ 作变换以后，变换成了图 24(b) 阴影部分所表示的图形. 后者是以心脏线以及和实轴正方向成 2φ 角的射线作界线的. 可以证明，射线 $A'M'$ 的方向就是和心脏线的两个弧相切的由点 A 出发的切线方向. 在图 24(a)，任意引射线 AB，B 表示这条射线和圆的交点；如果 $\angle MAB = \alpha$，那么 $AB =$

$D\sin\alpha$. 用函数 $z'=z^2$,这条射线变换成射线 $A'B'$(图 24(b)),点 B 的像点 B' 落在心脏线上. 根据我们知道的 $z'=z^2$ 变换的性质

$$\angle M'A'B'=2\alpha, A'B'=AB^2=D^2\sin^2\alpha$$

设 α 在变动,并且无限趋近于零. 那么 $A'B'$ 和 $A'M'$ 的交角 2α 也将无限趋近于零,而心脏线的割线——射线 $A'B'$ 将围绕着点 A' 转动,并且无限趋近极限 $A'M'$. 这时候,点 B'——割线和心脏线离 A' 最近的一个交点,将无限趋近点 A',因为当 α 趋近于零时,距离 $A'B'=D^2\sin^2\alpha$ 也趋近于零. 由此可知,割线的极限位置 $A'M'$ 是弧 $A'B_1'B_2'$…… 在点 A' 的切线. 同样可以证明,$A'M'$ 也是弧 $A'B_7'B_6'$…… 在同一点 A' 的切线.

20. 最后,我们转到儒科夫斯基函数 $z'=\frac{1}{2}\left(z+\frac{1}{z}\right)$,并且用它来变换由两个圆围成的图形:一个圆通过点 -1 和 $+1$,另一个圆在点 1 内切于前一个圆. 图 25 的阴影部分表示这个图形.

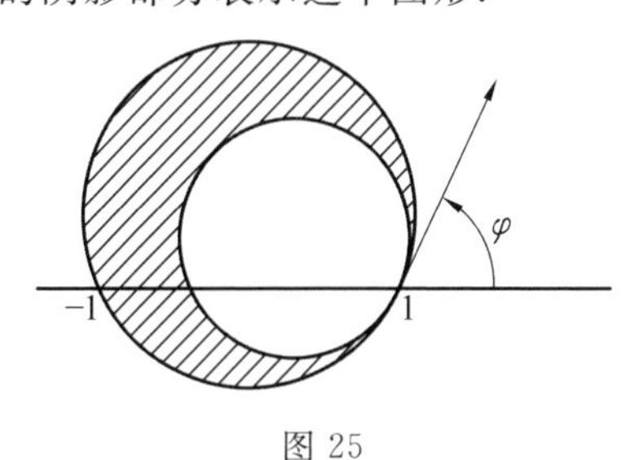

图 25

先来证明,$z'=\frac{1}{2}\left(z+\frac{1}{z}\right)$ 变换可以化成几个我们已经熟悉的、形式比较简单的变换. 为了达到这个目的,我们来研究一下分式$\frac{z'-1}{z'+1}$. 用$\frac{1}{2}\left(z+\frac{1}{z}\right)$ 来代

替 z'，得到

$$\frac{z'-1}{z'+1}=\frac{\frac{1}{2}\left(z+\frac{1}{z}\right)-1}{\frac{1}{2}\left(z+\frac{1}{z}\right)+1}=$$

$$\frac{z^2+1-2z}{z^2+1+2z}=\left(\frac{z-1}{z+1}\right)^2$$

因此，从 $z'=\frac{1}{2}\left(z+\frac{1}{z}\right)$ 可以推出 $\frac{z'-1}{z'+1}=\left(\frac{z-1}{z+1}\right)^2$. 反过来也是正确的：从第二个式子可以推出第一个式子. 事实上，从第二个式子可以得到

$$z'-1=z'\left(\frac{z-1}{z+1}\right)^2+\left(\frac{z-1}{z+1}\right)^2$$

由此可得

$$z'\left[1-\left(\frac{z-1}{z+1}\right)^2\right]=1+\left(\frac{z-1}{z+1}\right)^2$$

以及

$$z'=\frac{1+\left(\frac{z-1}{z+1}\right)^2}{1-\left(\frac{z-1}{z+1}\right)^2}=\frac{(z+1)^2+(z-1)^2}{(z+1)^2-(z-1)^2}=$$

$$\frac{2z^2+2}{4z}=\frac{1}{2}\left(z+\frac{1}{z}\right)$$

于是，关系式

$$z'=\frac{1}{2}\left(z+\frac{1}{z}\right) \text{和} \frac{z'-1}{z'+1}=\left(\frac{z-1}{z+1}\right)^2$$

完全等价(从这一个可以推出另一个).

因此，儒科夫斯基函数 $z'=\frac{1}{2}\left(z+\frac{1}{z}\right)$ 变换可以表示成 $\frac{z'-1}{z'+1}=\left(\frac{z-1}{z+1}\right)^2$ 的形式. 两种表示形式会得

到同样的结果.但是现在可以看出,从 z 转变到 z' 可以分三步实现.先从 z 转变到辅助变数 z_1,可以用公式

$$z_1=\frac{z-1}{z+1} \tag{1}$$

再从 z_1 转变到 z_2,根据公式

$$z_2=z_1^2 \tag{2}$$

最后,从 z_2 转变到 z',根据公式

$$\frac{z'-1}{z'+1}=z_2 \tag{3}$$

读者很容易明白,要是把公式(1)的表示 z_1 的式子代入公式(2),再把得到的表示 z_2 的式子代入公式(3),那就得到了我们需要的变换$\frac{z'-1}{z'+1}=\left(\frac{z-1}{z+1}\right)^2$.

为什么要用(1)、(2)、(3)三个变换来代替一个儒科夫斯基变换呢?就是因为这三个变换个个比儒科夫斯基变换简单,并且个个都是我们已经熟悉的.

于是,我们就来对图 25 上的图形作公式(1)的变换,再把得到的图形作公式(2)的变换,最后再把得到的图形作公式(3)的变换.

我们已经知道,图 21(a)的图形(它和图 25 的图形一样)用函数 $z_1'=\frac{z-1}{z+1}$(就是函数(1))来变换,就变换成图 21(b)的图形.图 21(b)图形的边界是通过点 O 和实轴正方向相交成角 φ 的一条直线,以及和这条直线相切于点 O 的一个圆.这个图形可以看作是除去一个圆的半平面.这个图形再用函数 $z_2=z_1^2$(就是函数(2))来变换.只要看一看图 24,就知道这问题已经解决了.我们曾经指出,变换后应该得到图 24(b)的图形;它是以一个心脏线和一条射线作界线的图形.接下来，就是把这个图形再作$\frac{z'-1}{z'+1}=z_2$(就是函数(3))的变换. 在这里，z' 可以看作是独立变换，z_2 可以看作是函数. 当 z_2 画出从原点出发，并和实轴正方向相交成角 2φ 的射线 $A'M'$ 时，对应点 z' 就会画出一个联结点 $+1$ 和 -1 的圆弧；这个圆弧在点 $+1$ 的切线，跟从点 -1 到点 $+1$ 的方向，就是实轴的正方向，形成的角也是 2φ(图 26).

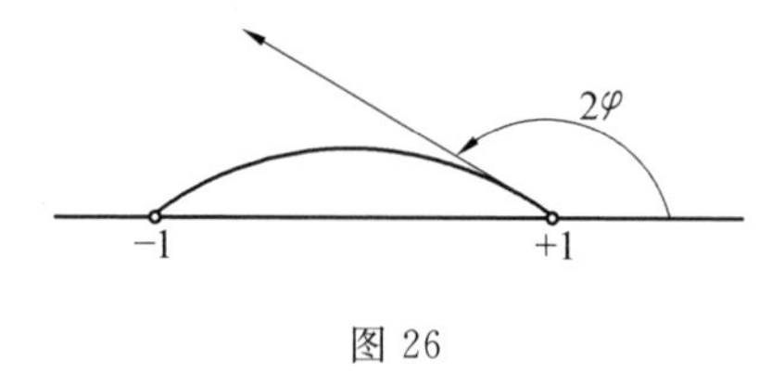

图 26

这样，我们就得到了射线 $A'M'$ 经过$\frac{z'-1}{z'+1}=z_2$ 变换后的象. 为要求得心脏线的象，可以看看点 B'_1，B'_2，…，B'_7变换到了什么地方. 但是，我们不准备在这里作繁复的计算，只要能够作出变换所得的曲线的完整形状如图 27 就行了.

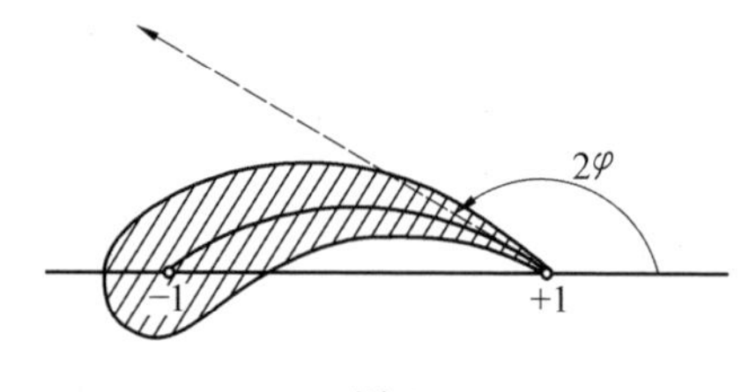

图 27

这个曲线的形状象机翼横断面，就是翼型. 这种翼型是俄国学者查普列金(Чапплкин) 和茹科夫斯基首创的，因此叫作茹科夫斯基－查普列金翼型. 改变

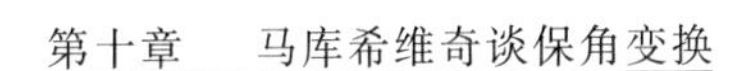

圆在点 $+1$ 的切线的倾斜角(图 25)和小圆半径,可以得到种种不同的翼型.特别在 φ 是直角时,就是说,大圆以 -1 到 $+1$ 的线段作直径时,对应的翼型是和实轴对称的(图 28).这种翼型有时候也叫儒科夫斯基舵.

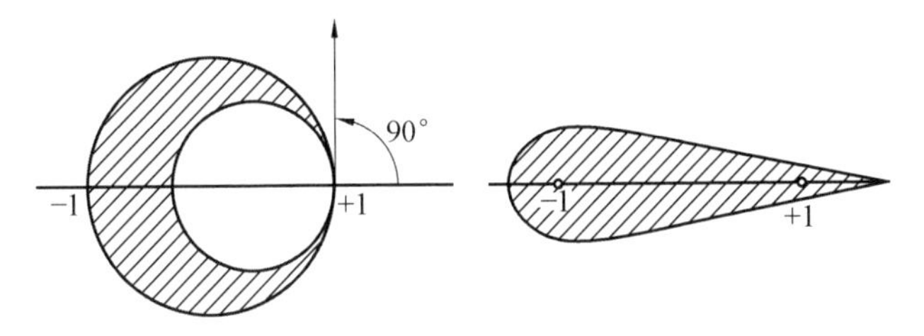

图 28

茹科夫斯基－查普列金翼型是有关机翼的一切理论研究的基本翼型.

曲面的保角变换

一

考虑由参数 X^1,X^2 表达的曲面 S：用矢量符号

$$\boldsymbol{r}=\boldsymbol{r}(X^1,X^2)$$

则高斯第一微分型

$$\mathrm{d}S^2=\mathrm{d}\boldsymbol{r}\cdot\mathrm{d}\boldsymbol{r}=g_{ik}\mathrm{d}x^i\mathrm{d}x^k,i,k=1,2$$

给了两个方向$(\mathrm{d}x^1,\mathrm{d}x^2)$与$(\delta x^1,\delta x^2)$，有两个切矢量

$$\mathrm{d}\boldsymbol{r}=\boldsymbol{r}_1\mathrm{d}x^1+\boldsymbol{r}_2\mathrm{d}x^2$$

$$\delta\boldsymbol{r}=\boldsymbol{r}_1\delta x^1+\boldsymbol{r}_2\delta x^2$$

式中

$$\boldsymbol{r}_1=\frac{\partial}{\partial x_1}\boldsymbol{r},\boldsymbol{r}_2=\frac{\partial}{\partial x_2}\boldsymbol{r}$$

则两个切矢量夹角的余弦等于

$$\cos\theta=\frac{g_{ik}\delta x^i\mathrm{d}x^k}{\sqrt{g_{ik}\delta x^i\delta x^k}\sqrt{g_{lm}\mathrm{d}x^l\mathrm{d}x^m}}\quad(1)$$

陈竞余教授考虑另一个由参数 u^1,u^2 表达的另一个曲面 Σ，它的高斯第一微分型可以写为

$$ds_1^2 = h_{ij}\,du^i du^j$$

现考虑一个适当的坐标变换

$$x^1 = x^1(u^1, u^2), x^2 = x^2(u^1, u^2)$$

则在 S 曲面上的弧元长度可以表为

$$ds^2 = g_{ik}\,dx^i dx^k = g_{ik}\frac{\partial x^i}{\partial u^m}\frac{\partial x^k}{\partial u^l}dx^m dx^l$$

$$i,k = 1,2; l,m = 1,2$$

如果

$$g_{ik}\frac{\partial x^i}{\partial u^l}\frac{\partial x^k}{\partial u^m} = [f(u^1, u^2)]^2 h_{lm} \cdots \tag{2}$$

那么能满足保角映射条件.（$f(u^1, u^2)$）为一待定函数).

在此条件下

$$ds^2 = f^2 ds_1^2$$

则两个切矢量的夹角的余弦可以写为

$$\cos\theta = \frac{g_{ik}\dfrac{\partial x^i}{\partial u^l}\dfrac{\partial x^k}{\partial u^m}\delta u^l du^m}{f^2 ds_1 \delta s_1} = \frac{h_{lm}\,du^m \delta u^l}{ds_1 \delta s_1}$$

即保持了两对应曲线间夹角不变.

1. 坐标变换方程的推导

由方程(2)

$$g_{ik}\frac{\partial x^i}{\partial u^l}\frac{\partial x^k}{\partial u^m} = f^2 h_{lm}$$

为简化起见,我们在两曲面上都选用正交坐标网,则当 $i \neq k$ 时,$g_{ik} = h_{ik} = 0$,则方程(2)可以重写为

$$g_{11}\frac{\partial x^1}{\partial u^1}\frac{\partial x^1}{\partial u^2} + g_{22}\frac{\partial x^2}{\partial u^1}\frac{\partial x^2}{\partial u^2} = 0 \tag{3}$$

$$g_{11}\left(\frac{\partial x^1}{\partial u^1}\right)^2 + g_{22}\left(\frac{\partial x^2}{\partial u^1}\right)^2 = f^2 h_{11} \tag{4}$$

$$g_{11}\left(\frac{\partial x^1}{\partial u^2}\right)^2 + g_{22}\left(\frac{\partial x^2}{\partial u^2}\right)^2 = f^2 h_{22} \tag{5}$$

由方程(4)及(5)两式消去 f^2,则得

$$\frac{g_{11}}{h_{11}}\left(\frac{\partial x^1}{\partial u^1}\right)^2 + \frac{g_{22}}{h_{11}}\left(\frac{\partial x^2}{\partial u^1}\right)^2 =$$

$$\frac{g_{11}}{h_{22}}\left(\frac{\partial x^1}{\partial u^2}\right)^2 + \frac{g_{22}}{h_{22}}\left(\frac{\partial x^2}{\partial u^2}\right)^2 \tag{6}$$

式(3)可以改写为

$$\frac{\partial x^1}{\partial u^1}\frac{\partial x^1}{\partial u^2} = -\frac{g_{22}}{g_{11}}\frac{\partial x^2}{\partial u^1}\frac{\partial x^2}{\partial u^2}$$

则

$$\frac{\partial x^1}{\partial u^2} = -\frac{g_{22}}{g_{11}}\frac{\dfrac{\partial x^2}{\partial u^1}\dfrac{\partial x^2}{\partial u^2}}{\dfrac{\partial x^1}{\partial u^1}} \tag{3'}$$

将式(3)代入式(6)

$$\frac{g_{11}}{h_{11}}\left(\frac{\partial x^1}{\partial u^1}\right)^2 + \frac{g_{22}}{h_{11}}\left(\frac{\partial x^2}{\partial u^1}\right)^2 =$$

$$\frac{g_{11}}{h_{22}}\left(\frac{g_{22}}{g_{11}}\right)^2 \frac{\left(\dfrac{\partial x^2}{\partial u^1}\right)^2\left(\dfrac{\partial x^2}{\partial u^2}\right)^2}{\left(\dfrac{\partial x^1}{\partial u^1}\right)^2} +$$

$$\frac{g_{22}}{h_{22}}\left(\frac{\partial x^2}{\partial u^2}\right)^2$$

将等式两端同乘$\left(\frac{\partial x^1}{\partial u^1}\right)^2$则得

$$\frac{g_{11}}{h_{11}}\left(\frac{\partial x^1}{\partial u^1}\right)^4 + \frac{g_{22}}{h_{11}}\left(\frac{\partial x^2}{\partial u^1}\right)\left(\frac{\partial x^1}{\partial u^1}\right)^2 =$$

$$\frac{g_{22}^2}{h_{22}g_{11}}\left(\frac{\partial x^2}{\partial u^1}\right)^2\left(\frac{\partial x^2}{\partial u^2}\right)^2 +$$

$$\frac{g_{22}}{h_{22}}\left(\frac{\partial x^2}{\partial u^2}\right)^2\left(\frac{\partial x^1}{\partial u^1}\right)^2$$

上式可化为

$$\frac{g_{11}}{h_{11}}\left(\frac{\partial x^1}{\partial u^1}\right)^4+\left[\frac{g_{22}}{g_{11}}\left(\frac{\partial x^2}{\partial u^1}\right)^2-\frac{g_{22}}{h_{22}}\left(\frac{\partial x^2}{\partial u^2}\right)^2\right]\left(\frac{\partial x^1}{\partial u^1}\right)^2-\frac{g_{22}^2}{h_{22}g_{11}}\left(\frac{\partial x^2}{\partial u^1}\right)^2\left(\frac{\partial x^2}{\partial u^2}\right)^2=0$$

以$\frac{h_{11}}{g_{11}}$乘以上式得

$$\left(\frac{\partial x^1}{\partial u^1}\right)^4+\left[\frac{g_{22}}{g_{11}}\left(\frac{\partial x^2}{\partial u^1}\right)^2-\frac{h_{11}g_{22}}{h_{22}g_{11}}\left(\frac{\partial x^2}{\partial u^2}\right)^2\right]\left(\frac{\partial x^1}{\partial u^1}\right)^2-\frac{g_{22}^2h_{11}}{h_{22}g_{11}^2}\left(\frac{\partial x^2}{\partial u^1}\right)^2\left(\frac{\partial x^2}{\partial u^2}\right)^2=0$$

上式可以进行因式分解

$$\left[\left(\frac{\partial x^1}{\partial u^1}\right)^2+\frac{h_{11}g_{22}}{h_{22}g_{11}}\left(\frac{\partial x^2}{\partial u^2}\right)^2\right]\cdot\left[\left(\frac{\partial x^1}{\partial u^1}\right)^2+\frac{g_{22}}{g_{11}}\left(\frac{\partial x^2}{\partial u^1}\right)^2\right]=0 \tag{6'}$$

首先由

$$\left(\frac{\partial x^1}{\partial u^1}\right)^2-\frac{h_{11}g_{22}}{h_{22}g_{11}}\left(\frac{\partial x^2}{\partial u^2}\right)^2=0$$

可得

$$\frac{\partial x^1}{\partial u^2}=\pm\sqrt{\frac{h_{11}g_{22}}{h_{22}g_{11}}}\ \frac{\partial x^2}{\partial u^2} \tag{7}$$

将式(7)代入式(3′)中得

$$\frac{\partial x^1}{\partial u^2}=\mp\sqrt{\frac{g_{22}h_{22}}{g_{11}h_{11}}}\ \frac{\partial x^2}{\partial u^1} \tag{8}$$

因而我们可以得到两组坐标变换方程

$$\begin{cases}\dfrac{\partial x^1}{\partial u^1}=\sqrt{\dfrac{h_{11}g_{22}}{h_{22}g_{11}}}\ \dfrac{\partial x^2}{\partial u^2}\\[2ex]\dfrac{\partial x^1}{\partial u^2}=-\sqrt{\dfrac{g_{22}h_{22}}{g_{11}h_{11}}}\ \dfrac{\partial x^2}{\partial u^1}\end{cases}\tag{10}$$

及

$$\begin{cases}\dfrac{\partial x^1}{\partial u^1}=-\sqrt{\dfrac{h_{11}g_{22}}{h_{22}g_{11}}}\ \dfrac{\partial x^2}{\partial u^2}\\[2ex]\dfrac{\partial x^1}{\partial u^2}=\sqrt{\dfrac{g_{22}h_{22}}{g_{11}h_{11}}}\ \dfrac{\partial x^2}{\partial u^1}\end{cases}\tag{11}$$

又将式(10)代入式(5)中

$$g_{11}\left(\frac{\partial x^1}{\partial u^2}\right)^2+\frac{g_{11}h_{22}}{h_{11}}\left(\frac{\partial x^1}{\partial u^1}\right)^2=f^2h_{22}$$

可得

$$f^2=g_{11}\left[\frac{1}{h_{11}}\left(\frac{\partial x^1}{\partial u^1}\right)^2+\frac{1}{h_{22}}\left(\frac{\partial x^1}{\partial u^2}\right)^2\right]\tag{12}$$

我们可以看到(10),(11),(12)三式中已包括了复变函数中的柯西－黎曼条件.

只要令 $X^1=u,X^2=v;u^1=x,u^2=y$ 均取平面直角坐标系,则 $g_{11}=g_{22}=h_{11}=h_{22}=1$,则上式变为我们所熟知的形式

$$\begin{cases}\dfrac{\partial u}{\partial x}=\dfrac{\partial v}{\partial y}\\[2ex]\dfrac{\partial u}{\partial y}=-\dfrac{\partial v}{\partial x}\end{cases}$$

及

$$\begin{cases}\dfrac{\partial u}{\partial x}=-\dfrac{\partial v}{\partial y}\\[2ex]\dfrac{\partial u}{\partial y}=-\dfrac{\partial v}{\partial x}\end{cases}$$

及

$$f^2=\left(\frac{\partial u}{\partial x}\right)^2+\left(\frac{\partial u}{\partial y}\right)^2=|\omega'(z)|^2$$

以上包括了第二类保角变换.

如果令 $u^1=r,u^2=\theta(r,\theta$ 为平面极坐标）代入式(10)，可得到用极坐标表示的柯西－黎曼条件，方程(10)和(11)就是从曲面到另一曲面的保角映射坐标变换方程.

方程(6′)还有另一组解，由

$$\left(\frac{\partial x^1}{\partial u^1}\right)^2+\left(\frac{\partial x^2}{\partial u^1}\right)^2\frac{g_{22}}{g_{11}}=0$$

可得

$$\begin{cases}\dfrac{\partial x^1}{\partial u^1}=\pm\mathrm{i}\sqrt{\dfrac{g_{22}}{g_{11}}}\dfrac{\partial x^2}{\partial u^1}\\[2ex]\dfrac{\partial x^1}{\partial u^2}=\mp\mathrm{i}\sqrt{\dfrac{g_{22}}{g_{11}}}\dfrac{\partial x^2}{\partial u^2}\end{cases}$$

还不知道这一组解有什么意义，因而舍去.

2. 拉普拉斯算子在曲面保角映射下保持不变性的证明

在曲面 Σ 上的弧元

$$\mathrm{d}s^2=h_{11}(\mathrm{d}u^1)^2+h_{22}(\mathrm{d}u^2)^2$$

令

$$h_1=\sqrt{h_{11}},h_2=\sqrt{h_{22}}$$

及在曲面 S 上的弧元

$$\mathrm{d}s^2=g_{11}(\mathrm{d}x^1)^2+g_{22}(\mathrm{d}x^2)^2$$

令

$$g_1=\sqrt{g_{11}},g_2=\sqrt{g_{22}}$$

则在曲面 Σ 上拉普拉斯算符用 $h\mathrm{i}$ 可以表示为

$$\nabla^2 V=\frac{1}{h_1h_2}\left[\frac{\partial}{\partial u^1}\left(\frac{h_2}{h_1}\frac{\partial v}{\partial u^1}\right)+\right.$$
$$\left.\frac{\partial}{\partial u^2}\left(\frac{h_1}{h_2}\frac{\partial v}{\partial u^2}\right)\right] \tag{13}$$

变换式(10) 可以改写为用 hi 及 gi 表示的形式

$$\begin{cases}\dfrac{\partial x^1}{\partial u^1}=\dfrac{h_1g_2}{h_2g_1}\dfrac{\partial x^2}{\partial u^2}\\ \dfrac{\partial x^1}{\partial u^2}=-\dfrac{g_2h_2}{g_1h_1}\dfrac{\partial x^2}{\partial u^1}\end{cases} \tag{10'}$$

当从曲面 Σ 坐标(u^1,u^2) 变换到 S 曲面坐标(X^1，X^2) 时，拉普拉斯算子的变换形式将由式(10′) 决定.

由于

$$\frac{\partial v}{\partial u^1}=\frac{\partial v}{\partial x^1}\frac{\partial x^1}{\partial u^1}+\frac{\partial v}{\partial x^2}\frac{\partial x^2}{\partial u^1}$$

利用式(10′) 上式可以写为

$$\frac{\partial v}{\partial u^1}=\frac{h_1g_2}{h_2g_1}\frac{\partial v}{\partial x^1}\frac{\partial x^2}{\partial u^2}-$$
$$\frac{g_1h_1}{g_2h_2}\frac{\partial v}{\partial x^2}\frac{\partial x^1}{\partial u^2}$$

又

$$\frac{\partial}{\partial u^1}\left(\frac{h_2}{h_1}\frac{\partial v}{\partial u^1}\right)=$$
$$\frac{\partial}{\partial u^1}\left(\frac{g_2}{g_1}\frac{\partial v}{\partial x^1}\frac{\partial x^2}{\partial u^2}-\frac{g_1}{g_2}\frac{\partial v}{\partial x^2}\frac{\partial x^1}{\partial u^2}\right)=$$
$$\frac{\partial x^1}{\partial u^1}\frac{\partial}{\partial x^1}\left(\frac{g_2}{g_1}\frac{\partial v}{\partial x^1}\frac{\partial x^2}{\partial u^2}-\frac{g_1}{g_2}\frac{\partial v}{\partial x^2}\frac{\partial x^1}{\partial u^2}\right)+$$
$$\frac{\partial x^2}{\partial u^1}\frac{\partial}{\partial x^2}\left(\frac{g_2}{g_1}\frac{\partial v}{\partial x^1}\frac{\partial x^2}{\partial u^2}-\frac{g_1}{g_2}\frac{\partial v}{\partial x^2}\frac{\partial x^1}{\partial u^2}\right)=$$
$$\frac{\partial x^2}{\partial u^2}\frac{\partial x^1}{\partial u^1}\frac{\partial}{\partial x^1}\left(\frac{g_2}{g_1}\frac{\partial v}{\partial x^1}\right)-$$

$$\frac{\partial x^1}{\partial u^2}\frac{\partial x^1}{\partial u^1}\frac{\partial}{\partial x^1}\left(\frac{g_1}{g_2}\frac{\partial v}{\partial x^2}\right)+$$

$$\frac{\partial x^2}{\partial u^2}\frac{\partial x^2}{\partial u^1}\frac{\partial}{\partial x^2}\left(\frac{g_2}{g_1}\frac{\partial v}{\partial x^1}\right)-$$

$$\frac{\partial x^1}{\partial u^2}\frac{\partial x^2}{\partial u^1}\frac{\partial}{\partial x^2}\left(\frac{g_1}{g_2}\frac{\partial v}{\partial x^2}\right)$$

同理对式(13) 后半部分可以写为

$$\begin{aligned}\frac{\partial}{\partial u^2}\left(\frac{h_1}{h_2}\frac{\partial v}{\partial u^2}\right)=&\frac{\partial x^1}{\partial u^1}\frac{\partial x^1}{\partial u^2}\frac{\partial}{\partial x^1}\left(\frac{g_1}{g_2}\frac{\partial v}{\partial x^2}\right)-\\&\frac{\partial x^2}{\partial u^1}\frac{\partial x^1}{\partial u^2}\frac{\partial}{\partial x^1}\left(\frac{g_2}{g_1}\frac{\partial v}{\partial x^1}\right)+\\&\frac{\partial x^1}{\partial u^1}\frac{\partial x^2}{\partial u^2}\frac{\partial}{\partial x^2}\left(\frac{g_1}{g_2}\frac{\partial v}{\partial x^2}\right)-\\&\frac{\partial x^2}{\partial u^1}\frac{\partial x^2}{\partial u^2}\frac{\partial}{\partial x^2}\left(\frac{g_2}{g_1}\frac{\partial v}{\partial x^1}\right)\end{aligned}$$

因而方程(13) 可以写为下列形式

$$\frac{g_2}{h_1h_2g_1}\left[\frac{h_1}{h_2}\left(\frac{\partial x^2}{\partial u^2}\right)^2+\frac{h_2}{h_1}\left(\frac{\partial x^2}{\partial u^1}\right)^2\right]\cdot$$
$$\left[\frac{\partial}{\partial x^1}\left(\frac{g_2}{g_1}\frac{\partial v}{\partial x^1}\right)+\frac{\partial}{\partial x^2}\left(\frac{g_1}{g_2}\frac{\partial v}{\partial x^2}\right)\right]$$

又由式(10′) 可得

$$\left(\frac{\partial x^2}{\partial u^2}\right)^2=\left(\frac{h_2g_1}{h_1g_2}\right)^2\left(\frac{\partial x^1}{\partial u^1}\right)^2$$

代入上式可得

$$\frac{g_2}{(h_1)^2g_1}\left[\left(\frac{g_1}{g_2}\right)^2\left(\frac{\partial x^1}{\partial u^1}\right)^2+\left(\frac{\partial x^2}{\partial u^1}\right)^2\right]\cdot$$
$$\left[\frac{\partial}{\partial x^1}\left(\frac{g_2}{g_1}\frac{\partial v}{\partial x^1}\right)+\frac{\partial}{\partial x^2}\left(\frac{g_1}{g_2}\frac{\partial v}{\partial x^2}\right)\right]$$

又由式(4) 可得

$$\left(\frac{g_1}{g_2}\right)^2\left(\frac{\partial x^1}{\partial u^1}\right)^2+\left(\frac{\partial x^2}{\partial u^1}\right)^2=f^2\left(\frac{h_1}{g_2}\right)^2$$

代入上式,最后将式(13) 化为

$$\frac{f^2}{g_1 g_2}\left[\frac{\partial}{\partial x^1}\left(\frac{g_2}{g_1}\frac{\partial v}{\partial x^1}\right)+\frac{\partial}{\partial x^2}\left(\frac{g_1}{g_2}\frac{\partial v}{\partial x^2}\right)\right]$$

从而证明了拉普拉斯算子在曲面保角变换下保持不变.

上面的证明,可以用来解曲面拉普拉斯问题或曲面泊松(Poisson) 问题. 事实上,只要将第二曲面化为平面,则可将任何一个曲面问题化为平面上的解,而平面上的解法在复变函数领域中已有十分完善的解决,所以曲面泊松问题可以得到完全的解决.

最后看一个例子:球面坐标与平面极坐标的保角变换.

设 $X^1=\rho, X^2=\varphi$ 为平面极坐标,则

$$\mathrm{d}s_1^2=(\mathrm{d}\rho)^2+\rho^2(\mathrm{d}p)^2$$

$$g_{11}=1, g_{22}=\rho^2$$

设 $u^1=\theta, u^2=\psi$ 为球面坐标,则

$$\mathrm{d}s_1^2=r^2(\mathrm{d}\theta)^2+r^2\sin^2\theta(\mathrm{d}\psi)^2$$

$$h_{11}=r^2, h_{22}=r^2\sin^2\theta$$

则式(10) 可以写为

$$\begin{cases}\dfrac{\partial\rho}{\partial\theta}=\dfrac{\rho}{\sin\theta}\dfrac{\partial\varphi}{\partial\psi} & (14)\\[2ex] \dfrac{\partial\rho}{\partial\psi}=-\rho\sin\theta\dfrac{\partial\varphi}{\partial\theta} & (15)\end{cases}$$

令 $\phi=\psi$,则式(14) 变为

$$\frac{\mathrm{d}\rho}{\mathrm{d}\theta}=\frac{\rho}{\sin\theta}$$

解

$$\ln\rho=\ln\tan\frac{\theta}{2}+C$$

其中，C为积分常量. 令$C=0$，$\rho=\tan\frac{\theta}{2}$，恰为大家已知的变换.

此解也能满足式(15).

利用式(11) 可得二类保角变换

$$\begin{cases}\dfrac{\partial\rho}{\partial\theta}=-\dfrac{\rho}{\sin\theta}\dfrac{\partial\varphi}{\partial\psi} & (14')\\ \dfrac{\partial\rho}{\partial\psi}=\rho\sin\theta\dfrac{\partial\varphi}{\partial\theta} & (15')\end{cases}$$

令 $\varphi=\psi$，得

$$\frac{\mathrm{d}\rho}{h\theta}=-\frac{\rho}{\sin\theta}$$

积分可得

$$\rho=\cot\frac{\theta}{2}$$

此解也能满足式(15′).

关于拟保角变换的几个定理

第十二章

1954 年 Y. Juve 曾经对满足一个积分条件的拟保角变换族建立了掩蔽定理,但证明似乎不严格. 1965 年中国科学院数学研究所的张广厚研究员给出了这一定理的证明,并指出用其方法可以推广某些其他的拟保角变换族,并对一类 $K-$ 拟保角变换族证明了一个偏差定理.

第一节　掩蔽定理

1. 设函数 $w=f(z)$ 在圆 $|z|<1$ 内连续、单叶且有连续偏导数,雅可比(Jacobi) 式 $j>0$. 我们称 $f(z)$ 属于函数族 S,若满足条件

$$f(0)=0$$

$$\lim_{z\to 0}|f(z)||z|^{\frac{-1}{D(0)}}=\alpha \quad (0<\alpha<+\infty)$$

$$\int_0^1 \left(\frac{1}{D(0)} - \frac{1}{\overline{D(r)}}\right)\frac{\mathrm{d}r}{r} \leqslant M$$

则称 $f(z)$ 属于函数族 S_0. 若满足条件

$$f(0)=0$$

$$\lim_{z\to 0} |f(z)|/|z|=1$$

$$\frac{1}{2\pi}\iint_{|z|<1}[D(z)-1]|z|^{-2}\mathrm{d}\sigma_z \leqslant M$$

则称 $f(z)$ 属于函数族 S_K,若满足条件

$$D(z)\leqslant K$$

$$f(0)=0$$

$$\lim_{z\to 0}|f(z)||z|^{-\frac{1}{K}}=\beta \quad (0<\beta<+\infty)$$

其中 M 是一正数,$D(z)$ 表示伸缩商

$$\overline{D(r)}=\frac{1}{2\pi}\int_0^{2\pi} D(r\mathrm{e}^{\mathrm{i}\theta})\mathrm{d}\theta$$

对于族 S(或 S_0;或 S_K) 中的每个函数 $w=f(z)$,它将圆 $|z|<1$ 变换成一个单连通区域 $\mathscr{D}$,则根据黎曼定理,可以唯一地确定一个函数 $w=\varphi_S(\zeta)$(或 $\varphi_0(\zeta)$;或 $\varphi_K(\zeta)$),它将圆 $|\zeta|<1$ 保角变换到 $\mathscr{D}$,且有 $\varphi_S(0)=0$(或 $\varphi_0(0)=0,\varphi'_0(0)>0$;或 $\varphi_K(0)=0,\varphi'_K(0)>0$).

引理 1　对 $\varphi'_S(0)$ 有估计:$\varphi'_S(0)\geqslant \alpha\mathrm{e}^{-M}$.

证明　在平面 ζ 上沿正实轴作一条割线,则在平面 z 上有一条相应割线 l. 作变换 $\omega=\log \zeta$,则圆 $|\zeta|<1$ 变为平面 ω 上的带形域. 再作变换 $\sigma=\log z$,则圆 $|z|<1$ 变为平面 σ 上的曲边带形域,其上、下边分别用 $t_2(s)$,$t_1(s)$ 表示(图 1).

显然,函数 $\omega=\omega(\sigma)$ 将直线段 $\overline{t_1(s),t_2(s)}$ 变为平面 ω 上的一条曲线,其长度大于 2π. 于是有

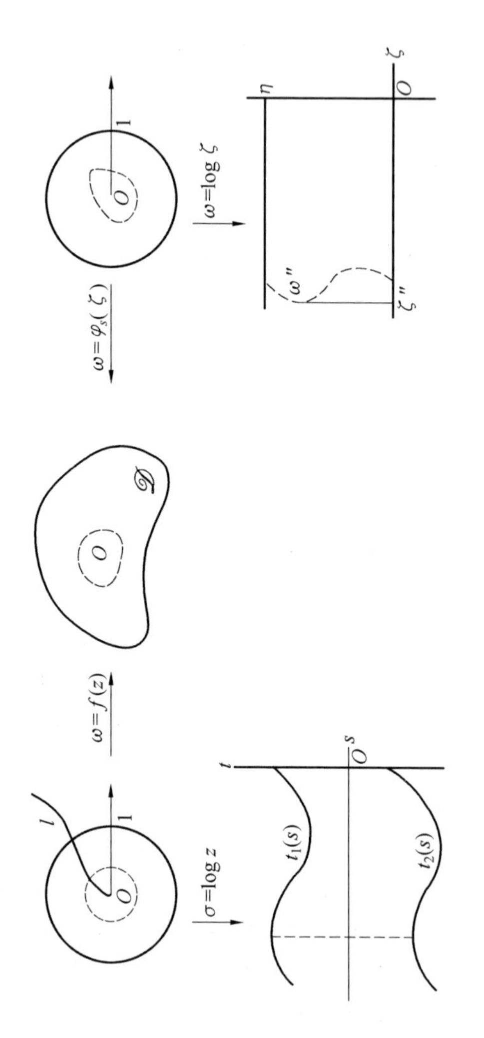

图 1

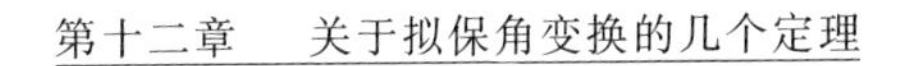

$$2\pi \leqslant \int_{t_1(s)}^{t_2(s)} \left|\frac{\partial \omega}{\partial t}\right| \mathrm{d}t \leqslant \int_{t_1(s)}^{t_2(s)} (D_{\sigma/\omega} \cdot J_{\sigma/\omega})^{\frac{1}{2}} \mathrm{d}t \leqslant$$

$$\int_{t_1(s)}^{t_2(s)} (D_{\sigma/z} D_{z/\omega} D_{\omega/\zeta} D_{\zeta/\omega} D_{\sigma/\omega})^{\frac{1}{2}} \mathrm{d}t$$

注意保角变换的伸缩商为1,则有

$$2\pi \leqslant \int_{t_1(s)}^{t_2(s)} (D_{z/\omega} \cdot J_{\sigma/\omega})^{\frac{1}{2}} \mathrm{d}t$$

两端取平方,再对右端应用闵可夫斯基不等式,又有

$$4\pi^2 \leqslant \int_{t_1(s)}^{t_2(s)} D_{z/\omega} \mathrm{d}t \int_{t_1(s)}^{t_2(s)} J_{\sigma/\omega} \mathrm{d}t =$$

$$\int_0^{2\pi} D_{z/\omega} \mathrm{d}\theta \int_{t_1(s)}^{t_2(s)} J_{\sigma/\omega} \mathrm{d}t \leqslant$$

$$2\pi \overline{D(r)} \int_{t_1(s)}^{t_2(s)} J_{\sigma/\omega} \mathrm{d}t$$

即有

$$\frac{1}{\overline{D(r)}} \leqslant \frac{1}{2\pi} \int_{t_1(s)}^{t_2(s)} J_{\sigma/\omega} \mathrm{d}t$$

又对两端求积分,则化为

$$\int_s^0 \frac{\mathrm{d}s}{\overline{D(r)}} \leqslant \frac{1}{2\pi} \int_s^0 \mathrm{d}s \int_{t_1(s)}^{t_2(s)} J_{\sigma/\omega} \mathrm{d}t$$

$$\frac{1}{2\pi} \int_s^0 \int_{t_1(s)}^{t_2(s)} J_{\sigma/\omega} \mathrm{d}s \mathrm{d}t$$

在平面 ω 上取一点 $\omega^* = \xi^* + \mathrm{i}\eta^*$,使得 $\xi^* = \min\limits_{t_1(s) \leqslant t \leqslant t_2(s)} \xi(s+\mathrm{i}t)$,再分别用 ζ^*,ω^* 表示平面 ζ 上和平面 ω 上的对应点,则求得

$$\int_r^1 \frac{1}{\overline{D(r)}} \frac{\mathrm{d}r}{r} \leqslant \frac{1}{2\pi}(-2\pi\xi^*) =$$

$$-\xi^* = -\log|\zeta^*|$$

两端同时加 $\frac{1}{D(0)} \log r$ 项,则可将上式化为

$$\log\left|\frac{\zeta^*}{\varphi_S(\zeta^*)} \cdot \frac{\omega^*}{r^{\frac{1}{D(0)}}}\right| \leqslant \int_r^1 \left(\frac{1}{D(0)} - \frac{1}{\overline{D(r)}}\right) \frac{\mathrm{d}r}{r}$$

令 $z \to 0$，则得

$$\log \frac{\alpha}{\varphi'_S(0)} \leqslant \int_0^1 \left(\frac{1}{D(0)} - \frac{1}{\overline{D(r)}} \right) \frac{\mathrm{d}r}{r} \leqslant M$$

此即有 $\varphi'_S(0) \geqslant \alpha \mathrm{e}^{-M}$. 于是引理得证.

根据引理 1，我们可以将保角变换的一些结果推广到函数族 S. 现在介绍几个定理如下：

定理 1(Juve)　若 $f(z) \in S$，则在平面 ω 上的象域必含有圆 $|\omega| \leqslant \frac{\alpha}{4} \mathrm{e}^{-M}$.

定理 2　若 $f(z) \in S$，且将圆 $|z| < 1$ 变为平面 ω 上的凸域，则像域必含圆 $|\omega| \leqslant \frac{\alpha}{4} \mathrm{e}^{-M}$.

定理 3　若 $f(z) \in S$，则平面 ω 上的象域掩蔽从 $\omega = 0$ 射出的任意 n 条等角射线中的一条长为 $\sqrt[n]{\frac{1}{4} \alpha \mathrm{e}^{-M}}$ 的线段.

若注意到条件

$$\int_0^1 \left(\frac{1}{K} - \frac{1}{\overline{D(r)}} \right) \frac{\mathrm{d}r}{r} \leqslant 0$$

则用类似于引理 1 的证明可得：

引理 2　对 $\varphi'_K(0)$ 有估计：$\varphi'_K(0) \geqslant \beta$.

显然，对函数族 S_K 也有相应的掩蔽定理.

2. 设函数 $w = f(z)$ 在圆 $|z| > 1$ 外连续、单叶且有连续偏导数，雅可比式 $J > 0$. 我们称 $f(z)$ 属于函数族 Σ，若满足条件

$$f(\infty) = \infty$$

$$\lim_{z \to 0} |f(z)| |z|^{-\frac{1}{D(0)}} = \alpha' \quad (0 < \alpha' < +\infty)$$

$$\int_1^{+\infty} \left(\frac{1}{D(0)} - \frac{1}{\overline{D(r)}} \right) \frac{\mathrm{d}r}{r} \leqslant M$$

称 $f(z)$ 属于函数族 Σ_K，若满足条件

$$D(z) \leqslant K; f(\infty) = \infty$$

$$\lim_{z \to 0} |f(z)||z|^{-\frac{1}{K}} = \beta' \quad (0 < \beta' < +\infty)$$

族 Σ(或 Σ_K) 中的每个函数 $\omega = f(z)$ 将区域 $|z| > 1$ 变换成一个单连通区域 $\mathscr{D}'$. 根据黎曼定理,可以唯一地确定一个函数 $\omega = \psi_\Sigma(\zeta)$(或 $\psi_K(\zeta)$),它将区域 $|\zeta| > 1$ 保角变换到 $\mathscr{D}'$,且在无穷远点邻域有展式

$$\psi_\Sigma(\zeta) = A\zeta + a_0 + a_1\zeta^{-1} + \cdots \quad (A > 0)$$

或

$$\psi_K(\zeta) = B\zeta + b_0 + b_1\zeta^{-1} + \cdots \quad (B > 0)$$

类似于引理 1 的证明,可以得到:

引理 3　对 A 有估计 $A \leqslant \alpha' e^M$.

引理 4　对 B 有估计 $B \leqslant \beta'$.

根据引理 3 及保角变换的结果,求得

定理 4　若 $f(z) \in \Sigma$,则平面 ω 上象域的境界点必位于圆 $|\omega - a_0| \leqslant 2\alpha' e^M$ 内.

显然,对函数族 Σ_K 当有相应结果.

第二节　偏差定理

1. 在考虑偏差定理之前,我们先证明:

引理 5[①]　对 $\varphi_0'(0)$ 有估计 $e^{-M} \leqslant \varphi_0'(0) \leqslant e^M$.

显然在引理 1 的证明中,若取 $D(0) = 1, \alpha = 1$,即得左端估计. 至于右端估计,可类似于以后偏差定理的证明中,对 $\lambda_{\tau/T}(0)$ 所作的估计而求得.

---

① 本引理根据 Letho 定理可以直接推得,且条件可大大减弱. 但是在本章形式下,可以有一个初等而又简单的证明. 另外,它已合乎本章需要.

其次，我们叙述施瓦兹引理的一个推广. 用 $v(r)$ 表示边界为圆周 $|z|=1$ 和线段 $0\leqslant x\leqslant r(r<1)$ 的二连通区域的模，这是一个单调减函数，现在用等式

$$v(\lambda(r))=\frac{1}{K}v(r)$$

来定义一个函数 $\lambda(r)$. J. Hersch 证明了如下定理：

定理 设函数 $\omega=f(z)$ 在圆 $|z|<1$ 内连续、单叶且有连续偏导数，雅可比式 $J>0$，且满足条件

$$D(z)\leqslant K;\ |f(z)|<1;f(0)=0$$

则有不等式

$$|f(z)|\leqslant\lambda(|z|)$$

2. 偏差定理.

设函数 $\omega=f(z)$ 在圆 $|z|<1$ 内连续、单叶且有连续偏导数，雅可比式 $J>0$，且满足条件：

(1) $D(z)\leqslant K$；

(2) $f(0)=0$；

(3) $\lim\limits_{z\to 0}|f(z)|/|z|=1$；

(4) $I_\alpha(z_0)=\dfrac{1}{2\pi}\iint\limits_{|z|<1}\dfrac{|\alpha(z)-\alpha(z_0)|}{|z-z_0|^2}\mathrm{d}\sigma_z\leqslant M$

$$I_\beta(z_0)=\frac{1}{2\pi}\iint\limits_{|z|<1}\frac{|\beta(z)-\beta(z_0)|}{|z-z_0|^2}\mathrm{d}\sigma_z\leqslant M$$

$$I_\gamma(z_0)=\frac{1}{2\pi}\iint\limits_{|z|<1}\frac{|\gamma(z)-\gamma(z_0)|}{|z-z_0|^2}\mathrm{d}\sigma_z\leqslant M$$

不等式对圆 $|z|<1$ 内任意一点 z_0 一致成立，则有估计式

$$\frac{(1-\lambda(|z|))^2}{K(1+|z|)(1+\lambda(|z|))^2}\mathrm{e}^{-3M(K^2+K+2)}\leqslant\left|\frac{\partial w}{\partial z}\right|\leqslant$$

$$\frac{K(1+\lambda(|z|))^2}{(1-|z|)(1-\lambda(|z|))^2}\mathrm{e}^{3M(K^2+K+2)}$$

其中 α,β,γ 是变换特征，M 是一正数.

证明　设 $\omega=f(z)$ 将圆 $G_z:|z|<1$ 变换为区域 G_ω，则根据黎曼定理，存在唯一的一个保角变换 $\omega=\varphi(\zeta)$，将圆 $G_\zeta:|\zeta|<1$ 变换为 G_ω，且有 $\varphi(0)=0$，$\varphi'(0)>0$. 现在在 G_z 内任取一点 z_0，设 ω_0,ζ_0 是平面 ω 上和平面 ζ 上的对应点. 作变换

$$\tau=(\zeta-\zeta_0)(1-\zeta_0\zeta)^{-1}$$

则 G_ζ 变换为圆 $G_\tau:|\tau|<1$，且点 ζ_0 变换为点 $\tau=0$. 又其逆变换为

$$\zeta=(\tau+\zeta_0)(1+\zeta_0\tau)^{-1}$$

另外，我们再作具有特征 $p_0,\theta_0;\alpha(z_0),\beta(z_0),\gamma(z_0)$ 的仿射变换 $T=T(z)$，若令 $z=x+\mathrm{i}y;T(z)=u+\mathrm{i}v$，则变换可写为

$$\begin{cases}u=\dfrac{1}{p_0}[(x-x_0)\cos\theta_0+(y-y_0)\sin\theta_0]\\ v=-(x-x_0)\sin\theta_0+(y-y_0)\cos\theta_0\end{cases}$$

它将 G_z 变换为椭圆 G_T，且有 $T(z_0)=0$. 另外，我们记椭圆的边界方程为 $r=r(\varphi)$.

显然，存在一个复合变换 $\tau=\tau(T)$，它将 G_T 变换为 G_τ，且有 $\tau(0)=0$.

以下我们用记号 Λ 和 λ 分别表示最大和最小伸长度

$$\Lambda_{\omega/z}(z)=\overline{\lim_{h\to 0}}\,|(f(z+h)-f(z))h^{-1}|$$

$$\lambda_{\omega/z}(z)=\underline{\lim_{h\to 0}}\,|(f(z+h)-f(z))h^{-1}|$$

则有明显不等式

$$\lambda_{\omega/\zeta}(0)\cdot\lambda_{\zeta/\tau}(0)\cdot\lambda_{\tau/T}(0)\cdot\lambda_{T/z}(z_0)\leqslant$$

$$\lambda_{\omega/z}(z_0)\leqslant\left|\frac{\partial f(z_0)}{\partial z}\right|\leqslant\Lambda_{\omega/z}(z_0)\leqslant$$

$\Lambda_{\omega/\zeta}(0)\cdot\Lambda_{\zeta/\tau}(0)\cdot\Lambda_{\tau/T}(0)\cdot\Lambda_{T/z}(z_0)$

现在我们依次进行估计：

a. 注意到 $\omega=\varphi(\zeta)$ 是保角变换，则有

$$\Lambda_{\omega/\zeta}=\lambda_{\omega/\zeta}=|\varphi'(0)|$$

于是根据保角变换的结果有

$$(1-|\zeta_0|)(1+|\zeta_0|)^{-3}\varphi'(0)\leqslant|\varphi'(\zeta_0)|\leqslant$$
$$(1+|\zeta_0|)(1-|\zeta_0|)^{-3}\varphi'(0)$$

回顾条件(3)，可判定 $D(0)=1$. 再计及

$$D(z)-D(0)\leqslant|\alpha(z)-\alpha(0)|+|\beta(z)-\beta(0)|+|\gamma(z)-\gamma(0)|$$

则再根据条件(4)，求得

$$\frac{1}{2\pi}\iint\limits_{|z|<1}(D(z)-1)|z|^{-2}\mathrm{d}\sigma_z\leqslant 3M$$

因之，引理 5 的条件被满足，故有

$$\mathrm{e}^{-3M}\leqslant\varphi'(0)\leqslant\mathrm{e}^{3M}$$

即得

$$\Lambda_{\omega/\zeta}(\zeta_0)\leqslant(1+|\zeta_0|)(1-|\zeta_0|)^{-3}\mathrm{e}^{3M}$$
$$\lambda_{\omega/\zeta}(\zeta_0)\geqslant(1-|\zeta_0|)(1+|\zeta_0|)^{-3}\mathrm{e}^{-3M}$$

b. 由于

$$\Lambda_{\zeta/\tau}(\tau)=\lambda_{\zeta/\tau}(\tau)=(1-|\zeta_0|^2)(1+\zeta_0\tau)^{-2}$$

则有

$$\Lambda_{\zeta/\tau}(0)=\lambda_{\zeta/\tau}(0)=1-|\zeta_0|^2$$

c. 显然有

$$\Lambda_{T/z}(z_0)=1,\lambda_{T/z}(z_0)=\frac{1}{p_0}$$

d. 最后我们寻求 $\Lambda_{\tau/T}(0)$ 和 $\lambda_{\tau/T}(0)$ 的估计. 首先根据 $\tau=\tau(T)$ 在 $T=0$ 点的邻域，将无穷小圆变换为无穷小圆，可以判定函数在点 $T=0$ 单演，此即有

$$\Lambda_{\tau/T}(0)=\lambda_{\tau/T}(0)=|\tau'(0)|, D_{T/\tau}(0)=1$$

其次，我们注意在变换 $T=T(z)$ 下，应有关系式

$$\begin{cases}\gamma_{T/\omega}=\gamma_{z/\omega}p_0\cos^2\theta_0-2\beta_{z/\omega}p_0\sin\theta_0\cos\theta_0+\\ \qquad \alpha_{z/\omega}p_0\sin^2\theta_0\\ \beta_{T/\omega}=\gamma_{z/\omega}\sin\theta_0\cos\theta_0+\beta_{z/\omega}\cos 2\theta_0-\\ \qquad \alpha_{z/\omega}\sin\theta_0\cos\theta_0\\ \alpha_{T/\omega}=\gamma_{z/\omega}p_0^{-1}\sin^2\theta_0+2\beta_{z/\omega}p_0^{-1}\sin\theta_0\cos\theta_0+\\ \qquad \alpha_{z/\omega}p_0^{-1}\cos^2\theta_0\end{cases}$$

于是有

$$\begin{aligned}|\gamma_{T/\omega}(T)-\gamma_{T/\omega}(0)|\leqslant p_0\{&|\gamma_{z/\omega}(z)-\gamma_{z/\omega}(z_0)|+\\ &|\beta_{z/\omega}(z)-\beta_{z/\omega}(z_0)|+\\ &|\alpha_{z/\omega}(z)-\alpha_{z/\omega}(z_0)|\}\end{aligned}$$

$$\begin{aligned}|\beta_{T/\omega}(T)-\beta_{T/\omega}(0)|\leqslant&|\gamma_{z/\omega}(z)-\gamma_{z/\omega}(z_0)|+\\ &|\beta_{z/\omega}(z)-\beta_{z/\omega}(z_0)|+\\ &|\alpha_{z/\omega}(z)-\alpha_{z/\omega}(z_0)|\end{aligned}$$

$$\begin{aligned}|\alpha_{T/\omega}(T)-\alpha_{T/\omega}(0)|\leqslant p_0^{-1}\{&|\gamma_{z/\omega}(z)-\gamma_{z/\omega}(z_0)|+\\ &|\beta_{z/\omega}(z)-\beta_{z/\omega}(z_0)|+\\ &|\alpha_{z/\omega}(z)-\alpha_{z/\omega}(z_0)|\}\end{aligned}$$

再计及

$$\begin{aligned}D_{T/\tau}(T)-D_{T/\tau}(0)\leqslant&|\alpha_{T/\tau}(T)-\alpha_{T/\tau}(0)|+\\ &|\beta_{T/\tau}(T)-\beta_{T/\tau}(0)|+\\ &|\gamma_{T/\tau}(T)-\gamma_{T/\tau}(0)|\leqslant\\ &|\alpha_{T/\omega}(T)-\alpha_{T/\omega}(0)|+\\ &|\beta_{T/\omega}(T)-\beta_{T/\omega}(0)|+\\ &|\gamma_{T/\omega}(T)-\gamma_{T/\omega}(0)|\end{aligned}$$

$$\mathrm{d}\sigma_T=\frac{\mathrm{d}\sigma_T}{\mathrm{d}\sigma_z}\cdot\mathrm{d}\sigma_z=p_0^{-1}\mathrm{d}\sigma_z$$

$$p_0^{-1}|z-z_0|\leqslant|T|\leqslant|z-z_0|$$

可以有

$$\frac{1}{2\pi}\iint_{G_T}(D_{T/\tau}-1)\mid T\mid^{-2}\mathrm{d}\sigma_T\leqslant$$

$$\frac{1}{2\pi}\iint_{G_z}\frac{1}{\mid z-z_0\mid^2 p_0^{-1}}\{(p_0+1+p_0^{-1})[\mid\gamma(z)-\gamma(z_0)\mid+$$

$$\mid\beta(z)-\beta(z_0)\mid+\mid\alpha(z)-\alpha(z_0)\mid]\}\frac{\mathrm{d}\sigma_z}{p_0}$$

于是根据条件(4)求得

$$\frac{1}{2\pi}\iint_{G_T}(D_{T/\tau}-1)\mid T\mid^{-2}\mathrm{d}\sigma_T\leqslant$$

$$3M(K^2+K+1)$$

以下我们估计 $\lambda_{\tau/T}(0)$：

在平面 T 上沿正实轴作割线，则在平面 τ 上有相应的割线 l. 作变换 $\sigma=\log T$，则将 G_T 变为平面σ 上的带形域，其相应于 $r=r(\varphi)$ 的边界为 $S(t)$. 再作变换 $\omega=\log\tau$，则将 G_τ 变为曲边带形(图 2).

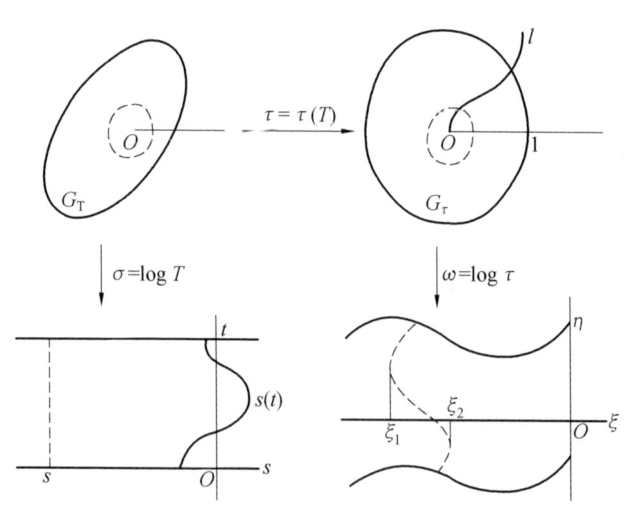

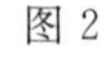

图 2

显然，函数 $\omega=\omega(\sigma)$ 将直线段$\overline{S,S(t)}$ 变为平面 ω 上的一条曲线，其长度大于 $-\zeta_1$，而 $\zeta_1=\max\limits_{0\leqslant t\leqslant 2\pi}\xi(s+\mathrm{i}t)$，于是有

$$-\xi_1\leqslant\int_S^{S(t)}\left|\frac{\partial\omega}{\partial S}\right|\mathrm{d}s\leqslant \int_S^{S(t)}(D_{\sigma/\omega}\cdot J_{\sigma/\omega})^{\frac{1}{2}}\mathrm{d}s= \int_S^{S(t)}(D_{T/\tau}\cdot J_{\sigma/\omega})^{\frac{1}{2}}\mathrm{d}s$$

对右端应用闵可夫斯基不等式，有

$$-\xi_1\leqslant\left(\int_S^{S(t)}D_{T/\tau}\mathrm{d}s\right)^{\frac{1}{2}}\left(\int_S^{S(t)}J_{\sigma/\omega}\mathrm{d}s\right)^{\frac{1}{2}}$$

两端积分，求得

$$-2\pi\xi_1\leqslant\int_0^{2\pi}\left(\int_S^{S(t)}D_{T/\tau}\mathrm{d}s\right)^{\frac{1}{2}}\left(\int_S^{S(t)}J_{\sigma/\omega}\mathrm{d}s\right)^{\frac{1}{2}}\mathrm{d}t$$

两端取平方，再次对右端应用闵可夫斯基不等式，则有

$$4\pi^2\xi_1^2\leqslant\int_0^{2\pi}\int_S^{S(t)}D_{T/\tau}\mathrm{d}s\mathrm{d}t\cdot\int_0^{2\pi}\int_S^{S(t)}J_{\sigma/\omega}\mathrm{d}s\mathrm{d}t$$

设

$$\xi_2=\min_{0\leqslant t\leqslant 2\pi}\xi(s+\mathrm{i}t),T=re^{\mathrm{i}\varphi}$$

则有

$$4\pi^2\xi_1^2\leqslant\int_0^{2\pi}\int_r^{r(\varphi)}D_{T/\tau}r^{-1}\mathrm{d}r\mathrm{d}\varphi\cdot(-2\pi\xi_2)$$

再记 $r(\varphi_*)=\max\limits_{\varphi}r(\varphi)$，又有

$$\xi_1^2\xi_2^{-1}\geqslant -(2\pi)^{-1}\left[\int_0^{2\pi}\int_r^{r(\varphi)}(D_{T/\tau}-1)r^{-1}\mathrm{d}r\mathrm{d}\varphi+ \int_0^{2\pi}\int_r^{r(\varphi)}\frac{\mathrm{d}r\mathrm{d}\varphi}{r}\right]\geqslant -(2\pi)^{-1}\iint\limits_{r\leqslant|T|\leqslant r(\varphi)}(D_{T/\tau}-1)\ |\ T\ |^{-2}\mathrm{d}\sigma_T-$$

$$\log r(\varphi_*) + \log r$$

设在平面 T 上，点 T_1 和 T_2 分别对应于平面 ω 上取值 ξ_1 和 ξ_2 的点，则上式可化为

$$\log\left|\frac{\tau(T_2)}{r}\right| r(\varphi_*) + 2\log\left|\frac{\tau(T_1)}{\tau(T_2)}\right| +$$

$$\log^2\left|\frac{\tau(T_1)}{\tau(T_2)}\right| \log^{-1} |\tau(T_2)| \geqslant$$

$$-\frac{1}{2\pi}\iint\limits_{r\leqslant|T|\leqslant r(\varphi)} (D_{T/\tau} - 1) |T|^{-2} \mathrm{d}\sigma_T$$

由于 $\tau = \tau(T)$ 在点 $T = 0$ 单演，故当 $r \to 0$ 时，求得

$$\log |\tau'(0)| r(\varphi_*) \geqslant$$

$$-\frac{1}{2\pi}\iint\limits_{G_T} (D_{T/\tau} - 1) |T|^{-2} \mathrm{d}\sigma_T \geqslant$$

$$-3M(K^2 + K + 1)$$

再计及 $r(\varphi_*) \leqslant 1 + |z_0|$，则有

$$\lambda_{\tau/T}(0) \geqslant (1 + |z_0|)^{-1} \mathrm{e}^{-3M(K^2+K+1)}$$

类似于引理 1 的证明，即可得到

$$\Lambda_{\tau/T}(0) \leqslant p_0 (1 - |z_0|)^{-1} \mathrm{e}^{3M(K^2+K+1)}$$

将 a,b,c,d 所得之估计代入原式，有

$$\frac{(1-|\zeta_0|)^2}{K(1+|z_0|)(1+|\zeta_0|)^2} \mathrm{e}^{-3M(K^2+K+2)} \leqslant$$

$$\left|\frac{\partial f(z_0)}{\partial z}\right| \leqslant$$

$$\frac{K(1+|\zeta_0|)^2}{(1-|z_0|)(1-|\zeta_0|)^2} \mathrm{e}^{3M(K^2+K+2)}$$

再应用推广后的施瓦兹引理，有

$$|\zeta_0| \leqslant \lambda(|z_0|)$$

代入上式，则定理得证.

第十三章 保角变换法变换函数的选择问题

保角变换对于拉普拉斯场的解析求解是一种好方法. 它可以使复杂的、场量未知的二维场的场图变成简单的、其场量已解出的或容易解出的二维场的场图,从而简化了电磁场的求解. 所以这种方法在电磁场中,特别是在研究电机中电磁场时获得普遍的应用.

保角变换最关键的问题是寻找一个合适的变换函数——复变函数. 至于如何去找变换函数,除多边形边界可以利用一个微分方程求出外,其他情形都依靠我们熟悉一些变换函数,了解了它们的 u=常数和 v=常数的图形后,对于给出的问题,就可以从中找到需要的变换函数. 其他的电磁场书中也有类似的说法. 事情并不这样被动,实际上, 对于一般边界的场，虽然不存在象施瓦兹公式解决多边形边界变换函数的统一方法，但由于各个复变函数均有自己所特有的性质，而变换函数选定的原则是力图使变换后的场图尽量简单，直到把场变成匀强场. 因此，已知一定形状的边界后，应选什么类型的变换函数仍然具有某些规律性. 陆承祖教授对寻找变换函数的规律性问题作过一些分析.

1. 线性函数

$$W = az + b \tag{1}$$

其中 a，b 为复常数. 这一函数可表示为

$$W = re^{ja} + b \tag{2}$$

这个变换可分三步完成，即(1) $W_1 = rz$，(2) $W_2 = W_1 e^{ja}$，(3) $W = W_2 + b$. 由此可见，将点 Z 变成点 W 用线性变换实现时，进行了下列变换：(1) 以 r 为相似系数的相似变换；(2) 绕原点旋转 α 角；(3) 利用对应于复数 b 的向量作平移变换，如图 1. 因此我们得出结论：线性变换只是把平面 Z 上的图形变换为平面 W 上它的相似形. 它不能使复杂的场图变为简单的场图，单

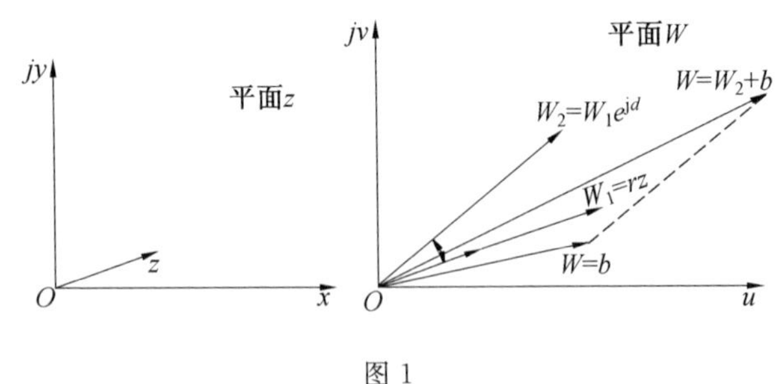

图 1

独使用它对研究二维场没有什么帮助. 这就排除了在电磁场的研究中单独使用线性变换的可能性.

2. 幂函数和根式函数

$$W = Z^m \tag{3}$$

这个函数可以表示为

$$W = Z^n = (re^{j\theta})^n = r^n e^{jn\theta} \tag{4}$$

从式(4)看出幂函数把复变函数的幅角从平面 Z 变到平面 W 上时放大了 n 倍,而根式函数把复变函数的幅角从平面 Z 上变到平面 W 上时缩小了 n 倍.

在电磁场中,常常遇到边界是成$\frac{\pi}{2}$整数倍或任意角 α 的情形. 要求解这种边界条件下场的分布和在这种边界条件下应用镜像法求解场都是很困难的,有些甚至是不可能的,但若将边界变换成平面(二维场图上表示为直线)边界来求解,那就容易得多了. 这里分两种情况:

(1) 当平面 Z 上边界交角为$\frac{\pi}{2}$的整数倍(n' 倍)时,如图 2,则由

$$\overline{W} = r^n e^{jnn'\frac{\pi}{2}} = r^n e^{j\pi}$$

得

$$n = \frac{2}{n'}$$

(2)θ 为任意角 α 时,利用 $W = Z^{\frac{\pi}{\alpha}} = r^{\frac{\pi}{\alpha}} e^{j\pi}$,变成平面 W 的直线边界,如图 3.

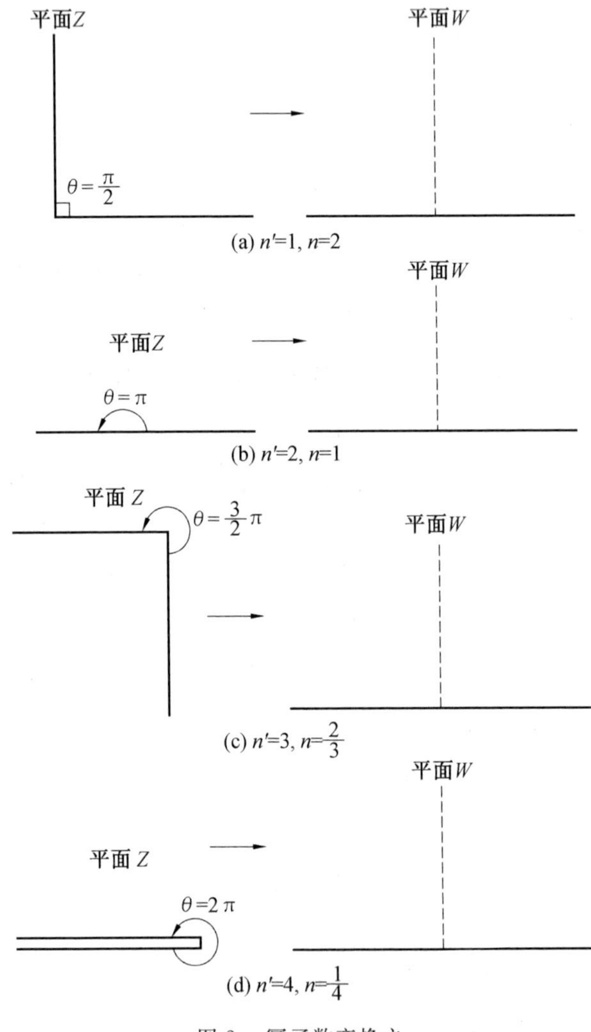

平面Z
$\theta=\frac{\pi}{2}$
平面W
(a) $n'=1$, $n=2$
平面Z
$\theta=\pi$
平面W
(b) $n'=2$, $n=1$
平面 Z
$\theta=\frac{3}{2}\pi$
平面W
(c) $n'=3$, $n=\frac{2}{3}$
平面 Z
$\theta=2\pi$
平面W
(d) $n'=4$, $n=\frac{1}{4}$

图 2　幂函数变换之一

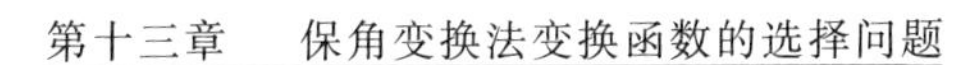

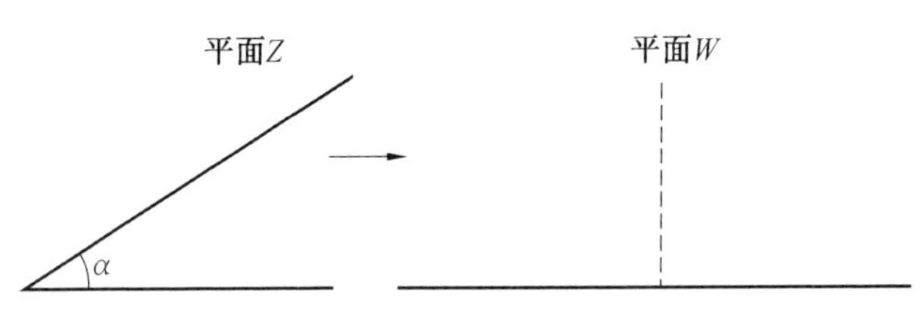

图 3　幂函数变换之二

从上面的讨论可知,平面 Z 上夹角为$\frac{\pi}{2}$ 整数(n')倍的边界,通过函数 $W=Z^n$,并令 $n=\frac{2}{n'}$ 的变换后,均可变为平面 W 上的直线边界;而平面 Z 上交任意角 α 的边界在通过函数 $W=Z^{\frac{\pi}{\alpha}}$ 的变换后变成了平面 W 上的直线边界.

由此可得结论:幂函数或根式函数可将平面 Z 上角形的边界变成平面 W 上的直线边界,因此等位的角形边界的电磁场问题取幂函数或根式函数变换. 这种变换把角形边界的非匀强场变成匀强场.

例如,无限大带电半平面导体边缘的电场是非匀强场,它的求解是很困难的,若能变成匀强电场,求解当然很容易了,在这里我们要将原来夹角为 2π 的等电位边界变成直线边界,这是一个边界为$\frac{\pi}{2}$ 整数倍的缩小边界夹角的变换问题,当然用根式函数. 其根指数为

$$n=\frac{2}{n'}=\frac{1}{2}$$

于是变换函数为

$$W=Z^{\frac{1}{2}} \tag{5}$$

这个函数可表示为

$$W=u+jv=(x+jy)^{\frac{1}{2}}=$$

$$\sqrt{\frac{\sqrt{x^2+y^2}+x}{2}}+j\sqrt{\frac{\sqrt{x^2+y^2}-x}{2}} \qquad (6)$$

在平面 W 上的场是匀强场，其等位线为 $v=$常数. 其电力线为 $u=$常数. 再把此结果变回到平面 Z 上，我们就得到这种场的分布，其结果应该是

$$y^2=-Ax^2+B=-2P_1(x-a)\text{（电力线）}$$

$$y^2=Cx^2+D=2P_2(x+a)\text{（等位线）}$$

它们都是抛物线，如图 4(c) 所示.

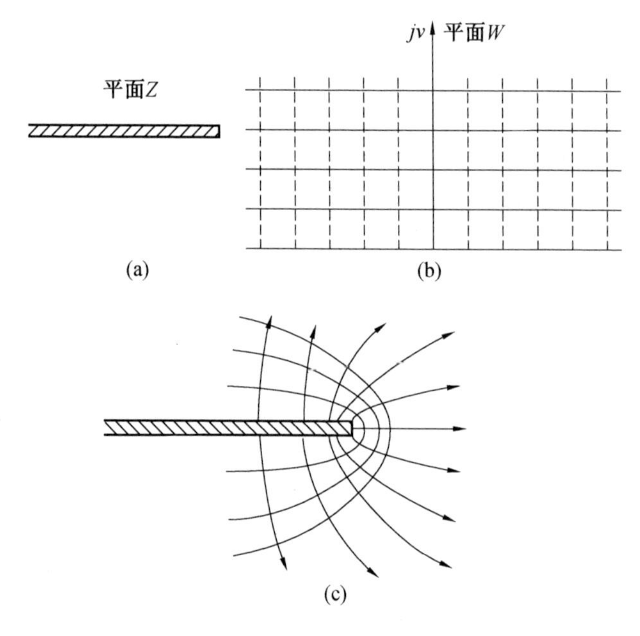

图 4　幂函数变换之三

又如，要求在有直角棱的占 1/4 空间导体前放置一根带电量为 $+\tau$ 的导线的电场分布（图 5）.

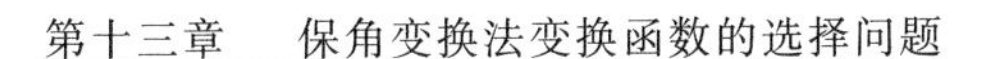

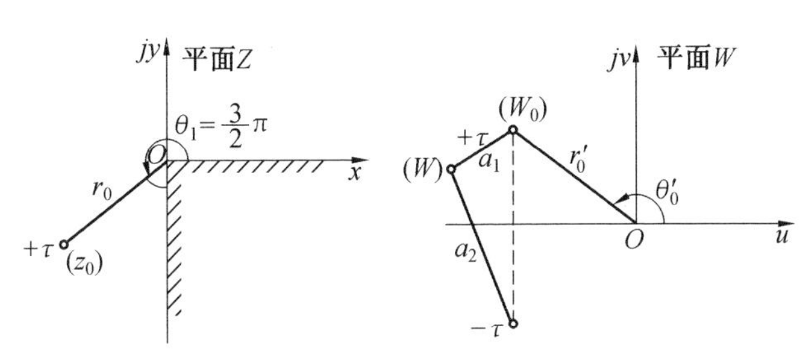

图 5　幂函数变换之四

这个问题直接求解很困难,应用镜像法在目前情况下也是不可能的.若应用根式变换,把平面 Z 上夹角为 $\frac{3}{2}\pi$ 的边界变成平面 W 上的直线边界,就可以应用简单的平面导体镜像法求解了.这里 $\alpha=\frac{3}{2}\pi,\frac{\pi}{\alpha}=\frac{2}{3}$ 所以变换函数为

$$W=Z^{\frac{\pi}{\alpha}}=Z^{\frac{2}{3}} \tag{7}$$

这个函数可表示为

$$W=r'\mathrm{e}^{j\theta'}=(r\mathrm{e}^{j\theta})^{\frac{2}{3}}=r^{\frac{2}{3}}\mathrm{e}^{j\frac{2}{3}\theta}$$

所以 $r'=r^{\frac{2}{3}},\theta'=\frac{2}{3}\theta$.当 $\theta=\frac{3}{2}\pi$ 时,$\theta'=\pi$.

从上面可以看出,函数 $W=Z^{\frac{2}{3}}$ 把平面 Z 上夹角 $\theta_0=\frac{3}{2}\pi$ 的边界转换成了平面 W 上的直线边,应用镜像法可以得到在平面 W 上任意一点的电位为

$$\varphi=\frac{\tau}{2\pi\varepsilon_0}\ln\frac{a_2}{a_1} \tag{8}$$

其中

$$a_1=|W-W_0|,a_2=|W-W_0^*|$$

上述结果变回平面 Z,就得到这个问题的解答

$$a_1 = | r^{\frac{2}{3}} e^{j\frac{2}{3}\theta} - r_0^{\frac{2}{3}} e^{j\frac{2}{3}\theta_0} | =$$

$$\sqrt{(r^{\frac{2}{3}} \cos \frac{2}{3}\theta - r_0^{\frac{2}{3}} \cos \frac{2}{3}\theta_0)^2 + (r^{\frac{2}{3}} \sin \frac{2}{3}\theta - r_0^{\frac{2}{3}} \sin \frac{2}{3}\theta_0)^2} \tag{9}$$

$$a_2 =$$

$$\sqrt{(r^{\frac{2}{3}} \cos \frac{2}{3}\theta - r_0^{\frac{2}{3}} \cos \frac{2}{3}\theta_0)^2 + (r^{\frac{2}{3}} \sin \frac{2}{3}\theta + r_0^{\frac{2}{3}} \sin \frac{2}{3}\theta_0)^2} \tag{10}$$

其中 r_0,θ_0 都为已知数,r,θ 为平面 Z 中给定点的极坐标,将式(9)、(10) 代入式(8) 中,得电位的表达式.

3. 对数函数

$$W = A\ln Z \tag{11}$$

令

$$Z = re^{j\theta}$$

则

$$W = u + jv = A(\ln r + j\theta) = A\ln r + jA\theta \tag{12}$$

由式(12) 得

$$u = A\ln r \tag{13}$$

$$v = A\theta \tag{14}$$

从式(13) 可见,当 r 一定时,u 为恒定,r 一定是平面 Z 上的圆,u 为定值是平面 W 上平行于虚轴的直线,因此对数函数变换的第一个功能是将平面 Z 上的圆变成平面 W 上的直线;从式(14) 可见,当 θ 一定时,v 为恒定,θ 一定是平面 Z 上从一点发出的射线,v 恒定是平面 W 上平行于实轴的直线,因此,对数变换的第二个功能是将由一点发出的射线变换成平面 W 上的平行线.

在电场和磁场中，有一种类型场的等位线为同心圆或同心圆的一部分，另有一种场的等位线是由一点发出的射线，前者的通量线是由圆心发出的射线，后者的通量线是以射线出发点为圆心的同心圆．对数变换把它们变成互相垂直的平行线，即对数变换把平面 Z 上的非匀强场变换成了平面 W 上的匀强场．

由此得出结论，对于以圆为等位线和以一发出的射线为等位线的场，其保角变换取对数变换，对数变换把这种平面 Z 上的非匀强场变换成了平面 W 上的匀强场．

例如图 6 所示的 A，B 两半无限大的金属板，它们在坐标原点由极薄的绝缘层隔开，两者的电位差为 U_0，要求此二极间上半空间任一点 P 的电位．

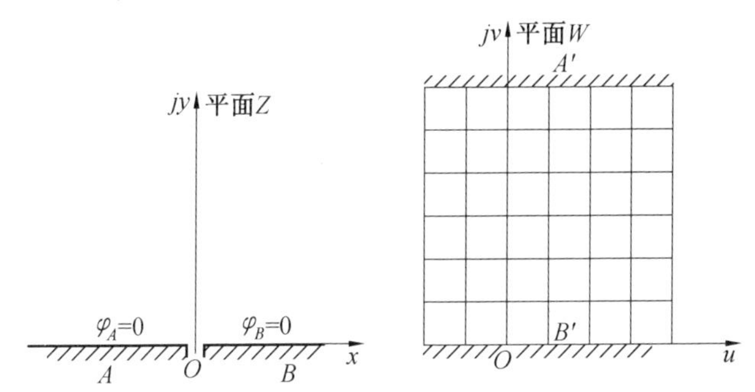

图 6　对数变换之一

因为 $\theta=$定值($\theta_1=0,\theta_2=\pi$)是两个等位面，所以这种场的等位面显然属于由一点发出的射线这一类型，而电力线是以 O 为圆心的同心半圆．因此取对数变换，即

$$W=u+jv=A\ln r+jA\theta \tag{15}$$

由式(15)得

$$u=A\ln r, v=A\theta$$

平面 Z 上 $\theta=0$ 和 π 分别换成了平面 W 上的 $v=0$ 和 π，很明显 $A=\frac{U_0}{\pi}$. 在平面 W 上场是匀强的，所以其电位为

$$\varphi=Ed=Ev=\frac{U_0}{\pi}v$$

变回平面 Z，由于 $v=\theta$，故点 P 的电位为

$$\varphi=\frac{U_0}{\pi}\theta$$

场强

$$\boldsymbol{E}=-\Delta\varphi=-\frac{1}{r}\frac{\partial\varphi}{\partial\theta}\boldsymbol{\theta}_0=-\frac{U_0}{\pi r}\boldsymbol{\theta}_0$$

从上式也可知，该场的电力线是以点 O 为圆心的同心半圆.

又如要求扇形电阻片的电阻(图 7(a)). A，B 是成 $90°$ 夹角的两块良导体电极，电阻片的厚度为 d，电导率为 γ.

因为 A，B 是等位面，因此这个问题中的等位面是由一点发出的射线，而线 $\boldsymbol{E}$ 是以该点为圆心同心圆的 1/4，应取对数变换，即

$$WA\ln Z=A\ln(re^{j\theta})=A\ln r+jA\theta=u+jv$$

所以

$$u=A\ln r, v=A\theta$$

由 $\theta=\frac{\pi}{2}$ 时，$v=\varphi_B=U_0$，得

$$A=\frac{2U_0}{\pi}$$

由此得

$$u=\frac{2U_0}{\pi}\ln r, u=\frac{2U_0}{\pi}\theta$$

当 $r=r_1$ 时，$u=A\ln r_1=\frac{2U_0}{\pi}\ln r_1$ 它代表与 v 轴平行，距离为 $\frac{2U_0}{\pi}\ln r_1$ 的直线；

当 $r=r_2$ 时，$u=\frac{2U_0}{\pi}\ln r_2$ 它代表与 v 轴平行，距离为 $\frac{2U_0}{\pi}\ln r_2$ 的直线.

令 $\theta=0$ 时，$v=0$，所以 $v=0$ 时，$\varphi'_A=0$；令 $\theta=\frac{\pi}{2}$ 时，$v=\frac{\pi}{2}$，所以 $v=\frac{\pi}{2}$ 时，$\varphi'_B=U_0$.

这样平面 Z 上的扇形区域（图 7(a)）变成了平面 W 上竖直于 u 轴上的矩区域（图 7(b)）的匀强恒定电场（场强 $\boldsymbol{E}=\frac{U_0}{d}=\frac{U_0}{v_\beta}=\frac{2U_0}{\pi}$）.

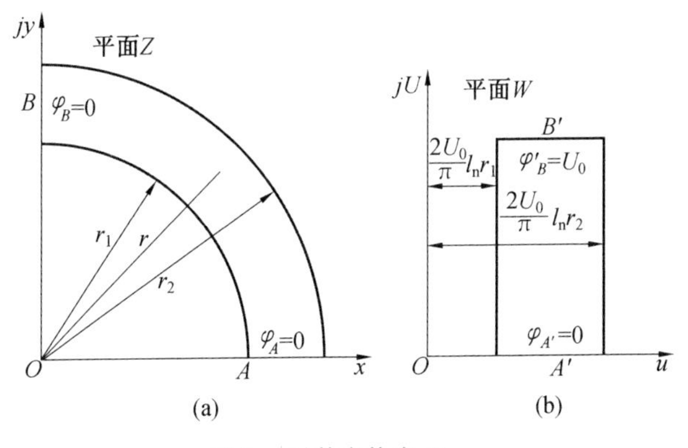

图 7　对数变换之二

这里的 $u=\frac{2U_0}{\pi}\ln r$ 是 $\boldsymbol{E}$ 的通量函数，它代表通过

长为 $\ln r$ 沿垂直 u,v 平宽为单位长的面上的 $\boldsymbol{E}$ 通量，所以通过导电金属片的电流 I 为

$$I=\delta s=\gamma Es=\gamma\frac{2U_0}{\pi}\mathrm{d}(\ln r_2-\ln r_1)=\frac{U_0}{\pi}\gamma\mathrm{d}\ln\frac{r_2}{r_1}$$

导电片的电阻

$$R=\frac{U_0}{I}=\frac{\pi}{2\gamma\mathrm{d}\ln\frac{r_2}{r_1}}$$

4. 反演变换

$$W=\frac{1}{Z}\tag{16}$$

将上式分母有理化后得

$$u=\frac{x}{x^2+y^2},v=\frac{y}{x^2+y^2}$$

上两式也可写成

$$\left(x-\frac{1}{2u}\right)^2+y^2=\left(\frac{1}{2u}\right)^2\tag{17}$$

及

$$x^2+\left(y+\frac{1}{2v}\right)^2=\left(\frac{1}{2v}\right)^2\tag{18}$$

当 u 和 v 为常数时分别表示平面 W 上平行于横轴和纵轴的直线，而从上两式看 u 和 v 为常数时分别表示半径为 $\frac{1}{2u}$，圆心在 $\left(\frac{1}{2u},0\right)$ 处和半径为 $\frac{1}{2v}$，圆心在 $\left(0,-\frac{1}{2v}\right)$ 处的圆族. 很明显，这两组圆族都是与坐标轴在原点相切的. 这表示平面 Z 上与坐标轴在原点相切的圆族，反演变换可将其变成平面 W 上一族与坐标

轴相平行的直线.

由此可以得出结论：凡是场图中等位线和通量线是两族圆心分别在 x 轴和 y 轴上并与坐标轴在原点相切的圆族，均可采用反演变换. 反演变换使这种非匀强场变成匀强场. 偶极子场的研究就可以用反演变换，这种变换使其成为平面 W 上的匀强场，从而简化了这种场的研究，如图 8 所示.

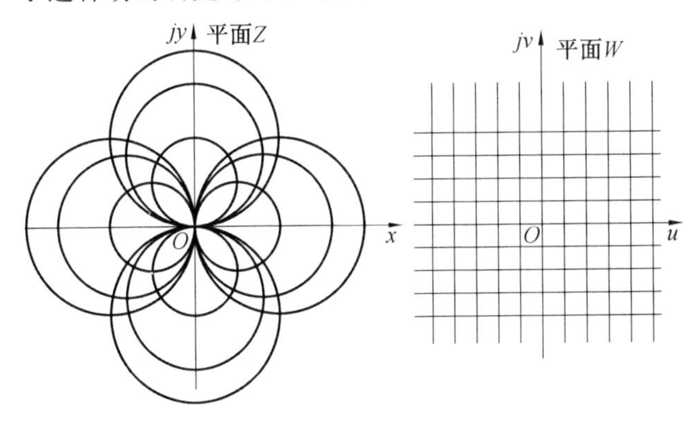

图 8　反演变换

5. 三角函数

$$W=\sin Z(\text{或 } W=\cos Z) \tag{19}$$

$$\begin{aligned} W=\sin Z=\sin(x+jy)= \\ \sin x\cosh y+j\cos x\sinh y= \\ u+jv \end{aligned}$$

$$u=\sin x\cosh y, v=\cos x\sinh y$$

由上两式可得

$$\frac{u^2}{\cosh^2 y}+\frac{v^2}{\sinh^2 y}=1 \tag{20}$$

或

$$\frac{u^2}{\sin^2 y}-\frac{v^2}{\cos^2 y}=1 \tag{21}$$

当 y 和 x 分别为定值时,上两式分别为椭圆和双曲线,而 y 等于定值是平行于横轴的直线,x 轴为定值是平行于纵轴的直线,可见,三角函数 $W=\sin Z$ 把平面 W 上的一个椭圆变成平面上平行于 x 轴的直线,把双曲线变成平行于 y 轴的直线.

由此得出结论:边界为椭圆(或双曲线)或等位线为椭圆(或双曲线)应用三角函数 $W=\sin Z$(或 $\cos Z$),这个变换把非匀强场变成了匀强场.

6. 分式线性变换

$$W=\frac{aZ+b}{cZ+d} \tag{22}$$

其中,a,b,c,d 为复常数,且 $ab-cd\neq 0$.

分式线性变换的特点:1. 圆保持为圆;2. 对称点保持为对称点. 由于直线可视为半径为 ∞ 的圆,故分式线性变换可使其变成圆.

由于这些特性,分式线性变换可以实现下面两个对电场和磁场求解很有用的变换:

(1) 把整个平面 Z 的上半平面变到平面 W 上单位圆的内部,且把上半平面上任意一点 $Z=\alpha(\mathrm{Im}\,\alpha>0)$ 变到$W=0$,而把其反演点 $Z=\alpha$ 的点变成 $W=\infty$,只要具有如下类型的变换函数

$$W=\frac{Z-\alpha}{Z-\bar{\alpha}} \tag{23}$$

(2) 把平面 Z 上圆的内部变到平面 W 上圆的内部或圆的外部,并且把 $Z-\alpha$ 的点变到 $W-0$ 的点,而将

其反演点 $Z=\frac{1}{\bar{\alpha}}$($\bar{\alpha}$ 为 α 的共轭复数)变成无穷远点,只要有如下的变换函数

$$W=\frac{Z-\alpha}{Z-\frac{1}{\bar{\alpha}}} \tag{24}$$

式(24)告诉我们,平面 Z 上有公共反演点对的圆,分式线性变换可以把它们变成 $W=0$ 的同心圆,而将其反演点变成平面 W 上的无穷远点.其中 α 是平面 Z 上反演点对的两点之一离坐标原点的距离.因此分式线性变换可将非同心的圆形边界变成同心的圆形边界,并把平面 Z 上某些特殊点(例如电荷所在的位置)变成平面 W 上的同心圆或单位圆的圆心,而它们的反演点均变为平面 W 上的无穷远点.

由此可以得出结论:分式线性变换适用于求具有公共反演点对的非同心的圆形边界的二维场,这种变换把它们从平面 Z 上的非同心圆边界变成同心圆边界,使场的计算大为简化;分式线性变换也适用于求圆形的或直线的边界,且位于边界两边对称位置上场源其中一个是另一个镜像的场,这种变换把其中一个场源甩到无穷远处,从而在求解场时只需考虑一个场源产生的场.

例如,要计算不同轴、不同半径、互相平行的导体单位长度上的电容.这个问题的求解可采用分式线性变换,把它变成求同轴圆柱形电容器的电容.

这是一个二维场问题,为此我们把圆柱体的截面放在平面 Z 上,并设其原点与 l_1 的同心圆相重合,如图 9 所示.为了求得变换函数,先要求出这个圆的公共反演点对,设它们离原点分别为 x_1 和 x_2,则由式(24)得

到将 l_1，l_2 变为圆心为 $W=0$ 的圆 l_1' 和 l_2' 的分式线性变换式为

$$W=\frac{Z-x_1}{Z-x_2} \tag{25}$$

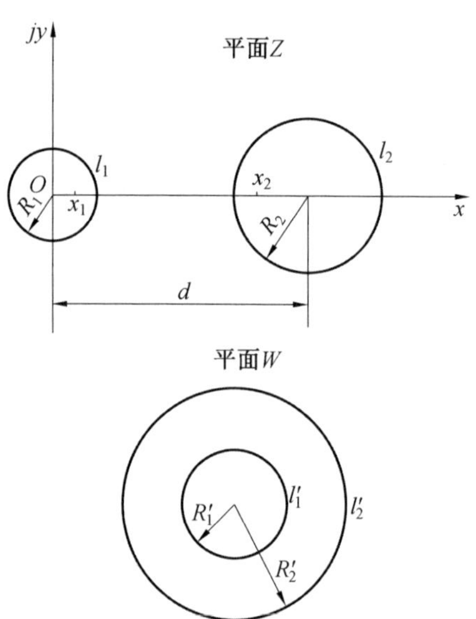

图 9　分式线性变换之一

这样上述问题变成了求平面 W 上圆柱形电容器单位长度上的电容，这是我们所熟悉的问题，它等于

$$C_0=\frac{2\pi\varepsilon_0}{\ln\dfrac{R_2'}{R_1'}}$$

现在我们把获得的结果变回平面 Z，就能得到问题的解答，为此必须求出 x_1 和 x_2，它们可以由下面的关系求得

$$x_1\cdot x_2=R_1^2$$
$$(d-x_2)(d-x_1)=R_2^2$$

同时由

$$R_1'=\left|\frac{R_1+x_1}{R_1+x_2}\right| \text{和} R_2'=\left|\frac{d+R_2-x_1}{d+R_2-x_2}\right|$$

求得

$$\frac{R_2'}{R_1'}=\frac{d^2-R_1^2-R_2^2}{2R_1R_2}+\sqrt{\left(\frac{d^2-R_1^2-R_2^2}{2R_1R_2}\right)^2-1}$$

于是单位长度上的电容

$$C_0=\frac{2\pi\varepsilon_0}{\ln\left(\frac{d^2-R_1^2-R_2^2}{2R_1R_2}\right)+\sqrt{\left(\frac{d^2-R_1^2-R_2^2}{2R_1R_2}\right)^2-1}}$$

又如，在无限大导体平面上方空气中平行地放一根带电量为 $+\tau$ 的线电荷，如图 10 所示.

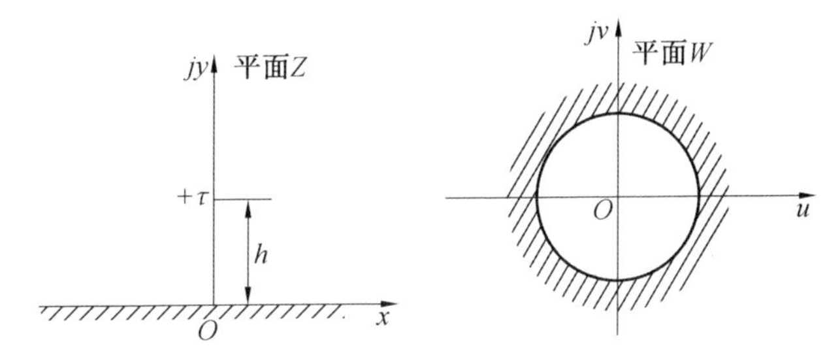

图 10　分式线性变换之二

根据式(23)，这个问题的变换式为

$$W=\frac{Z-jh}{Z+jh} \tag{26}$$

分式线性变换(26)把平面 Z 上的直线边界(x 轴)变成平面 W 上的单位圆边界，把平面 Z 的上半平面变成了平面 W 单位圆内部场域，而把电荷所在的位置 $Z=jh$ 变成平面 W 上单位圆的圆心，其像电荷所在位置从平面 Z 上的$(0,-jh)$变到了平面 W 上的无穷远处. 这样求解场时只需考虑一个电荷就可以了. 其任

意一点的电位表达式为

$$\varphi=\frac{\tau}{2\pi\varepsilon_0}\ln\frac{1}{|\rho|}$$

当我们把平面 W 上的电位表达式变回到平面 Z 时,我们就得到了该场中电位的分布,平面 Z 上任意一点(Z) 对应平面 W 上一点(W) 并有

$$|\rho|=\left|\frac{Z-jh}{Z+jh}\right|=\left|\frac{x+j(y-h)}{x+j(y+h)}\right|=\frac{\sqrt{x^2+(y-h)^2}}{\sqrt{x^2+(y+h)^2}}$$

任意一点的电位为

$$\varphi=\frac{\tau}{2\pi\varepsilon_0}\ln\frac{\sqrt{x^2+(y-h)^2}}{\sqrt{x^2+(y+h)^2}}$$

分式线性变换还能以较简单的过程求解一接地圆柱导体前放一单位长度上带 $+\tau$ 电量的线电荷导体外空间场的分布(图 11).

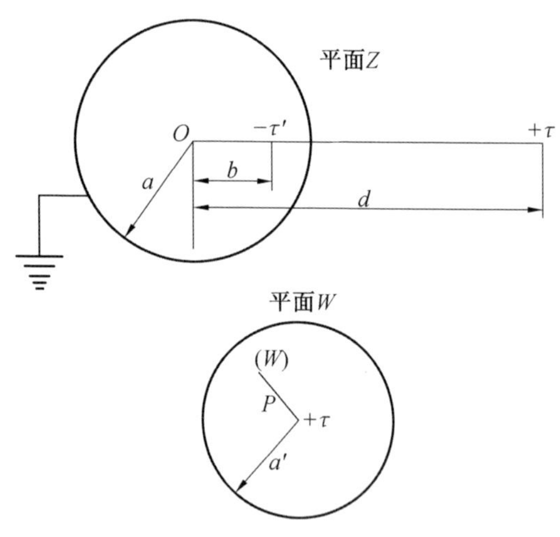

图 11　分式线性变换之三

由于 $+\tau$ 对导体的感应,在圆柱体表面分布有负

电荷，这些负电荷对导体外场的影响，可以用一个虚构的、集中的、距轴线为 b 的线电荷 $-\tau'$ 代替，称为镜像电荷，但镜像电荷的求得和由 $+\tau$ 和 $-\tau'$ 来求场都很麻烦，而用分式线性变换就容易得多. 这是圆形边界，应用函数

$$W=\frac{Z-d}{Z-b} \tag{27}$$

上式将平面 Z 上离圆心为 d 处的 $+\tau$ 变成了平面 W 上 $W=0$ 处的 $+\tau$，把平面 Z 上 $r\geqslant a$ 的场域变成了 $r\leqslant a'$ 的场域，其电位公式为

$$\varphi=\frac{\tau}{2\pi\varepsilon_0}\ln\frac{1}{|\rho|} \tag{28}$$

由式(27) 可知

$$\rho=\frac{Z-d}{Z-b}=\frac{(x-d)+jy}{(x-b)+jy}$$

ρ 的模为

$$|\rho|=\frac{\sqrt{(x-d)^2+y^2}}{\sqrt{(x-b)^2+y^2}} \tag{29}$$

将式(29) 代入式(28) 便得到平面 Z 上电位的表达式

$$\varphi=\frac{\tau}{2\pi\varepsilon_0}\ln\frac{\sqrt{(x-d)^2+y^2}}{\sqrt{(x-b)^2+y^2}}$$

综上所述，由于保角变换的目的是使二维场的场图尽量简单，直到变为匀强场，从而使场的求解过程大大的简化. 而变换函数是以自己特有的变换功能来实现上述目的. 因此，变换函数完全可以根据场的边界形状、边界条件的选定用什么样的变换函数，不一定要事先知道解析函数的图形.

第十四章

一阶非线性椭圆型复方程组的变态狄氏边值问题与拟保角变换[①]

1978年,北京大学的闻国椿教授讨论了一阶非线性一致椭圆型偏微分复方程(实方程组的复形式)

$$W_{\bar{z}}=F(z,W,W_z)$$

$$F(z,W,0)=A_1(z,W)W+A_2(z,W)\overline{W}+A_3(z,W)$$

或

$$W_{\bar{z}}-Q_1(z,W,W_z)W_z-Q_2(z,W,W_z)\overline{W}_{\bar{z}}+A_1(z,W)W+A_2(z,W)\overline{W}+A_3(z,W) \tag{1}$$

在多连通区域G上的变态狄氏边值问题及其在拟保角变换中的应用.他先运用

① 选自《科学通报》1980年第10期.

先验估计的方法、连续性方法与 Schauder 不动点定理证明了上述边值问题的可解性(见定理 1),作为变态狄氏问题的应用,他还证明了当 $F(z,W,0)=0$ 时的方程(1) 将多连通区域拟保角变换到一些典型区域同胚解的存在性(定理 2). 此外,还给出了上述边值问题与拟保角变换的唯一性定理(定理 3).

1. 主要定理的叙述

我们设 G 是平面 z 上的 $N+1$ 连通区域,其边界 $\Gamma\in C_\mu^1(0<\mu\leqslant 1)$,不失一般性,可以认为 G 是单位圆 E_1 内的圆界区域,其边界 Γ 是 $N+1$ 个圆周 Γ_j

$$|z-z_j|=r_j\quad (j=0,1,\cdots,N)$$

而 Γ_0 是 $|z|=1,z=0\in G$. 下面均设方程(1) 满足条件 C,即 $Q_j(z,W,U)(j=1,2)$ 与 $A_j(z,W)(j=1,2,3)$ 对任意的 $z\in G,W\in E$(全平面),$U\in E$ 有定义,当 $z\notin G$ 时,令 $Q_j=0,A_j=0$;又这些函数一致的对 $z\in G_0$(G_0 是 G 内任一闭集)与 $U\in E$ 关于 $W\in E$ 连续,且对 G 内任意的连续函数 $W(z)$ 与可测函数 $U(z)$,在 G 内可测,并满足不等式

$$\|A_j[z,W(z)]\|_{Lp(\overline{G})}\leqslant k_0\quad (j=1,2,3)$$
$$2<p<+\infty,0<k_0<+\infty \tag{2}$$

另外,方程(1) 还满足一致椭圆型条件,即对几乎所有的 $z\in G$ 及 $W\in E,U,U_1,U_2\in E$,有

$$|F(z,W,U_1)-F(z,W,U_2)|\leqslant$$
$$q_0|U_1-U_2|$$

及

$$\sum_{j=1}^{2}|Q_j(z,W,U)|\leqslant q_0<1 \tag{3}$$

所谓方程(1) 在 $N+1$ 连通区域 G 上的广义变态狄氏边值问题(简称问题 D)，即求方程(1) 在 $\overline{G}$ 上的连续解 $W(z)$，并使适合边界条件

$$\mathrm{Re}[\mathrm{e}^{-j\theta_j}W(z)]=r(z)+\delta_j$$
$$(z\in\Gamma_j(j=0,\cdots,N)),W(1)=0) \qquad (4)$$

其中

$$r(z)\in C_v(\Gamma_j),\frac{1}{2}<v\leqslant 1,r(1)=0$$

而 $\theta_j(j=0,\cdots,N)$ 是给定的实常数，$\delta_j(j=0,\cdots,N)$ 是待定常数，且 $\theta_0=\delta_0=0$. 特别，当 $\theta_j=\theta$(常数)，$j=1,\cdots,N$，问题 D 就是通常的变态狄氏问题，记作问题 D^*，我们还把当 $r(z)=0$ 的问题 D^* 记作问题 D_0^*.

定理 1 对于满足条件 C 的方程(1)，其问题 D 可解.

其次，叙述关于方程(1) 当 $F(z,W,0)=0$，即方程

$$W_{\bar{z}}=F(z,W,W_z),F(z,W,0)=0$$

或

$$W_{\bar{z}}-Q_1(z,W,W_z)W_z-$$
$$Q_2(z,W,W_z)\overline{W}_z=0 \qquad (5)$$

的同胚解(拟保角变换) 的存在定理.

定理 2 对于满足条件 C 的方程(5)，它存在着同胚解 $W(z)$，把 G 拟保角变换到以下各典型区域 H：

(1) 平面上去掉 $N+1$ 条具有预定倾角 $\theta_j+\frac{\pi}{2}(j=0,\cdots,N)$ 线段割线的区域；

(2) 平面上去掉 $N+1$ 条具有倾角 $\theta_j+\frac{\pi}{2}(j=0,\cdots,N)$ 对数螺线的区域；

(3) 单位圆 $|W|<1$ 内去掉 N 条同心圆弧的区域[①].

为了得到唯一性定性,还要增加对 $F(z,W,U)$ 的限制.

条件 $\widetilde{C}$　对几乎所有的 $z\in G$ 及 $W_1,W_2\in E$, $U\in E$, 方程(1) 及式(5) 中的 $F(z,W,U)$ 满足

$$|F(z,W_1,U)-F(z,W_2,U)|\leqslant P(z)|W_1-W_2|$$
$$(P(z)\in L_p(\bar{G}),2<p<+\infty) \tag{6}$$

定理3　对于满足条件 C 与 $\widetilde{C}$ 的方程(1),其问题 D 的解是唯一的. 又对于满足条件 C 与 $\widetilde{C}$ 的方程(5),它将区域 G 拟保角变换到定理2的(1),(2),(3) 所述典型区域 H 的同胚解 $W(z)$ 是唯一的,只要 $W(z)$ 分别满足以下条件:

(1) $F(z,W,U)$ 在 $z=0$ 的邻域内等于零,且

$$W(z)=\frac{1}{z}+a_1z+\cdots$$

(2) $F(z,W,U)$ 在 G 内两点 $0,a$ 的邻域内等于零,又 $W(a)=0$,且在 $z=0$ 的邻域内

$$W(z)=\frac{1}{z}+a_0+a_1z+\cdots$$

(3) 同胚解 $W(z)$ 满足下列条件之一:① 使 Γ_0 上三个点保持不变;② 使 Γ_0 上一点与 G 内一点保持不变;③ 使 G 内两点保持不变.

---

① 在闻国椿教授另外的工作中,用不同于本章中的方法证明了方程(5) 存在着将区域 G 拟保角变换到 $N+1$ 连通圆界区域的同胚解,并且还将此结果推广到单叶黎曼曲面上的非线性一致椭圆型方程(5) 上去.

以下只就问题 D^* 的情形进行讨论,用另外的方法也可证明问题 D 的相应结论.

2. 几个引理

我们可证下面三个引理.

引理 1 设 $W(z)$ 是方程(1)问题 D^* 属于 $W^1_{p_0}(\bar{G})$ 的解,则 $W(z)$ 可表示成

$$W(z)=\Phi(z)+T^\theta\omega$$

$$(\omega(z)\in L_{p_0}(\bar{G}),2<p_0\leqslant p) \tag{7}$$

其中 $\Phi(z)$ 是 G 上解析函数问题 D^* 的解,$T^\theta\omega$ 是积分算子,p_0 是使 $q_0\lambda_{p_0}<1$ 的常数.

引理 2 在引理 1 的条件下,$W(z)$ 满足估计式

$$\begin{cases}C_\alpha[W(z),\bar{G}]\leqslant M_1\\ \|\,|W_{\bar{z}}|+|W_z|\,\|_{L_{p_0}(\bar{G})}\leqslant M_2\\ C_\alpha[T^\theta\omega,\bar{G}]\leqslant M_3\|\omega\|_{L_{p_0}(\bar{G})}\end{cases} \tag{8}$$

其中

$$\alpha=\frac{p_0-2}{p_0},M_j=M_j(q_0,p_0,k_0,G),j=1,2,3$$

引理 3 设 k 是任给的非负常数,若将条件(2)中的 $A_3[z,W(z)]$ 换以 $A[z,W(z)]$,并将 $\|A_3[z,W(z)]\|_{L_{p_0}(\bar{G})}\leqslant k_0$ 代以条件

$$\|A[z,W(z)]\|_{L_{p(\bar{G})}}\leqslant k<+\infty \tag{9}$$

则方程(1)问题 D_0^* 属于 $W^1_{p_0}(\bar{G})$ 的解 $W(z)$ 满足估计式

$$C_\alpha[W(z),\bar{G}]\leqslant M_0k$$

$$\|\,|W_{\bar{z}}|+|W_z|\,\|_{L_{p_0}(\bar{G})}=$$

$$\|\,|W_{\bar{z}}|+|W_z|\,\|\leqslant M_0k \tag{10}$$

其中

$$\alpha=\frac{p_0-2}{p_0},M_0=M_0(q_0,p_0,k_0,G)>0$$

其次,考虑非线性一致椭圆型方程

$$W_{\bar{z}}=f(z,W,W_z)+A_3(z)$$

$$f(z,W,W_z)=Q_1(z,W_z)W_{\bar{z}}+Q_2(z,W_z)\overline{W}_{\bar{z}}+A_1(z)W+A_2(z)\overline{W} \tag{11}$$

其中,$f(z,W,U),A_j(z)(j=1,2,3)$ 满足条件 C,并证明以下引理.

引理 4　方程(11) 的问题 D^* 是可解的.

证明　我们使用连续性方程,即考虑方程

$$W_{\bar{z}}-tf(z,W,W_z)=A(z)$$

$$(0\leqslant t\leqslant 1,A(z)\in L_{p_0}(\overline{G})) \tag{12}$$

设 T 是 $0\leqslant t\leqslant 1$ 中使方程(12) 对任意属于 $L_{p_0}(\overline{G})$ 的可测函数 $A(z)$,均具有问题 D^* 的解(后面均简称为解) 的点集. 易知:当 $t=0$ 时方程(12) 有解

$$W(z)=\Phi(z)+T^{\theta}A$$

其中 $\Phi(z)$ 如引理 1 中所述,这表明 T 不是空集. 如果能证 T 是 $0\leqslant t\leqslant 1$ 中的闭集(可由引理 2 推出),又是开集,那么便知:当 $t=1$ 时方程(12) 可解,特别当 $A(z)=A_3(z)$ 时也可解,于是引理得证.

以下证明 T 是 $0\leqslant t\leqslant 1$ 中的开集. 设 $t_0\in T$,且不妨设 $0\leqslant t_0<1$. 将 t_0 代入方程(12) 中 t 的位置,则它对任意的 $A(z)\in L_{p_0}(\overline{G})$ 均可解. 下面要证:一定能找到 t_0 的一个邻域 T_δ: $|t-t_0|<\delta$,且 $0\leqslant t\leqslant 1$,使得对 T_δ 中的任一个 t,方程(12) 都有解. 将这样的方程(12) 改写成

$$W_{\bar{z}}-t_0f(z,W,W_z)=$$

$$(t-t_0)f(z,W,W_z)+A(z) \tag{13}$$

由于 $t_0 \in T$,故以上方程对任意属于 $L_{p_0}(\bar{G})$ 的右边部分均可解. 取一函数 $W_0(z) \in W_{p_0}^1(\bar{G})$,$2<p_0 \leqslant p$,不妨设 $W_0(z) \equiv 0$,代入式(13) 右边的 W,W_z 中,可知

$$(t-t_0)f(z,W_0,W_{0z})+A(z) \in L_{p_0}(\bar{G})$$

因而方程(13) 有解 $W_1(z)$, 由引理 2 的证明, 知 $W_1(z) \in W_{p_0}^1(\bar{G})$;这样经逐次迭代,求得在 $\bar{G}$ 上满足方程

$$\begin{aligned} &W_{n\bar{z}}-t_0 f(z,W_n,W_{nz})= \\ &(t-t_0)f(z,W_{n-1},W_{(n-1)z})+A(z) \\ &(n=1,2,\cdots) \end{aligned} \tag{14}$$

的一串解 $W_n(z)$,由引理 1

$$W_n(z)=\Phi(z)+T^\theta\omega_n$$

又由引理 3 的式(10),只要取

$$\delta=\frac{1}{2M_0(q_0\lambda_{p_0}+2k_0M_3)}$$

则当 $|t-t_0|<\delta$ 且 $0 \leqslant t \leqslant 1$,就有

$$\begin{aligned} &\|\omega_{n+1}-\omega_n\|=\|(W_{n+1}-\omega_n)_{\bar{z}}\| \leqslant M_0k= \\ &|t-t_0|M_0(q_0\lambda_{p_0}+2_{k_0}M_3)\|\omega_n-\omega_{n-1}\|< \\ &\frac{1}{2}\|\omega_n-\omega_{n-1}\| \end{aligned}$$

故当 $n,m \to +\infty$ 时,$\|\omega_n-\omega_m\| \to 0$. 由 $L_{p_0}(\bar{G})$ 空间的完备性,可知存在 $\omega^*(z) \in L_{p_0}(\bar{G})$. 使当 $n \to +\infty$ 时,$\|\omega_n-\omega^*\| \to 0$,又 $\|S\omega_n-S\omega^*\| \to 0$,于是可以从 $\omega_n(z)$,$S\omega_n(=(T^\theta\omega_n)_n)$ 选取子序列在 $\bar{G}$ 上分别几乎处处收敛到 $\omega^*(z)$,$S\omega^*$,所以 $W^*(z)=\Phi(z)+T^\theta\omega^*$ 是方程(12) 在 $|t-t_0|<\delta$,$0 \leqslant t \leqslant 1$ 时的解,这就证明了 T 的开集性.

3. 主要定理的证明

有了引理4,我们可证明定理1中问题D^*的可解性. 下面我们介绍定理3的证明线索(只讨论情形3)):设$W_1(z)$,$W_2(z)$是定理中所述的两个同胚解,将它们从$\bar{G}$开拓到$\bar{G}$外,如要开拓到$|z| \leqslant 1+\varepsilon$($\varepsilon$是适当小的正常数,则令

$$W_j(z)=\begin{cases} W_j(z), z\in\bar{G}, j=1,2 \\ \dfrac{1}{\overline{W_j\left(\dfrac{1}{\bar{z}}\right)}}=\dfrac{1}{\overline{W_j(\zeta)}} \\ \zeta=\dfrac{1}{\bar{z}}, 1<|z|\leqslant 1+\varepsilon \end{cases} \tag{15}$$

而$W_j(z)$在G^* $(1<|z|\leqslant 1+\varepsilon)$上几乎处处满足

$$W_{j\bar{z}}=f[z,W_j(z),W_{jz}(z)]=\begin{cases} F[z,W_j(z),W_{jz}(z)], z\in\bar{G}, j=1,2 \\ \left[\dfrac{W_j(z)}{\bar{z}}\right]^2\overline{F\left\{\dfrac{1}{\bar{z}},\dfrac{1}{\overline{W_j(z)}},\overline{\left[\dfrac{z}{W_j(z)}\right]^2 W_{jz}(z)}\right\}} \\ 1<|z|\leqslant 1+\varepsilon \end{cases} \tag{16}$$

设$W(z)=W_1(z)-W_2(z)$,假若$W(z)$在G^*上不恒等于0,由要件C与$\tilde{C}$,可知$W(z)$在G^*上几乎处处满足形如下的方程

$$\begin{cases} W_{\bar{z}}-Q(z)W_z=A(z)W \\ |Q(z)|\leqslant q_0<1, A(z)\in L_{p_0}(G^*) \end{cases} \tag{17}$$

还可证$W(z)$在$\bar{G}$上的零点是孤立的. 以N_G,N_Γ分别表示$W(z)$在G内及Γ上的零点个数,可推得:$2N_G+N_\Gamma=2$,这与定理3的(3)中的假设矛盾,故$W(z)\equiv 0$,即$W_1(z)\equiv W_2(z)$.

保角变换法解无穷曲线上的黎曼边值问题[①]

第十五章

2009 年,宁夏师范学院的王喜红教授利用复变函数保角映照方法,将无穷直线 X 映照为平面 ω 上的一圆周 Γ 且保持正向,于是将无穷直线上黎曼边值问题转化为平面 ω 上关于 Γ 的黎曼边值问题且在 R_{-1} 中求解,最终使得整个求解过程大大简化并得到了一个定理.

在求解解析函数边值问题时,如果它们的边界形状比较复杂,那么用通常的一些方法求解会非常困难,而本章所采用的保形映照方法则可以把要求解的问题化简成非齐次黎曼边值问题,从而得到了一个定理.

本章考虑 L 是一无穷直线上的 R 问题,不妨设 L 就是整个 x 轴,记为 X,即要求解以下 R 问题

① 选自《宁夏师范学院学报》(自然科学版),2009 年第 30 卷第 6 期.

$$\Phi^{+}(x)=G(x)\Phi^{-}(x)+g(x), x\in X \qquad (1)$$

这里仍设 $G(X)\neq 0$ 且 $G(\infty)\neq 0$，而代替 H 类，我们假定 $G(x), g(x)\in \hat{H}$ 于 X，于 $g(\infty)$ 也存在，X 的正向已取定为 x 轴的正向，并把上半平面记为 Z^{+}，下半平面记为 Z^{-}. 为确定起见，设要求在 R_{-1} 中求解，即要求 $\Phi^{+}(\pm\infty)$ 有界，且设 $\Phi^{+}(\pm\infty)=\Phi^{-}(\pm\infty)$.

由于 $G(x)\neq 0\in X$ 且 $G(x)\in\hat{H}$，故当 x 从 $-\infty$ 连续上升变到 $+\infty$ 时，其图像形成一封闭连续曲线，不经过原点，因而仍可定义下一整数

$$\kappa=\operatorname{Ind}_{x}G(x)=\frac{1}{2\pi}[\arg G(x)]_{x} \qquad (2)$$

式(2) 为 $G(x)$ 或问题(1) 的指标.

用保角映射把 X 变成圆周，令

$$T:\xi=\frac{-\mathrm{i}z}{z+\mathrm{i}} \qquad (3)$$

把平面 Z 变成平面 ξ，易见 X 就变为平面 ξ 中的圆周 Γ：$\left|\tau+\frac{\mathrm{i}}{2}\right|=\frac{1}{2}$，且上半平面 Z^{+} 变为 Γ 的内域，下半平面 Z^{-} 变为 Γ 的外域. 这时 $x\in x$ 变为 $\tau\in\Gamma$，即

$$\tau=\frac{-\mathrm{i}x}{x+\mathrm{i}} \qquad (4)$$

且 $x=\infty$ 变到 Γ 上 $\tau=-\mathrm{i}$ 这一点，由于 $T^{-1}=T$，故也有

$$Z=\frac{-\xi_{1}}{\xi+\mathrm{i}}, x=\frac{-\mathrm{i}\tau}{\tau+\mathrm{i}} \qquad (5)$$

我们记 $f(x)=f^{*}(t)$，则 $f(\infty)=f^{*}(-\mathrm{i})$，则平面 X 内的边值问题(1) 变换为平面 ξ 上的边值问题，即

$$\Phi_{*}^{+}(\tau)=G_{*}(\tau)\Phi_{*}^{\tau}(\tau)+g(\tau), \tau\in\Gamma$$

其中 $\Phi(z)$ 经变换后成为 $\Phi_{*}(\xi)$ 且 $\Phi_{*}(\xi)$ 是平面 ξ 中的全纯函数，$\Phi_{*}(\tau)$，$g_{*}(\tau)$ 分别为 $G(t)$，$g(t)$，变换后的结

果，它们仍都属于 H 于 Γ 上，且 $G_*(\tau)\neq 0$，我们称

$$\kappa=\mathrm{Ind}_*\ G(x)=\frac{1}{2\pi}[\arg G(x)]_x$$

为 $G(x)$ 的指标，显然转化后的指标为 $\kappa=\mathrm{Ind}_\Gamma G_*(\tau)$，通常 R 问题的结果（现在 R_{-1} 中求解），可用以下式子表示

$$\Phi_*(\xi)=\frac{X_*(\xi)}{2\pi\mathrm{i}}\int_L \frac{g_*(\tau)}{X_*^+(\tau)}\frac{\mathrm{d}\tau}{\tau-\xi}+p_{\kappa-1}(\xi)X_*(\xi)$$

其中

$$X_*(\xi)=\begin{cases}X^+(\xi)=\mathrm{e}^{\Gamma_*(x)},z\in\Gamma^+\\ X^-(\xi)=\xi^{-\kappa\mathrm{e}\Gamma_*(\xi)},z\in\Gamma^-\end{cases}$$

$$\Gamma_*(\xi)=\frac{1}{2\pi}\int_L \frac{\log G_*(\tau)}{\tau-\xi}\mathrm{d}\tau,\xi\notin\Gamma \qquad (6)$$

而 $p_{\kappa-1}$ 为 $\kappa-1$ 次任意多项式.

回到平面 Z，则有

$$\Phi(z)=\frac{X(z)}{2\pi\mathrm{i}}\int_L \frac{(x-1)\log G(x)}{(x+i)^3(z+i)}\mathrm{d}x,z\notin L \quad (7)$$

其中

$$X(z)=\begin{cases}\mathrm{e}^{\Gamma(z)},z\in X^+\\ \left(\frac{z-i}{z+i}\right)^{-x\mathrm{e}\Gamma(x)},z\in X\end{cases}$$

$$\Gamma(z)=\frac{1}{2\pi}\int_L \frac{(x-1)\log G(x)}{(x+i)^3(z+i)}\mathrm{d}x,z\in L \quad (8)$$

于是我们有以下定理：

定理 实轴上的问题(1) 在 R_{-1} 上求解，即要求 $\Phi(\infty)=0$ 时，如 $\kappa\geqslant 0$，则其一般解为(8)，如 $\kappa\leqslant -1$，则当且仅当满足 $-\kappa$ 个条件它才可解，且有唯一解，在任意情况下解的自由度为 κ.

保角变换在求解曲面边界格林函数中的应用[①]

第十六章

2011年，兰州石化职业技术学院电子电气工程系的尤晓玲教授介绍了用保角变换，将曲面化为平面，从而根据对称性方便地求出镜像电荷格林(Green)函数的方法. 与相似形不同的是、此方法可以求复杂曲面的格林函数，并不局限于柱面和球面. 由于所使用的变换涉及复平面，因此该方法仅限于求解 $2-D$ 问题和可以化为 $2-D$ 问题的 $3-D$ 问题(在与真实电荷〈任置任意〉与感应电荷形成的电偶极子垂直的面内保持轮换对称性).

① 选自《兰州石化职业技术学院学报》，2011年第11卷第1期.

1. 引言及结论

保角变换可应用于电动力学理论中的对静电和静磁问题、包括传输线(即横电磁场)特征阻抗方面问题,具有复杂边界的导波系统问题,以及电磁场的反演问题.应用保角变换求解静电场的边值问题是一种比较特殊且实用的方法,它将曲面化为平面、平面上的复杂区域变换成简单区域,且保持二维拉普拉斯方程或二维泊松方程不变,因而使问题得到简化或转化.

泊松方程第一边值问题的格林函数:$\Delta G=\delta(r-r_0)$,$G|_\Sigma=0$.从电磁学知道,在接地导体球内外放置电荷时,导体球面上将产生感应电荷.因此,球外电势应为球内电荷直接产生的电势与感应电荷产生的电势之和.因此可将 G 写成两部分之和

$$G=G_0+G_1$$

其中 G_0 是不考虑球面边界影响的电荷,G_1 则是感应电荷引起的.因而问题可化为

$$\Delta G_0=\delta(r-r_0),\Delta G_1|_{G\Sigma}=-G_0|_\Sigma$$

电像法的基本思想就是用假想的等效电荷来代替感应电荷,从而求得 G_1.

先阐明几个相关问题和结论:

(1) 二维格林函数

$$G^{(2)}=-\frac{1}{2\pi}\ln\frac{1}{|\rho-\rho_0|}$$

(2) 叠加原理.当有多个像点时,最终的势函数满足叠加原理

$$G=G_0+\sum_{i=1}^{n}G_i$$

(3) 镜像电荷的位置.

原电荷与镜像电荷的镜像对称性源于在分界面上电势为常数,即

$$\phi_z\,|_{\Sigma Z}=\text{const},\ \forall z\in\Sigma_z$$

而在变换后的空间内,新的边界条件

$$\phi_\omega\,|_{\Sigma Z}=\text{const},\ \forall \omega\in\Sigma_\omega$$

镜像对称原理仍成立,镜像电荷的位置也因此确定.

(4) 镜像电荷的强度.

静电场的拉普拉斯和泊松方程分别为

$$\Delta U_z=0,\Delta U_z=f(x,y)$$

作保角变换 $\omega=\zeta(z)$ 后

$$\Delta U_\omega=\frac{1}{|\zeta(z)|^2}\cdot 0=0,\Delta U_\omega=\frac{1}{|\zeta(z)^2|}f(x_\omega,y_\omega)$$

有限边界下镜像电荷的格林函数满足 $\Delta G_1=0$,变换后仍为:$\Delta G_1=0$,不影响源强. 对于原电荷 q_0 及 $\Delta G_0=\delta(r-r_0)$,则变为

$$q_\omega=q_0\cdot\frac{1}{|\zeta(z)|^2},\Delta G_0=\delta(r-r_0)\frac{1}{|\zeta(z)|^2}$$

因此,仅用保角变换无法求得镜像电荷的强度,需借助于边界条件 $G\,|_\Sigma=0$.

2. 特例

例 1　圆或柱面,半径为 a.

引入变换:$\omega=\ln z=\ln|z|+\text{i}\arg z$(圆变为直线),其中

$$z=\rho e^{\text{i}\phi}\langle\rho\phi\ 空间\rangle,\omega\rho^*\text{i}^{\text{i}\phi^*}\langle\rho^*\phi^*\ 空间\rangle$$

在$\langle\rho^*\phi^*$ 空间$\rangle$ 内,根据对称性

$$\ln\rho+\ln\rho^*=2\ln a,\arg z=\arg\omega=\phi_0$$

因而:$\rho_1=\left|\dfrac{a}{\rho_0}\right|^2\rho_0$;电荷镜像与原电荷共线. 设镜

像电荷强度为原电荷的 x 倍，由 $G|_{\Sigma}=0$，得

$$x=\frac{a}{\rho_0}$$

$$G_1=\frac{1}{2\pi}\ln\frac{a}{\rho_0}\frac{1}{\left|\rho-\frac{a}{\rho_0}\rho_0\right|}$$

$$G=G_0+G_1=$$

$$-\frac{1}{2\pi}\ln\frac{1}{\rho-\rho_0}+\frac{1}{2\pi}\ln\frac{a}{\rho_0}\frac{1}{\left|\rho-\left(\frac{a}{\rho_0}\right)^2\rho_0\right|}$$

对于球坐标系，问题与无关，选取任意切面，化为圆. 同理可以求得

$$r_1=\left(\frac{a}{r_0}\right)^2 r_0$$

$$G(r,r_0)=G_0+G_1=$$

$$-\frac{1}{4\pi}\frac{1}{|r-r_0|}+\frac{a}{r_0}\frac{1}{4\pi}\frac{1}{\left|\rho-\left(\frac{a}{r_0}\right)^2 r_0\right|}$$

所有弯曲边界的镜像，都可以用图 1 说明.

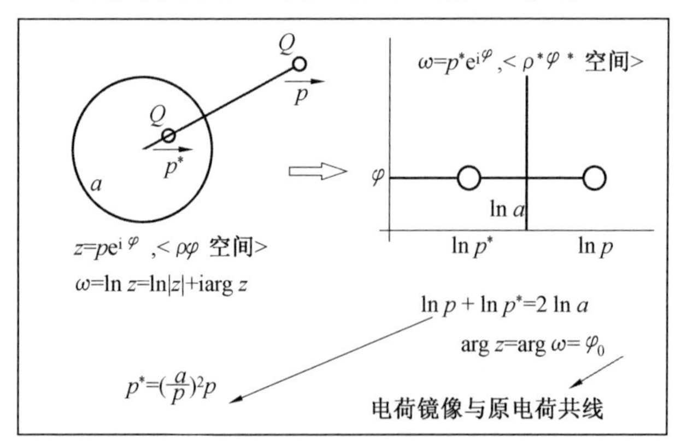

图 1　导体球外的电荷在空间产生的场

例 2　椭圆边界

$$\Sigma:\frac{x^2}{a^2}+\frac{y^2}{b^2}=1,c=\sqrt{a^2-b^2}$$

设 $P_{\Omega}(p^*,\phi^*)$ 为 $p_z(p,\phi)$ 在椭圆边界下的镜像.变换涉及椭圆(z),圆(ω) 和直线(Ω).三者关系为

$$\frac{z}{c}=\frac{1}{2}\left(\omega+\frac{1}{\omega}\right),\Omega=\ln\omega$$

因而有 $z=c\cdot\cosh\Omega$ 或

$$\Omega=\cosh^{-1}\left(\frac{z}{c}\right)=\ln\left(\frac{z}{c}\pm\sqrt{\left(\frac{z}{c}\right)^2-1}\right)$$

多个解对应多个像点.

在面 Ω 内

$$\ln\rho+\ln\rho^*=2\ln\frac{a+b}{c}$$

$$\rho^*=\frac{\left(\frac{a+b}{c}\right)^2}{\left|\frac{z}{c}\pm\sqrt{\left(\frac{z}{c}\right)^2-1}\right|}$$

$$\phi^*=\arg\left(\sqrt{\left(\frac{z}{c}\right)^2-1}\right)$$

$$G_1=\frac{1}{2\pi}\ln\frac{\rho^*}{\rho_0}\frac{1}{\left|\rho-\left(\frac{\rho^*}{\rho_0}\right)^2\rho_0\right|}$$

$$G=G_0+\Sigma G_1$$

例 3　抛物柱面 $y^2=4c^2(x+c^2)$.

引入变换 $\omega=\mathrm{i}\sec\left(\frac{\pi\sqrt{z}}{2\mathrm{i}c}\right)$ 后变为平面,抛物线变为 x 轴.考虑一个特殊点——焦点 $F(0,0)$ 的镜像:在平面内 $F_{\omega}(0,\mathrm{i})$,对应像点 $f_{\omega}(0,-\mathrm{i})$;因而在原空间内的像点 $F_z^n(-4c^2(2n+1)^2,0)$,n 为整数.实际问题中可作

近似处理,忽略 $|n|$ 较大的点. 最后 $G=G_0=\sum_{i=1}^{n}G_i$.

对于双曲柱面

$$\frac{x^2}{\cos^2\alpha}-\frac{y^2}{\sin^2\alpha}=4$$

引入变换

$$\omega=\left[\frac{1}{2}e^{i\alpha}(z+\sqrt{z^2-4})\right]^{\pi(\pi-2\alpha)}$$

即可.

使用保角变换可以方便地求得有界空间的格林函数,在已知 G 在给定曲线坐标系下的形式后,引入变换以直代曲,根据平面镜反射定律求得镜像电荷位置;根据边界条件确定电荷源强度. 电荷镜像代替感应电荷是对问题的一种唯象描述,镜像电荷的个数,强度在可以描述物理问题的前提下不影响最终结果(例如在本章情形下真实空间里的多个像点经变换后将重合于一点). 变换在适用 $3-D$ 空间时需慎重,例如抛物面焦点处的电荷镜像于无穷远,而抛物柱面焦点处的电荷镜像为一系列值,或称为本征值.

欧氏空间的保角线性变换的分解[①]

第十七章

在欧氏空间中任何一个正交变换(保持任何两个向量的内积不变的线性变换)一定保持任何向量的长度不变,也保持任何两个向量夹角不变.众所熟知,保持任何向量长度不变的线性变换一定是正交变换.但保持任何两个向量间夹角不变的线性变换未必是正交变换.那么保角线性变换究竟是什么样的线性变换呢?赣南师范学院数学系的熊春先教授在1986年证明了:一个线性变换是保角的,当且仅当它能分解为一个非零的数乘变换与一个正交变换之积且这种分解是唯一的.

定理1 欧氏空间的线性变换是保角变换的充要条件是它能分解为一个非零的数乘变换与正交变换的乘积.

① 选自《赣南师范学院学报》(自然科学版),1986年第2期.

为了证明定理1,先证如下的引理.

引理 设σ是欧氏空间V的一个保角线性变换,$\boldsymbol{e}$与$\boldsymbol{e}'$是V中任意两个相互正交的单位向量,则$\boldsymbol{e}$和$\boldsymbol{e}'$在σ下的像的长度相等即

$$|\sigma(\boldsymbol{e})|=|\sigma(\boldsymbol{e}')|$$

证明 因σ是保角的、故$\sigma(\boldsymbol{e}-\boldsymbol{e}')$与$\sigma(\boldsymbol{e})$间的夹角应与$(\boldsymbol{e}-\boldsymbol{e}')$与$\boldsymbol{e}$间的夹角应相等,即

$$\frac{\langle\sigma(\boldsymbol{e}-\boldsymbol{e}'),\sigma(\boldsymbol{e})\rangle}{|\sigma(\boldsymbol{e}-\boldsymbol{e}')|\cdot|\sigma(\boldsymbol{e})|}=\frac{\langle\boldsymbol{e}-\boldsymbol{e}',\boldsymbol{e}\rangle}{|\boldsymbol{e}-\boldsymbol{e}'|\cdot|\boldsymbol{e}|} \tag{1}$$

因$\boldsymbol{e}$与$\boldsymbol{e}'$正交且σ是保角的,故$\sigma(\boldsymbol{e})$与$\sigma(\boldsymbol{e}')$也正交. 于是有

$$\begin{aligned}\langle\boldsymbol{e}-\boldsymbol{e}',\boldsymbol{e}\rangle=\langle\boldsymbol{e},\boldsymbol{e}\rangle-\langle\boldsymbol{e}',\boldsymbol{e}\rangle=\\ \langle\boldsymbol{e},\boldsymbol{e}\rangle=|\boldsymbol{e}|^2=1\end{aligned}$$

$$\begin{aligned}&\langle\sigma(\boldsymbol{e}-\boldsymbol{e}'),\sigma(\boldsymbol{e})\rangle=\\ &\langle\sigma(\boldsymbol{e})-\sigma(\boldsymbol{e}'),\sigma(\boldsymbol{e})\rangle=\\ &\langle\sigma(\boldsymbol{e}),\sigma(\boldsymbol{e})\rangle-\langle\sigma(\boldsymbol{e}'),\sigma(\boldsymbol{e})\rangle=\\ &\langle\sigma(\boldsymbol{e}),\sigma(\boldsymbol{e})\rangle=\\ &|\sigma(\boldsymbol{e})|^2\end{aligned}$$

$$\begin{aligned}|\boldsymbol{e}-\boldsymbol{e}'|=\sqrt{\langle\boldsymbol{e}-\boldsymbol{e}',\boldsymbol{e}-\boldsymbol{e}'\rangle}=\\ \sqrt{\langle\boldsymbol{e},\boldsymbol{e}\rangle+\langle\boldsymbol{e}',\boldsymbol{e}'\rangle}=\\ \sqrt{|\boldsymbol{e}|^2+|\boldsymbol{e}'|^2}=\sqrt{2}\end{aligned}$$

$$\begin{aligned}&|\sigma(\boldsymbol{e}-\boldsymbol{e}')|=\\ &\sqrt{\langle\sigma(\boldsymbol{e}-\boldsymbol{e}'),\sigma(\boldsymbol{e}-\boldsymbol{e}')\rangle}=\\ &\sqrt{\langle\sigma(\boldsymbol{e})-\sigma(\boldsymbol{e}'),\sigma(\boldsymbol{e})-\sigma(\boldsymbol{e}')\rangle}=\\ &\sqrt{\langle\sigma(\boldsymbol{e}),\sigma(\boldsymbol{e})\rangle+\langle\sigma(\boldsymbol{e}'),\sigma(\boldsymbol{e}')\rangle}=\\ &\sqrt{|\sigma(\boldsymbol{e})|^2+|\sigma(\boldsymbol{e}')|^2}\end{aligned}$$

一起代入式(1)且平方之得

$$\frac{|\sigma(\boldsymbol{e})|^2}{|\sigma(\boldsymbol{e})|^2+|\sigma(\boldsymbol{e}')|^2}=\frac{1}{2}$$

故

$$|\sigma(\boldsymbol{e})|^2=|\sigma(\boldsymbol{e}')|^2$$

因长度是非负实数,故有

$$|\sigma(\boldsymbol{e})|=|\sigma(\boldsymbol{e}')|$$

即引理得证.

定理1的证明:

因为非零的数乘变换和正交变换都是保角的,而保角线变换之积仍是保角的,故充分性显然成立的.

必要性　设σ是欧氏空间V中的保角线性变换.任取V中的一个非零向量,将它乘以其长度的倒数就得到V中的一个单位向量$\boldsymbol{e}$,记$\boldsymbol{e}$在σ下的像$\sigma(\boldsymbol{e})$的长度$|\sigma(\boldsymbol{e})|$为λ,λ应为正实数,事实上,若$\lambda=0$,就意味着$\sigma(\boldsymbol{e})$是零向量.于是$\sigma(\boldsymbol{e})$与$\sigma(\boldsymbol{e})$正交.但$\boldsymbol{e}$与$\boldsymbol{e}$间的夹角为零,这就与σ的保角性矛盾.

据引理知凡与$\boldsymbol{e}$正交的单位向量$\boldsymbol{e}'$在σ下的像$\sigma(\boldsymbol{e}')$的长度$|\sigma(\boldsymbol{e}')|$均为$\lambda$,下面证明$V$中任何向量$\boldsymbol{\alpha}$在$\sigma F$的像$\sigma(\boldsymbol{\alpha})$的长度均为$\boldsymbol{\alpha}$的长度的$\lambda$倍,即有

$$|\sigma(\boldsymbol{\alpha})|=\lambda|\boldsymbol{\alpha}|$$

(1) 当$\boldsymbol{\alpha}$与$\boldsymbol{e}$线性相关时,即有

$$\boldsymbol{\alpha}=a\cdot\boldsymbol{e}$$

a为一个实数

$$|\sigma(\boldsymbol{\alpha})|=|a(a\cdot\boldsymbol{e})|=|a\cdot\sigma(\boldsymbol{e})|=$$
$$|a|\cdot|\sigma(\boldsymbol{e})|=\lambda|\boldsymbol{\alpha}|$$

(2) 当$\boldsymbol{\alpha}$与$\boldsymbol{e}$线性无关时,用Gram-Schmidt正交化方法可作出一个与$\boldsymbol{e}$正交的单位向量$\boldsymbol{e}'$使得

$$\boldsymbol{\alpha}=a\cdot\boldsymbol{e}+b\cdot\boldsymbol{e}'$$

a,b为两个实数

$$|\sigma(\boldsymbol{\alpha})|=|\sigma(a\cdot \boldsymbol{e}+b\cdot \boldsymbol{e})|=$$
$$|a\cdot\sigma(\boldsymbol{e})+b\cdot\sigma(\boldsymbol{e})|$$

因为$\boldsymbol{e}$与$\boldsymbol{e}'$正交而σ是保角变换,故$\sigma(\boldsymbol{e})$与$\sigma(\boldsymbol{e}')$,因而$a\sigma(\boldsymbol{e})$与$b\sigma(\boldsymbol{e}')$都是正交的. 据毕达哥拉斯(Pythagoras)定理知

$$|\sigma(\boldsymbol{\alpha})|=\sqrt{a^2|\sigma(\boldsymbol{e})|^2+b^2|\sigma(\boldsymbol{e}')|^2}=$$
$$\sqrt{a^2\lambda^2+b^2\lambda^2}=\lambda\sqrt{a^2+b^2}=$$
$$\lambda|a\boldsymbol{e}+b\boldsymbol{e}'|=\lambda|\boldsymbol{\alpha}|$$

记把V中任何向量乘以正实数λ的数乘变换为τ_λ,令$\xi=\tau_{\lambda^{-1}}\sigma$,对$V$中任何向量$\boldsymbol{\alpha}$有

$$|\xi(\boldsymbol{\alpha})|=|\tau_{\lambda^{-1}}(\sigma(\boldsymbol{\alpha}))|=$$
$$|\lambda^{-1}\cdot\sigma(\boldsymbol{\alpha})|=$$
$$\lambda^{-1}\cdot|\sigma(\boldsymbol{\alpha})|=$$
$$\lambda^{-1}\cdot\lambda\cdot|\boldsymbol{\alpha}|=$$
$$|\boldsymbol{\alpha}|$$

故ξ保持V中任何向量长度不变因而是一个正交变换,但

$$\sigma=\tau_\lambda\cdot\tau_{\lambda^{-1}}\cdot\sigma=\tau_\lambda\cdot\xi$$

定理1得证.

注记1　定理1是把初等几何(二维或三维欧氏空间)中任何一个相似变换是一个位似变换与一个合同变换的乘积推广到任意有限维和无限维欧氏空间中去的结果.

注记2　在U空间中亦有平行的结果,兹不赘述.

定理2　设σ是欧氏空间的一个保角线性变换,它分解为正实数的数乘变换与一个正交变换的乘积则这种分解是唯一的.

证明　设$\sigma=\tau_{\lambda_1}\cdot\xi_1=\tau_{\lambda_2}\cdot\xi_2$,此处$\lambda_1,\lambda_2$为正实数,而$\xi_1,\xi_2$为正交变换,则

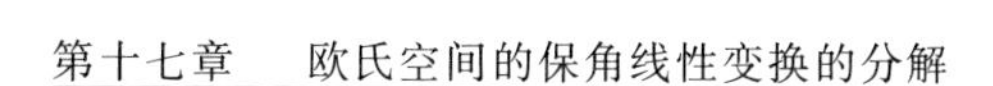

$$\xi_1 \cdot \xi_2^{-1} = \tau_{\lambda_1^{-1}} \cdot \tau_{\lambda_2} = \tau_{\lambda_1^{-1} \cdot \lambda_2}$$

但数乘变换中仅 τ_1 与 τ_{-1} 是正交变换而 $\lambda_1^{-1} \cdot \lambda_2$ 是正实数,故 $\lambda_1^{-1} \cdot \lambda_2 = 1$,即 $\lambda_1 = \lambda_2$,于是 $\tau_{\lambda_1} = \tau_{\lambda_2}$,因而$\xi_1 = \xi_2$.

单位圆到任意曲线保角变换的近似计算方法[①]

第十八章

第一节　引　　言

采用映射－复变函数方法求解边值问题在弹性力学、流体力学以及物理学中有广泛的应用，尤其在近二十年发展起来的线弹性断裂力学中，求解具有割缝边界的问题，更显示出了它的优越性. 但是在以往的研究中总是局限于较规则的边界，因为可采用初等函数比较容易地将单位圆映射成这样的边界，使问题转化到单位圆上研究. 事实上，我们遇到的大部分问题是任意曲线边界的边值问题. 因此，无论在理论上还是实际上建立单位圆与任意曲线的映射函数都具有十分重要的意义.

① 摘自《应用数学和力学》，1992 年第 13 卷第 5 期.

尽管黎曼定理指出了单位圆与任意曲线映射函数的存在性，但并没有给出具体的映射方法. 理论上已有三种近似方法，其一是共轭三角级数法；其二是建立在映射函数极小定理基础上的一种方法. 这两种方法都是构造一个多项式来逼近映射函数，前者按两边界的点的对应关系，后者按映射函数在任意曲线边界的面积积分关系得到一组确定多项式系数的线性方程. 二者的共同缺点是对于边界有延伸到无穷远点的情形或由割缝组成的边界无法处理，而且数值计算的程序通用性差.

第三种方法也是本章要进一步研究的方法，它克服了前两种方法的不足之处. 它是以线段逼近任意曲线，这些线段构成一个多边形，采用施瓦兹－克利斯铎夫积分将单位圆保角映射成多边形. 尽管该方法理论较完整，但没有一个可由计算机实现的计算方法，因而没有引起人们的足够重视.

1991 年，哈尔滨工业大学的郑志强教授分别讨论了把单位圆内部映射到多边形内部或外部两种情况的施瓦兹－克利斯铎夫积分，这个多边形除了可以是一个闭的若尔当曲线以外，还可以是由割缝组成的或一个顶点在无穷远的特殊多边形. 同时给出了处理瑕积分的变换公式以及确定施瓦兹－克利斯铎夫积分中未知参数的逐次迭代线性方程组. 最终实现单位圆到任意曲线的保角映射.

第二节　单位圆内部保角映射到多边形内部的施瓦兹－克利斯铎夫积分

首先讨论将上半平面保角映射到多边形内部，然后再经分式线性变换把单位圆内部保角变换到上半平面.

1. 上半平面到多边形内部保角映射的施瓦兹－克利斯铎夫积分

定理1　设函数 $\zeta=\omega(z)$ 把上半平面 $\mathrm{Im}\ z>0$ 双方单值保角映射成内角为 $a_n\pi,0<a_n\leqslant 2,n=1,2,\cdots,N$ 的 N 边形的内部，而且实轴上的点 $a_n(-\infty<a_1<a_2<\cdots<a_N<+\infty)$ 对应于 N 边形的顶点. 那么

$$\omega(z)=C_1\int_0^z\prod_{n=1}^{N}(t-a_n)a_{n-1}\mathrm{d}t+C_2 \tag{1}$$

其中，C_1 和 C_2 为常数

$$\sum_{n=1}^{N}a_n=N-2$$

公式(1) 中 $a_n(n=1,2,\cdots,N)$ 有三个点可以任意选取，C_1 与 C_2 可由多边形与上半平面二点的对应关系来确定. 这样，式(1) 中有 $N-3$ 个未知参数 a_n 须由问题的条件来确定.

2. 施瓦兹－克利斯铎夫积分中未知参数的迭代方程组的建立

如图 1 所示，若以 A_i 表示多边形的第 i 个顶角. 那么第 i 个边的长度为

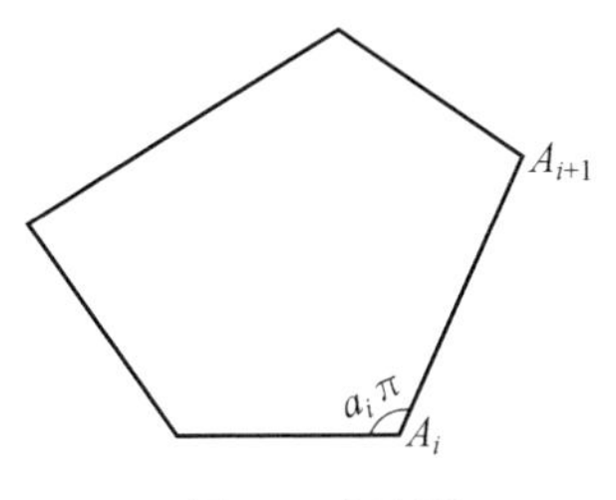

图 1　多边形

$$A_iA_{i+1}=|\zeta_{i+1}-\zeta_i|=|C_1|\left|\int_{a_i}^{a_{i+1}}\prod_{n=1}^{N}(t-a_n)^{\alpha_n-1}\mathrm{d}t\right| \tag{2}$$

如果选取使 $z-a_n$ 为正实数对应 $(z-a_n)^{\alpha_n-1}(n=1,2,\cdots,N)$ 的单值解析分支,则式(2)可写成

$$A_iA_{i+1}=|C_1|\int_{a_i}^{a_{i+1}}\prod_{n=1}^{i}(t-a_n)^{\alpha_n-1}\cdot\prod_{n=i+1}^{N}(a_n-t)^{\alpha_n-1}\mathrm{d}t=|C_1|\int_{a_i}^{a_{i+1}}f(t)\mathrm{d}t \tag{3}$$

式中

$$f(t)=\prod_{n=1}^{i}(t-a_n)^{\alpha_n-1}\cdot\prod_{n=i+1}^{N}(a_n-t)^{\alpha_n-1} \tag{4}$$

如果给定的多边形各边长与第一边的比为 $\lambda_i(i=2,3,\cdots,N)$,那么

$$\frac{A_iA_{i+1}}{A_1A_2}=\lambda_i\quad(A_{N+1}=A_1;i=2,3,\cdots,N-1) \tag{5}$$

选定式(3)三个参数 a_1,a_2 和 a_N,方程(5)中独立方程只有 $N-3$ 个.令

$$J_i(a_3,a_4,\cdots,a_{N-1})=\int_{a_i}^{a_{i+1}}f(t)\mathrm{d}t \tag{6}$$

则式(5) 变为

$$J_i(a_3, a_4, \cdots, a_{N-1}) = \lambda_i J_1(a_3, a_4, \cdots, a_{N-1}) \quad (i=2,3,\cdots,N-2) \tag{7}$$

下面给出方程(7) 的近似解法. 选取参量的任何一组初值 $a_j^{(0)}(j=3,4,\cdots,N-1)$ 令

$$J_i^{(0)} = J_i(a_3^{(0)}, a_4^{(0)}, \cdots, a_{N-1}^{(0)}) \tag{8}$$

$$\frac{\partial J_i^{(0)}}{\partial a_j} = \frac{\partial}{\partial a_j} J_i(a_3^{(0)}, a_4^{(0)}, \cdots, a_{N-1}^{(0)}) \tag{9}$$

$$\delta_j^{(1)} = a_j - a_j^{(0)} \quad (i=2,3,\cdots,N-2; j=3,4,\cdots,N-1) \tag{10}$$

将方程(7) 左右两边按 $\delta_j^{(1)}$ 展成泰勒级数,并且只保留一次幂,就得

$$J_i^{(0)} + \sum_{j=3}^{N-1} \delta_j^{(1)} \frac{\partial J_i^{(0)}}{\partial a_j} = \lambda_i \left(J_1^{(0)} + \sum_{j=3}^{N-1} \delta_j^{(1)} \frac{\partial J_1^{(0)}}{\partial a_j} \right) \quad (i=2,3,\cdots,N-2) \tag{11}$$

求解这个方程组得到 $\delta_j^{(1)}$,于是

$$a_j^{(1)} = a_j^{(0)} + \delta_j^{(1)} \quad (j=3,4,\cdots,N-1) \tag{12}$$

再设

$$\delta_j^{(2)} = a_j - a_j^{(1)} \quad (j=3,4,\cdots,N-1) \tag{13}$$

求解类似于式(11) 对于修正值 $\delta_j^{(2)}(j=3,4,\cdots,N-1)$ 的方程组,可得到 $\delta_j^{(2)}$.

一般地,迭代方程组可写成

$$\sum_{j=3}^{N-1} \delta_j^{(k+1)} \frac{\partial}{\partial a_j}(J_i^{(k)} - \lambda_i J_1^{(k)}) = \lambda_i J_1^{(k)} - J_i^{(k)} \quad (i=2,3,\cdots,N-2; k=0,1,2,\cdots) \tag{14}$$

及

$$a_j = a_j^{(k)} + \delta_j^{(k+1)}$$

上式可以计算出 $a_j(j=3,4,\cdots,N-1)$ 的值到任意精度，即对给定的误差界 EPS，总可有一个 k 使得 $\delta_j^{(k)}<$ EPS$(j=3,4,\cdots,N-1)$.

3. 迭代方程组中系数的确度.

(1) 如果 $a_i-1>0$，$a_{i+1}-1>0$，则积分(6)为定积分，可以直接采用一种数值积分方法计算其值. 而

$$\frac{\partial J_i}{\partial a_j}=\int_{a_i}^{a_{i+1}}\frac{1-a_j}{t-a_j}f(t)\mathrm{d}t \tag{15}$$

(2) 更一般地，如果 $a_i-1<0$，$a_{i+1}-1<0$，则积分(6)是以 a_i 与 a_{i+1} 为瑕点的瑕积分.

取 (a_i,a_{i+1}) 中任意一点 c_i，在 (a_i,c_i) 上积分作 $t=a_i+x^{\frac{1}{a_i}}$ 的变换，在 (c_i,a_{i+1}) 上的积分作 $t=a_{i+1}-x^{\frac{1}{a_{i+1}}}$ 的变换，消去奇异项可将瑕积分转化为定积分

$$J_i=\frac{1}{a_{i+1}}\int_0^B\varphi(a_{i+1}-x^{\frac{1}{a_{i+1}}})\mathrm{d}x+$$

$$\frac{1}{a_i}\int_0^E\psi(a_i+x^{\frac{1}{a_i}})\mathrm{d}x \tag{16}$$

式中

$$B=(a_{i+1}-c_i)^{a_{i+1}},E=(c_i-a_i)^{a_i}$$

$$\varphi(t)=\prod_{n=1}^{i}(t-a_n)^{a_n-1}\prod_{n=i+2}^{N}(a_n-t)^{a_n-1} \tag{17}$$

$$\psi(t)=\prod_{n=1}^{i-1}(t-a_n)^{a_n-1}\prod_{n=i+1}^{N}(a_n-t)^{a_n-1} \tag{18}$$

关于式(16)的 $\frac{\partial J_i}{\partial a_j}$：

(A) 当 $j<i$ 或 $j>i+1$ 时

$$\frac{\partial J_i}{\partial a_j}=\frac{1}{a_{i+1}}\int_0^B\frac{1-a_j}{a_{i+1}-x^{\frac{1}{a_{i+1}}}-a_j}\varphi(a_{i+1}-x^{\frac{1}{a_{i+1}}})\mathrm{d}x+$$

$$\frac{1}{a_i}\int_0^E \frac{1-a_j}{a_i+x^{\frac{1}{a_i}}-a_j}\psi(a_i+x^{\frac{1}{a_i}})\mathrm{d}x \tag{19}$$

(B) 当 $j=i$ 时

$$\frac{\partial J_i}{\partial a_i}=\frac{1}{a_{i+1}}\int_0^B \frac{1-a_i}{a_{i+1}-a_i-x^{\frac{1}{a_{i+1}}}}\varphi(a_{i+1}-x^{\frac{1}{a_i+1}})\mathrm{d}x-$$
$$\psi(c_i)(c_i-a_i)^{a_i-1}+$$
$$\frac{1}{a_i}\int_0^E \psi'(a_i+x^{\frac{1}{a_i}})\mathrm{d}x \tag{20}$$

这里

$$\psi'(t)=\psi(t)\sum_{\substack{n=1\\ n\neq i}}^{N}\frac{a_n-1}{t-a_n} \tag{21}$$

(C) 当 $j=i+1$ 时

$$\frac{\partial J_i}{\partial a_{i+1}}=\varphi(c_i)(a_{i+1}-c_i)^{a_{i+1}-1}+$$
$$\frac{1}{a_{i+1}}\int_0^B \varphi'(a_{i+1}-x^{\frac{1}{a_{i+1}}})\mathrm{d}x+$$
$$\frac{1}{a_i}\int_0^E \frac{a_{i+1}-1}{a_{i+1}-a_i-x^{\frac{1}{a_i}}}\psi(a_i+x^{\frac{1}{a_i}})\mathrm{d}x \tag{22}$$

这里

$$\varphi'(t)=\varphi(t)\sum_{\substack{n=1\\ n\neq i\pm 1}}^{N}\frac{a_n-1}{t-a_n} \tag{23}$$

4. 上半平面到有一顶角在无穷远点的多边形内部保角变换的施瓦兹－克利斯铎夫积分.

若多边形一顶角如点 A_n 对应于上半平面的无穷远点,这相当选定了 $a_N=\infty$. 作变换 $z=a_N-\frac{1}{w}$,则式(1) 变为

$$\zeta=C_1'\int_0^w \prod_{n=1}^{N-1}(t-a_n')^{a_n-1}\mathrm{d}t+C_2' \tag{24}$$

只要选定两个参数 a_1' 和 a_2'，采用前述相同的方法可以确定出其余 $N-3$ 个参数.

特别地，如果多边形顶角 A_n 在无穷远处，采用公式(24)即可避开 $(t-a_N)^{\alpha_N-1}$ 项由于 $a_N<0$ 引起的瑕积分的计算.

5. 单位圆内部到多边形内部保角变换的施瓦兹－克利斯铎夫积分.

将单位圆内部保角映射到上半平面可采用分式线性变换

$$\eta=\frac{z-\gamma}{z-\bar{\gamma}} \quad 或 \quad z=\frac{\gamma-\eta\bar{\gamma}}{1-\eta} \tag{25}$$

式中 γ 为上半平面的任意一点.

把式(25)代入式(1)，得

$$\zeta=\Omega(\eta)=C_1\int_0^{\frac{\gamma-\eta\bar{\gamma}}{1-\eta}}\prod_{n=1}^{N}(t-a_n)^{\alpha_n-1}\mathrm{d}t+C_2 \tag{26}$$

或为

$$\zeta=\Omega(\eta)=C_1'\int_0^{\eta}\sum_{n=1}^{N}(t-a_n')^{\alpha_n-1}\mathrm{d}t+C_2' \tag{27}$$

式中

$$a_n'=\frac{a_n-\gamma}{a_n-\bar{\gamma}} \quad (n=1,2,\cdots,N) \tag{28}$$

为单位圆周上按逆时针方向依次排列的点.

公式(27)就是将单位圆内部保角映射成多边形内部的施瓦兹－克利斯铎夫积分. 事实上只要由方程(14)求出 $a_j(j=3,4,\cdots,N-1)$，就可以认为函数 $\zeta=\Omega(\eta)$ 已经确定.

第三节　单位圆内部保角映射到多边形外部的施瓦兹－克利斯铎夫积分

定理 1　设函数 $\zeta=\omega(z)$ 把上半平面 $\mathrm{Im}\,z>0$ 双方单值保角映射成外角为 $a_n\pi(0<a_n\leqslant 2,n=1,2,\cdots,N)$ 的 N 边形的外部，而且实轴上的点 $a_n(-\infty<a_1<a_2<\cdots<a_n<+\infty)$ 对应于 N 边形的顶点，那么

$$\zeta=\omega(z)=C_1\int_0^z\frac{\prod\limits_{n=1}^{N}(t-a_n)^{a_n-1}}{(t-\gamma)^2(t-\bar{\gamma})^2}\mathrm{d}t+C_2 \tag{1}$$

其中 C_1 及 C_2 为常数；γ 为上半平面中的一点. 而且

$$\sum_{n=1}^{N}a_n=N+2$$

对式(1) 作

$$\eta=\frac{z-\gamma}{z-\bar{\gamma}}\quad 或\quad z=\frac{\gamma-\eta\bar{\gamma}}{1-\eta} \tag{2}$$

的变换，得到

$$\zeta=\Omega(\eta)=C_1'\int_0^\eta\prod_{n=1}^{N}(t-a_n')^{a_n-1}\,\frac{\mathrm{d}t}{t^2}+C_2' \tag{3}$$

式中

$$a_n'=\frac{a_n-\gamma}{a_n-\bar{\gamma}} \tag{4}$$

为单位圆周上按顺时针方向依次排列的点.

公式(3) 即为将单位圆内部保角映射到多边形外部的施瓦兹－克利斯铎夫积分. 问题的求解在于确定 γ 和 $a_n(n=1,2,\cdots,N)$.

类似于前节的讨论，取定 γ, a_1 和 a_2，可以得到关于式(1) 的迭代方程组

$$\sum_{j=3}^{N} \delta_j^{(k+1)} \frac{\partial}{\partial a_j}(J_i^{(k)} - \lambda_i J_1^{(k)}) = \lambda_i J_1^{(k)} - J_i^{(k)}$$

$$(i = 2,3,\cdots,N-1; k = 0,1,2,\cdots) \tag{5}$$

式中

$$J_i^{(k)} = \int_{a_i}^{a_{i+1}} \prod_{n=1}^{i} (t - a_n^{(k)})^{\alpha_n - 1} \prod_{n=i+1}^{N} (a_n^{(k)} - t)^{\alpha_n - 1} \cdot \frac{\mathrm{d}t}{(t-\gamma)^2 (t-\bar{\gamma})^2} \tag{6}$$

若取 $\gamma = \mathrm{i} = \sqrt{-1}$，令

$$f(t) = \frac{1}{(1+t^2)^2} \prod_{n=1}^{i} (t - a_n)^{\alpha_n - 1} \prod_{n=i+1}^{N} (a_n - t)^{\alpha_n - 1} \tag{7}$$

$$\varphi(t) = \frac{1}{(1+t^2)^2} \prod_{n=1}^{i} (t - a_n)^{\alpha_n - 1} \prod_{n=i+2}^{N} (a_n - t)^{\alpha_n - 1} \tag{8}$$

$$\psi(t) = \frac{1}{(1+t^2)^2} \prod_{n=1}^{i-1} (t - a_n)^{\alpha_n - 1} \prod_{n=i+1}^{N} (a_n - t)^{\alpha_n - 1} \tag{9}$$

则

$$\varphi'(t) = \left(\sum_{\substack{n=1 \\ n \neq i+1}}^{N} \frac{\alpha_n - 1}{t - a_n} - \frac{4t}{1+t^2} \right) \varphi(t) \tag{10}$$

$$\psi'(t) = \left(\sum_{\substack{n=1 \\ n \neq i}}^{N} \frac{\alpha_n - 1}{t - a_n} - \frac{4t}{1+t^2} \right) \psi(t) \tag{11}$$

这样方程(5) 中的 $J_i^{(k)}$ 与 $\dfrac{\partial J_i^{(k)}}{\partial a_j}$ 的计算公式与上节给出的完全相同.

第十九章 保角映射与格林函数

格林函数法解决拉普拉斯方程和泊松方程的狄利克雷问题的关键是寻找相应域内的格林函数. 在二维情况下,对于上半平面内和圆域内易用镜像法找出像点,进而可写出格林函数,但对其他区域则不易解决. 2001 年,四平师范学院数学系的刘德朋教授以上半平面内像点作基础,采用保角映射法对角形区域进行研究,确定出相应域内像点后,可将格林函数表出,进而达到边值问题的解决,并对结果加以推广.

设 D 是夹角为 $\bar{\theta}(\bar{\theta}=\frac{\pi}{n}, n\in\mathbf{N})$ 的角形区域,为求 D 内的格林函数,将其一边置于 x 轴,让角顶点与坐标原点重合,如图 1 所示放入平面 Z.

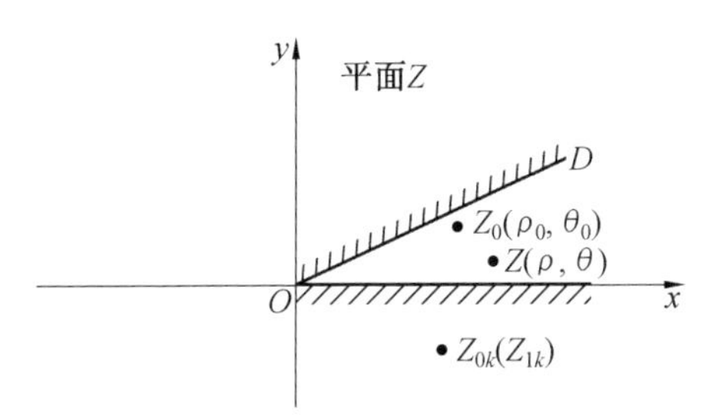

图1　保角变换

令定点为$Z_0(\rho_0,\theta_0)$，动点为$Z(\rho,\theta)$，所求格林函数记为$G(Z,Z_0)$. 于点Z_0处放单位正电荷.

1. 找 Z_0 像点

作保角映射$W=Z^n=\rho^n e^{in\theta}$，于是平面$Z$区域$D$映射到平面$W$的上半平面，此时$D$的边界变为$u$轴(图2). 放$+1$价电荷的点$Z_0$映射到$W_0$：$W_0=Z_0^n=\rho^n e^{in\theta_0}$. 在平面$W$内可得$W_0$的像点为$W_1(\rho_0^n,-n\theta_0)$，于平面$W$内点$W_0$仍放$+1$价电荷，而$W_1$放$-1$价电荷. 再回到平面$Z$

$$Z_0=W_0^{\frac{1}{n}}=\rho_0 e^{i\left(\theta_0+\frac{2k\pi}{n}\right)}$$

$$Z_1=W_1^{\frac{1}{n}}=\rho_0 e^{i\left(-\theta_0+\frac{2k\pi}{n}\right)}$$

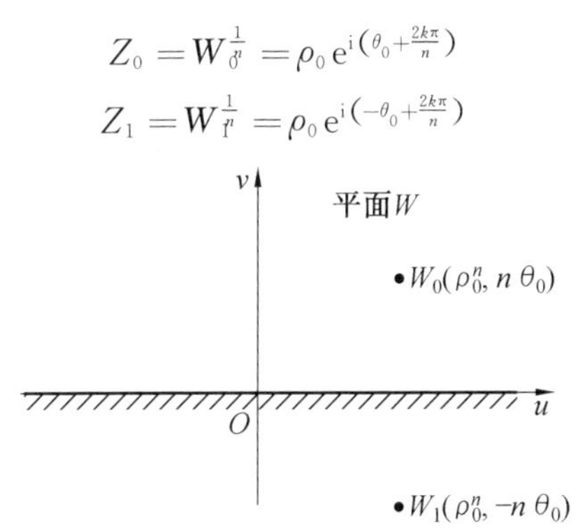

图2　保角变换

其中 $k=0,1,2,\cdots,n-1$；上面共有 $2n$ 个点，分别记为 Z_{0k}，Z_{1k}，其中 $k=0,1,2,\cdots,n-1$. 当 $k=0$ 时，$Z_{00}=Z_0$，即原来放 $+1$ 价电荷的定点.

下面证明 $Z_{0k}(k=1,2,\cdots,n-1)$ 及 $Z_{1k}(k=0,1,2,\cdots,n-1)$ 在 D 外.

事实上，对 Z_{0k}：$\theta_0+\frac{2k\pi}{n}\geqslant\theta_0+\frac{2\pi}{n}=\theta_0+2\bar{\theta}>\bar{\theta}$，且 $\theta_0+\frac{2k\pi}{n}\leqslant\theta_0+\frac{2(n-1)}{n}\pi=\theta_0+2\pi-2\bar{\theta}<2\pi$（因为 $\theta_0<\bar{\theta}$），所以 $\bar{\theta}<\theta_0+\frac{2k\pi}{n}\geqslant 2\pi$，即 $Z_{0k}(k=1,2,\cdots,n-1)$ 在 D 外.

对 Z_{1k}：$-\theta_0+\frac{2k\pi}{n}\geqslant-\theta_0+\frac{2\pi}{n}=-\theta_0+2\bar{\theta}>\bar{\theta}$，且有 $-\theta_0+\frac{2k\pi}{n}\leqslant-\bar{\theta}_0+2\pi-\frac{2\pi}{n}=-\theta_0+2\pi-2\bar{\theta}<2\pi$，所以 $\bar{\theta}<-\theta_0+\frac{2k\pi}{n}<2\pi$，即 $Z_{1k}(k=0,1,2,\cdots,n-1)$ 也在 D 外.

上面所得的 $2n-1$ 个点 $Z_{0k}(k=1,2,\cdots,n-1)$ 及 $Z_{1k}(k=1,2,\cdots,n-1)$ 为 Z_0 的像点. 于 Z_{0k} 处放 $+1$ 价电荷，于 Z_{1k} 处放 -1 价电荷，可证此 $2n$ 个点均匀排列在以原点为心、ρ_0 为半径的圆周上，彼此关于 x 轴对称.

如 $\bar{\theta}=\frac{\pi}{3}$ 时，有 $n=3$，$Z_0=\rho_0\mathrm{e}^{\mathrm{i}\theta_0}$ 的像点为（图 3）

$$Z_{01}=\rho_0\mathrm{e}^{\mathrm{i}\left(\theta_0+\frac{2}{3}\pi\right)}$$

$$Z_{02}=\rho_0\mathrm{e}^{\mathrm{i}\left(\theta_0+\frac{4}{3}\pi\right)}$$

$$Z_{10}=\rho_0\mathrm{e}^{\mathrm{i}(-\theta_0)}$$

$$Z_{11}=\rho_0\mathrm{e}^{\mathrm{i}\left(-\theta_0+\frac{2}{3}\pi\right)}$$

$$Z_{12}=\rho_0 e^{i\left(-\theta_0+\frac{4}{3}\pi\right)}$$

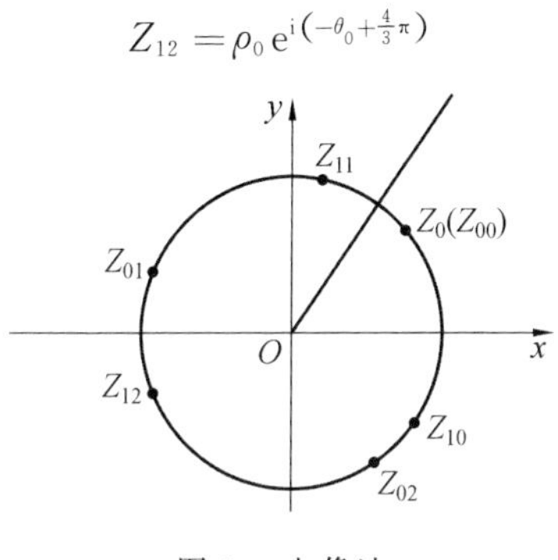

图 3　电像法

2. 格林函数

由格林函数的物理意义及图 1 得

$$G(Z;Z_0)=\sum_{k=0}^{n-1}\ln\frac{1}{|ZZ_{0k}|}-\sum_{k=0}^{n-1}\ln\frac{1}{|ZZ_{1k}|}=$$

$$\frac{1}{2}\sum_{k=0}^{n-1}\ln\frac{\rho^2-2\rho_0\rho\cos\left(\theta+\theta_0-\dfrac{2k\pi}{n}\right)+\rho_0^2}{\rho^2-2\rho_0\rho\cos\left(\theta-\theta_0-\dfrac{2k\pi}{n}\right)+\rho_0^2}$$

3. 推广

将上述结果推广到三维空间角状区域 D 内，此时 D 是由夹角为 $\bar{\theta}\left(\bar{\theta}=\dfrac{\pi}{n}\right)$ 的 2 个半平面所围成的. 置于球坐标系中后，令定点为 $M_0(\rho_0,h_0,\theta_0)$，动点 $M(\rho,h,\theta)$，则格林函数 $G(M;M_0)$ 为

$$G(M;M_0)=\sum_{k=0}^{n-1}\frac{1}{|MM_{0k}|}-\sum_{k=0}^{n-1}\frac{1}{|MM_{1k}|}=$$

$$\sum_{k=0}^{n-1}\left(\frac{1}{|MM_{0k}|}-\frac{1}{|MM_{1k}|}\right)$$

其中

$$M_{0k}(\rho_0, h_0, \theta_0 + \frac{2k\pi}{n})$$

$$M_{1k}(\rho_0, h_0, -\theta_0 + \frac{2k\pi}{n})$$

$$(k = 0, 1, 2, \cdots, n-1)$$

4. 应用

在二维情况下

(1) 当 $\bar{\theta} = \pi$ 时，可得上半平面内格林函数

$$G(Z; Z_0) = \frac{1}{2}\ln\frac{\rho^2 - 2\rho_0\rho\cos(\theta + \theta_0) + \rho_0^2}{\rho^2 - 2\rho_0\rho\cos(\theta - \theta_0) + \rho_0^2}$$

(2) 当 $\bar{\theta} = \frac{\pi}{2}$ 时，得第一象限内格林函数

$$G(Z; Z_0) = \frac{1}{2}\ln\frac{\rho^2 - 2\rho_0\rho\cos(\theta + \theta_0) + \rho_0^2}{\rho^2 - 2\rho_0\rho\cos(\theta - \theta_0) + \rho_0^2} + \frac{1}{2}\ln\frac{\rho^2 + 2\rho_0\rho\cos(\theta + \theta_0) + \rho_0^2}{\rho^2 + 2\rho_0\rho\cos(\theta - \theta_0) + \rho_0^2}$$

(3) 当 $\bar{\theta} = \frac{\pi}{3}$ 时，得顶角为 $\frac{\pi}{3}$ 的角形域内格林函数

$$G(Z; Z_0) = \frac{1}{2}\sum_{k=0}^{2}\ln\frac{\rho^2 - 2\rho_0\rho\cos(\theta + \theta_0 - \frac{2}{3}k\pi) + \rho_0^2}{\rho^2 - 2\rho_0\rho\cos(\theta - \theta_0 - \frac{2}{3}k\pi) + \rho_0^2}$$

机翼剖面函数及其反函数构成的保形变换与应用①

第二十章

2007 年,铜仁学院数学系的覃启伦教授通过一个中间扩充复平面,最终将扩充平面 z 和扩充平面 w 联系起来,并建立起它们之间的一个等式,从而通过解这个等式得出机翼剖面函数.他还针对扩充平面 z 上的一些其他区域在机翼剖面函数下保形变换到扩充平面 z 上的什么区域进行了讨论.

1. 问题的提出与分析

在航空事业高速发展的当今世界,对飞机的研究是十分重要的,高性能的飞机有利于巩固国防、保卫国家领土完整.而对飞机机翼的研究是飞机研究中不可缺少的一部分,机翼的形状和大小

① 选自《铜仁学院学报》,2007 年第 9 卷第 2 期.

在很大程度上影响着飞机在空中的一些操作以及飞机所受的阻力与其上升力等. 机翼的形状和大小怎样才能达到最佳呢? 我们只要对机翼剖面函数进行研究就有助于解决此问题. 下面就如何得到机翼剖面函数这个问题作一下简略分析: 机翼面轮廓线形状以及它在空中飞行中所受的阻力与其上升力等, 计算时若按原图, 则非常复杂且困难, 因此我们常常把机翼剖面的外部区域保形变换成单位圆外部, 并研究它在单位圆周外部的相应条件, 同时, 在复变函数中对单位圆周外部是比较好处理的.

2. 机翼剖面函数及其反函数

为了得出机翼剖面函数及其反函数所构成的保形变换, 首先建立如图 1 的坐标系

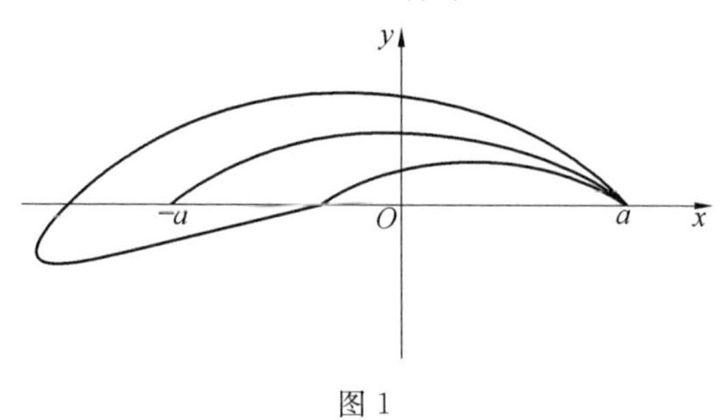

图 1

并分以下几步进行研究:

(1) $\zeta_1=\dfrac{z-a}{z+a}$ 将平面 z 上的弓形 AB 外部区域 D_0 保形变换成平面 ζ_1 上去掉射线 $\arg\zeta_1=\pi-\alpha$ 所形成的区域 D_1, 其中 $\alpha=2\arg\tan(h/a)$, 如图 2 所示.

这是因为 $\angle ABE$ 是弧 AB 的弦切角, 而 $\angle ACD$ 是弧 AD 的圆心角, 所以

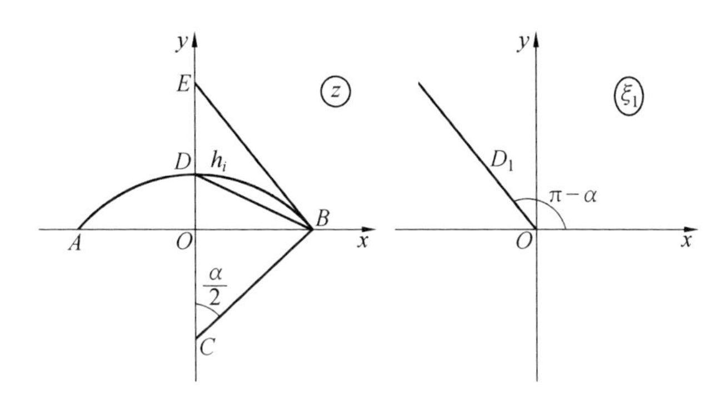

图 2

$$\angle ABD=\frac{1}{2}\angle ACD$$

因为

$$\angle ACD=\frac{1}{2}\angle BCD=\alpha$$

所以

$$\angle ABD=\frac{1}{2}\angle ACD=\frac{\alpha}{2}$$

在 $\triangle BOD$ 中有

$$\tan\frac{\alpha}{2}=\frac{h}{a}\Rightarrow\alpha=\arctan\frac{h}{a}$$

又由图 2 显然可以看出 $\angle ABE=\angle BCE=\alpha$.

又因为 $z=\alpha$ 时,$\xi_1=0$,$z=-\alpha$ 时,$\xi_1=\infty$.

变换 $\zeta_1=\dfrac{z-a}{z+a}$ 将平面 z 上的圆弧 AB 的外部区域 D_0 保形变换成平面 ζ_1 上去掉射线 $\arg\zeta_1=\pi-\alpha$ 所形成的区域 D_1.

以下变换的分析与此相同,因而省略.

(2) 变换 $\omega_1=\dfrac{\omega-a}{\omega+a}$ 将平面 ω 上的圆周 K 的外部

区域 G_0 保形变换成平面 ω_1 上的半平面区域 G_1:$\beta-\pi<\arg\omega_1<\beta$,其中 $\beta=\frac{\pi}{2}-\frac{\alpha}{2}$,如图 3 所示.

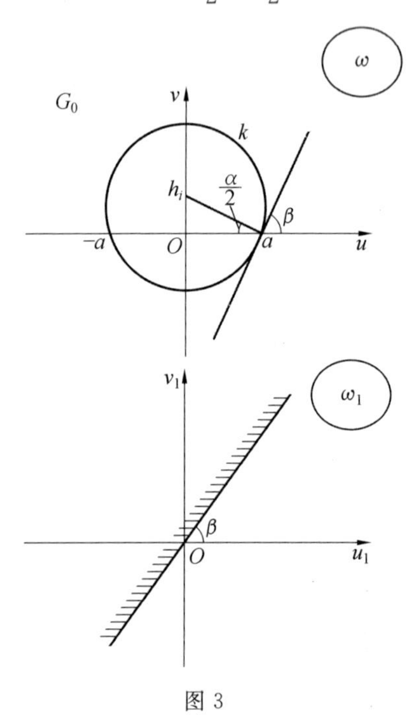

图 3

圆周 K 以 h_i 为圆心、过 $-a$ 和 a 两点,且在点 a 的切线倾斜角为 β.

(3) 变换 $\zeta_1=\omega_1^2$ 将区域 G_1 保形变换成区域 D_1,这是因为

$$\beta=\frac{\pi}{2}-\frac{\alpha}{2}\Rightarrow 2\beta=\pi-\alpha$$

所以有

$$\left(\frac{\omega-a}{\omega+a}\right)^2=\frac{z-a}{z+a}\Rightarrow$$

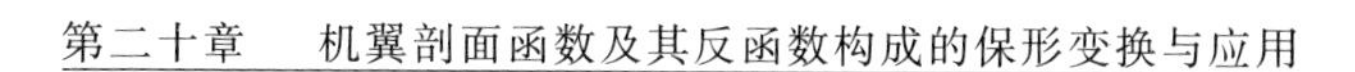

$$(z+a)\left(\frac{\omega-a}{\omega+a}\right)^2=z-a\Rightarrow$$

$$\left[\left(\frac{\omega-a}{\omega+a}\right)^2-1\right]z=-a\left[\left(\frac{\omega-a}{\omega+a}\right)^2+1\right]\Rightarrow$$

$$z=\frac{1}{2}\left(\omega+\frac{a^2}{\omega}\right)$$

这就是机翼剖面函数,或称机翼变换,其反函数为

$$\omega=z+\sqrt{z^2-a^2}$$

它将区域 D_0 保形变换成区域 G_0.

3. 机翼剖面函数下的几种保形变换

(1) 首先讨论机翼变换 $\omega=\frac{1}{2}\left(z+\frac{1}{z}\right)$ 将扩充平面 z 的圆域 G:$\{z: |z|<R<1\}$ 以及圆周 D:$\{z: |z|>R>1\}$ 分别保形变换成扩充平面 ω 上的什么区域?

设

$$z=Re^{i\theta}=R(\cos\theta+i\sin\theta),\omega=u+vi$$

则

$$\omega=\frac{1}{2}\left(z+\frac{1}{z}\right)\Rightarrow$$

$$u+v_i=\frac{1}{2}\left(Re^{i\theta}+\frac{1}{Re^{i\theta}}\right)=$$

$$\frac{1}{2}\left(Re^{i\theta}+\frac{1}{R}e^{i\theta}\right)=$$

$$\frac{1}{2}\left(R\cos\theta+iR\sin\theta+\frac{1}{R}\cos\theta-\frac{1}{R}i\sin\theta\right)=$$

$$\frac{1}{2}\left(R+\frac{1}{R}\right)\cos\theta+\frac{1}{2}\left(R-\frac{1}{R}\right)i\sin\theta$$

所以有

$$u=\frac{1}{2}\left(R+\frac{1}{R}\right)\cos\theta$$

$$v=\frac{1}{2}\left(R-\frac{1}{R}\right)\sin\theta$$

对于固定圆周 $|z|=R(\neq 1)$，显然可得它在平面 ω 上所对应的是椭圆

$$\frac{u^2}{\frac{1}{4}\left(R+\frac{1}{R}\right)^2}+\frac{v^2}{\frac{1}{4}\left(R-\frac{1}{R}\right)^2}=1$$

其长轴为 $a_R=\frac{1}{2}\left(R+\frac{1}{R}\right)$、短轴为 $b_R=\frac{1}{2}\left(R-\frac{1}{R}\right)$、焦点横坐标为 $C_R=\pm\sqrt{a_R^2-b_R^2}=\pm 1$.

①$R>1$.

此时 $R+\frac{1}{R}$ 和 $R-\frac{1}{R}$ 都大于零，z 沿圆周 $|z|=R$ 逆时针转动一周(即正向)时，对应地 u,v 的符号由等式

$$\begin{cases}u=\frac{1}{2}\left(R+\frac{1}{R}\right)\cos\theta\\ v=\frac{1}{2}\left(R-\frac{1}{R}\right)\sin\theta\end{cases}$$

来确定，因而得到 ω 的符号如表 1.

表 1

θ	$0\to\frac{\pi}{2}$	$\frac{\pi}{2}\to\pi$	$\pi\to\frac{3\pi}{2}$	$\frac{3\pi}{2}\to 2\pi$
u	+	−	−	+
v	+	+	−	−
ω 所在象限	Ⅰ	Ⅱ	Ⅲ	Ⅳ

这表明当 z 沿圆周 $|z|=R$ 逆时针绕行一周时，对应的 ω 也绕椭圆

$$\frac{u^2}{\frac{1}{4}\left(R+\frac{1}{R}\right)^2}+\frac{v^2}{\frac{1}{4}\left(R-\frac{1}{R}\right)^2}=1$$

逆时针绕行一周. 所以由边界对应定理以及 R 的任意性与连续性可知映射 $\omega=\frac{1}{2}\left(z+\frac{1}{z}\right)$ 将圆域 $\{z: |z|>R>1\}$ 映射成椭圆

$$\frac{u^2}{\frac{1}{4}\left(R+\frac{1}{R}\right)^2}+\frac{v^2}{\frac{1}{4}\left(R-\frac{1}{R}\right)^2}=1$$

的外部区域.

②$R<1$.

与 ① 同理，可得：此时 $R+\frac{1}{R}>0, R-\frac{1}{R}<0$. 当沿圆周 $|z|=R$ 逆时针转动一周时，对应地 u,v 的符号由等式

$$\begin{cases} u=\frac{1}{2}\left(R+\frac{1}{R}\right)\cos\theta \\ v=\frac{1}{2}\left(R-\frac{1}{R}\right)\sin\theta \end{cases}$$

来确定，因而得到 ω 的符号如表 2.

表 2

θ	$0\to\frac{\pi}{2}$	$\frac{\pi}{2}\to\pi$	$\pi\to\frac{3\pi}{2}$	$\frac{3\pi}{2}\to 2\pi$
u	+	−	−	+
v	+	+	−	−
ω 所在象限	Ⅰ	Ⅱ	Ⅲ	Ⅳ

由表2可得:当z沿圆周$|z|=R$逆时针绕行一周时,对应的ω也绕椭圆顺时针绕行一周.因此映射

$$\omega=\frac{1}{2}\left(z+\frac{1}{z}\right)$$

将圆域$\{z:|z|<R<1\}$也映成了椭圆的外部区域.

(2) 机翼剖面函数$\omega=\frac{1}{2}\left(z+\frac{1}{z}\right)$又将平面$z$的上半平面映成了平面$w$上的什么区域呢?

显然,平面z上的上半平面是以下两个区域$\{z:|z|>1$ 且 $\mathrm{Im}\,z>0\}$、$\{z:|z|<1$ 且 $\mathrm{Im}\,z>0\}$与集合$\{z:|z|=1$ 且 $\mathrm{Im}\,z>0\}$的并集.我们只需要分别求出机翼剖面函数$\omega=\frac{1}{2}\left(z+\frac{1}{z}\right)$将这三个集合分别映成了平面$\omega$上的什么集合,再将求出的三个集合取并集即可得出所求解的问题.下面我们分别来讨论这三个集合的情况:

① 集合$\{z:|z|=1$ 且 $\mathrm{Im}\,z>0\}$,令

$$z=\mathrm{e}^{\mathrm{i}\theta}=\cos\theta+\mathrm{i}\sin\theta,\tilde{\omega}=u+v\mathrm{i}$$

则有

$$u=\cos\theta,v=0$$

因为$0<\theta<\pi$,所以$u\in(-1,1)$.

这样,函数$\omega=\frac{1}{2}\left(z+\frac{1}{z}\right)$将区域$\{z:|z|=1$ 且 $\mathrm{Im}\,z>0\}$保形变换成平面ω上的实轴上的线段$(-1,1)$.

② 区域$\{z:|z|>1$ 且 $\mathrm{Im}\,z>0\}$.

由以上的讨论可知:固定圆周$|z|=R(\neq 1)$在平面ω上所对应的椭圆是

$$\frac{u^2}{\frac{1}{4}\left(R+\frac{1}{R}\right)^2}+\frac{v^2}{\frac{1}{4}\left(R-\frac{1}{R}\right)^2}=1$$

其长轴 $a_R=\frac{1}{2}\left(R+\frac{1}{R}\right)$，短轴 $b_R=\frac{1}{2}\left(R-\frac{1}{R}\right)$，且 u，v 的符号由等式

$$\begin{cases} u=\frac{1}{2}\left(R+\frac{1}{R}\right)\cos\theta \\ v=\frac{1}{2}\left(R-\frac{1}{R}\right)\sin\theta \end{cases}$$

来确定. 这样我们就可以得到当 z 沿固定圆周 $|z|=R(>1)$ 逆时针绕行上半圆周时，ω 也沿椭圆逆时针绕行上半椭圆：若 $R\to\infty$ 时 $a_R\to\infty$，$b_R\to\infty$，这表示椭圆越来越大. 因此函数 $\omega=\frac{1}{2}\left(z+\frac{1}{z}\right)$ 将区域 $\{z:|z|>1$ 且 $\mathrm{Im}\,z>0\}$ 保形变换到平面 ω 的上半平面.

③ 区域 $\{z:|z|<1$ 且 $\mathrm{Im}\,z>0\}$ 与 ② 的解法类似，只是当 z 沿固定圆周 $|z|=R(<1)$ 逆时针绕行上半圆周时，平面 ω 上的椭圆则是顺时针绕行下半圆周；同样若 $R\to 0$ 时，$a_R\to\infty$，$b_R\to-\infty$. 从而得到函数 $\omega=\frac{1}{2}\left(z+\frac{1}{z}\right)$，将区域 $\{z:|z|<1$ 且 $\mathrm{Im}\,z>0\}$ 保形变换到平面 ω 的下半平面.

综上所述，机翼剖面函数 $\omega=\frac{1}{2}\left(z+\frac{1}{z}\right)$ 将平面 z 的上半平面保形变换成区域 $\{$平面 ω 的上半平面$\}\cup\{\omega:-1<u<1,v=0\}\cup\{$平面 ω 的下半平面$\}$，即是平面 ω 上去掉 $(-\infty,-1]$ 与 $[1,+\infty)$ 的所有区域.

(3) 若将圆域 $|z|<1$ 按线段 $[a,1](-1<a<1)$

剪开得到一个区域 G：$\{|z|<1-[a,1], -1<a<1\}$，机翼剖面函数又将它映成了平面 ω 上的什么区域呢？

若沿 $[a,1]$ 将圆域 $|z|<1$ 割破后可得区域 G：$\{|z|<1-[a,1], -1<a<1\}$，其边界为 $\{|z|=1, -1<a<1\}$. 当 a 取不同的值时，边界在平面 ω 上的像域也不同. 对于 a 的具体形式可以分为以下两种情况讨论：

① $0<a<1$.

区域 G 的边界可分为两部分：a. 线段 $[a,1]$；b. 圆周 $|z|=1$. 下面我们来讨论这两部分分别被映成平面 ω 上的什么区域：

a. 线段 $[a,1]$.

当 $z=a$ 时

$$\omega=\frac{1}{2}\left(z+\frac{1}{z}\right)=\frac{1}{2}\left(a+\frac{1}{a}\right)$$

当 $z=1$ 时

$$\omega=\frac{1}{2}\left(z+\frac{1}{z}\right)=\frac{1}{2}\left(1+\frac{1}{1}\right)=1$$

所以线段 $[a,1]$ 在平面 ω 上的像域是 $\left[1,\frac{1}{2}\left(a+\frac{1}{a}\right)\right]$.

b. 圆周 $|z|=1$.

令 $z=e^{i\theta}=\cos\theta+i\sin\theta, \omega=u+vi$，则由上面的讨论知

$$u=\cos\theta(0\leqslant\theta\leqslant 2\pi), v=0$$

当 θ 从 $0\to\frac{\pi}{2}\to\pi\to\frac{3\pi}{2}\to 2\pi$ 时，则 u 从 $1\to 0\to -1\to 0\to 1$，所以圆周 $|z|=1$ 在平面 ω 上的像域

是$[-1,1]$.

所以由边界对应原理有：区域G的像域是平面ω上去掉线段$\left[-1,\frac{1}{2}\left(a+\frac{1}{a}\right)\right]$的区域.

②$-1<a<0$.

这是可以将区域G的边界分为三部分：

a. 线段$[a,0]$

b. 线段$[0,1]$

c. 圆周$|z|=1$

与上面的讨论同理，显然可以得到它们各自的像域：

a. 线段$[a,0]$被映成射线$\left(-\infty,\frac{1}{2}\left(a+\frac{1}{a}\right)\right]$；

b. 线段$[0,1]$被映成射线$[1,+\infty)$；

c. 圆周$|z|=1$被映成线段$[-1,1]$.

所以由边界对应原理有区域G被映成了平面ω上去掉射线$\left(-\infty,\frac{1}{2}\left(a+\frac{1}{a}\right)\right]$和$[-1,+\infty)$的区域.

保形变换的其他应用[①]

第二十一章

这一章我们主要介绍保形变换在下列四个方面的应用.

1. 保形变换在同轴测量线的设计中的应用

在同轴测量线的设计中,一个较困难的问题是:设计的槽隙要足够窄,以免影响电磁场结构和产生辐射,同时又要足够宽以便能容纳探针及其舌套.此外,还要考虑到在探针移动时,由于机械上的不完善而导致的一些不规则运动,对测量的结果影响较小.要妥善地解决这些问题,要求对同轴线形状进行根本变革.为了要获得满意的测量精确度,而又无须严格的机械加工要求,采用

① 摘自《保形变换理论及其应用》,曹伟杰编著.上海科学技术文献出版社,1988.

比较令人满意的是所谓平行板同轴线.

要使同轴线的截面变形，又要保持其波阻抗不变，可利用保形变换的方法.

设在 $z=x+\mathrm{i}y$ 的复平面上绘出圆柱同轴线的截面，可利用变换：$z=\tan w$ 将其变换到 $w=u+\mathrm{i}v$ 的复平面上平行板同轴线截面(图 1). 由 $z=\tan w$，得

$$x=\frac{\tan u-\tan u\,\mathrm{th}^2 v}{1+\tan^2 u\,\mathrm{th}^2 v}$$

$$y=\frac{\mathrm{th}\ v+\mathrm{th}\ v\tan^2 u}{1+\tan^2 u\,\mathrm{th}^2 v}$$

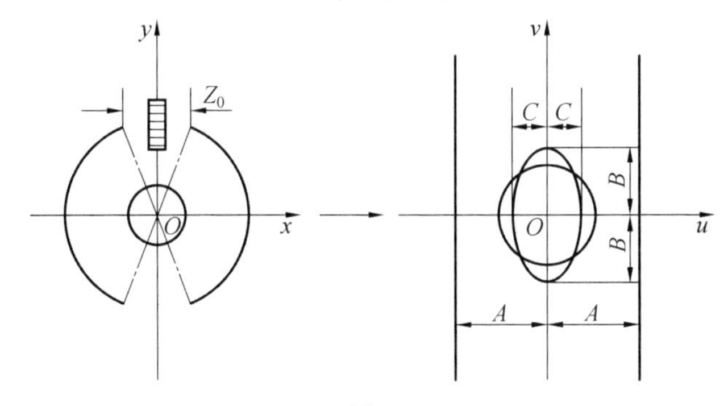

图 1

事实上

$$\tan w=\tan(u+\mathrm{i}v)=\frac{\sin(u+\mathrm{i}v)}{\cos(u+\mathrm{i}v)}=$$

$$\frac{2\sin(u+\mathrm{i}v)\cos(u-\mathrm{i}v)}{2\cos(u+\mathrm{i}v)\cos(u-\mathrm{i}v)}=$$

$$\frac{\sin 2u+\mathrm{i}\,\mathrm{sh}\ 2v}{\cos 2u+\mathrm{ch}\ 2v}$$

$$x=\frac{\sin 2u}{\cos 2u+\mathrm{ch}\ 2v}$$

$$y=\frac{\mathrm{sh}\ 2v}{\cos 2u+\mathrm{ch}\ 2v} \tag{1}$$

进一步计算有

$$x=\frac{\dfrac{2\tan u}{1+\tan^2 u}}{\dfrac{1-\tan^2 u}{1+\tan^2 u}+\dfrac{1+\text{th}^2 v}{1-\text{th}^2 v}}=$$

$$\frac{2\tan u[(1+\tan^2 u)(1-\text{th}^2 v)]}{(1+\tan^2 u)[(1-\tan^2 u)(1-\text{th}^2 v)+(1+\tan^2 u)(1+\text{th}^2 v)]}=$$

$$\frac{\tan u(1-\text{th}^2 v)}{1+\tan^2 u\text{th}^2 v}=$$

$$\frac{\tan u-\tan u\text{th}^2 v}{1+\tan^2 u\text{th}^2 v}$$

$$y=\frac{\text{sh }2v}{\cos 2u+\text{ch }2v}=$$

$$\frac{\dfrac{2\text{th }v}{1-\text{th}^2 v}}{\dfrac{1-\tan^2 u}{1+\tan^2 u}+\dfrac{1+\text{th}^2 v}{1-\text{th}^2 v}}=$$

$$\frac{2\text{th }v(1+\tan^2 u)(1-\text{th}^2 v)}{(1-\text{th}^2 v)[(1-\tan^2 u)(1-\text{th}^2 v)+(1+\text{th}^2 v)(1+\tan^2 u)]}=$$

$$\frac{\text{th }v(1+\tan^2 u)}{1+\tan^2 u\text{th}^2 v}=$$

$$\frac{\text{th }v+\text{th }v\tan^2 u}{1+\tan^2 u\text{th}^2 v}$$

在 z 与 w 复平面的对应关系中，我们有

$$r^2=x^2+y^2=\frac{\tan^2 u+\text{th}^2 v}{1+\tan^2 u\text{th}^2 v}$$

事实上

$$x^2+y^2=$$

$$\frac{\tan^2 u+\tan^2 u\text{th}^4 v-2\tan^2 u\text{th}^2 v}{(1+\tan^2 u\text{th}^2 v)^2}+$$

$$\frac{\text{th}^2 v+\text{th}^2 v\tan^4 u+2\text{th}^2 v\tan^2 u}{(1+\tan^2 u\text{th}^2 v)^2}+$$

$$\frac{\tan^2 u + \mathrm{th}^2 v + \tan^2 u\,\mathrm{th}^2 v(\mathrm{th}^2 v + \tan^2 u)}{(1 + \tan^2 u\,\mathrm{th}^2 v)^2} +$$

$$\frac{(\tan^2 u + \mathrm{th}^2 v)(1 + \tan^2 u\,\mathrm{th}^2 v)}{(1 + \tan^2 u\,\mathrm{th}^2 v)^2} =$$

$$\frac{\tan^2 u + \mathrm{th}^2 v}{1 + \tan^2 u\,\mathrm{th}^2 v}$$

所以

$$r^2 = x^2 + y^2 = \frac{\tan^2 u + \mathrm{th}^2 v}{1 + \tan^2 u\,\mathrm{th}^2 v}$$

在圆柱的同轴线中,外导体周界的方程为

$$r = 1$$

相对应的平面 w 中,当 $v=0$ 时,$u=\pm\frac{\pi}{4}$;当 $u=0$ 时,$v=\pm\infty$,于是平面 z 的圆柱同轴线的外导体被变换为平面 w 上两个平行半平面,其边界分别为 $u=\pm A=\pm\frac{\pi}{4}$.

圆柱同轴线的内导体周界的方程为 $r=a$,相对应的平面 w 上,当 $v=0$ 时,有 $u=\pm\arctan a$,当 $u=0$ 时,$v=\pm\mathrm{arcth}\ a$,也就是说:圆柱同轴线的内导体周界圆周变换为一椭圆周,其长半轴为 $B=\mathrm{arcth}\ a$,短半轴为 $C=\arctan a$. 于是,平行板同轴线与圆柱同轴线之间存在下列关系

$$\frac{A}{B} = \frac{\pi}{4\mathrm{arcth}\ a}$$

$$\frac{A}{C} = \frac{\pi}{4\arctan a}$$

其中 a 为圆柱同轴线的内外导体直径之比.

变换后的电磁场结构,如图 2 所示.

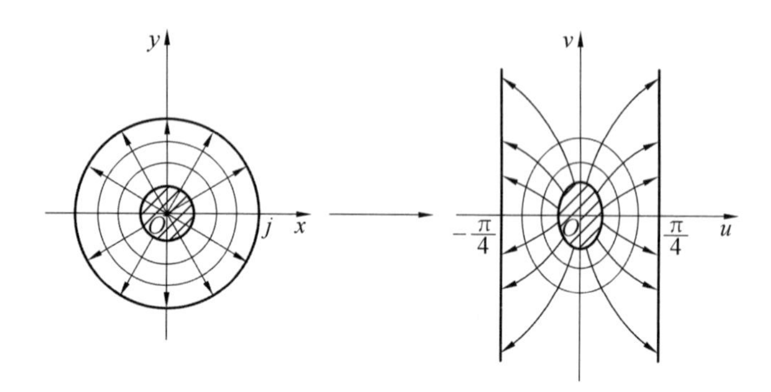

图 2

这个变换的作用相当于把圆柱同轴线的外导体周界圆周竖直均匀劈开，并向上下拉伸一直拉到无穷远的地方，于是外导体被拉成两个平面. 这时，电力线（或磁力线）也相应地被拉开，在上下两方变得相当稀疏了. 在这种情况下，如探针位置在截面内略有变化，则其所在地方的电场强度（或磁场强度）基本保持不变，因此测量结果基本不受影响.

圆柱同轴线的外导体与内导体分别变换为无限大的平行板外导体和椭圆截面的内导体都是不实际的. 实际的传输线只能是有限大的平行板和易于加工的截面（如圆形或长方形）的导体.

首先，我们研究平行板同轴线中，把无穷大外导体变为有限大外导体时，实质上，相当于圆柱同轴线的外导体上下各开一个宽度为$\frac{Z_0}{2}$弧度的槽就行了.

事实上，在平面z上角度θ与平面w上的坐标有关系式

$$\tan\theta=\frac{y}{x}=\frac{\operatorname{sh}2v}{\sin 2u} \tag{2}$$

当 $\theta=\frac{\pi}{2}-\frac{Z_0}{4}$ 且 $r=1$ 时，令其对应平面 w 上 $u=A=\frac{\pi}{4}$，$v=D$，则有

$$\tan\theta=\tan\left(\frac{\pi}{2}-\frac{Z_0}{4}\right)=\frac{\text{sh } 2D}{\sin\frac{\pi}{2}}$$

或

$$\cot\frac{Z_0}{4}=\text{sh } 2D$$

或

$$\frac{1}{\tan\frac{Z_0}{4}}=\text{sh } 2D$$

当 $\frac{Z_0}{4}\ll 1$ 时，得

$$\frac{1}{\frac{Z_0}{4}}=\text{sh } 2D$$

即

$$Z_0=\frac{4}{\text{sh } 2D}=\frac{4}{\text{sh}\frac{\pi D}{2A}}\quad\left(A=\frac{\pi}{4}\right)$$

或

$$D=\frac{\pi}{4}\cdot\frac{D}{A}=\frac{\text{arcsh}\frac{4}{Z_0}}{2}$$

当 $\frac{D}{A}=5.6$ 时，相当于 $Z_0=0.001\ 2$ rad，这就相当于在一条直径为 25 mm 的圆柱同轴线上开两条宽度仅为 0.007 5 mm 的槽.

由此可知，在一条平行板同轴线中，如 D 为有限大,相当于一条圆柱同轴线中在上下两面开了两条很小很小的槽,这是被允许的.

其次,再研究平形板同轴线的内导体问题.

若把内导体椭圆截面换成与之有四点相交的圆截面,如图 1 所示. 则通过反变换,这就相当于一条具有截面为圆形的外导体和椭圆形截面的内导体的同轴线如图 3 所示. 椭圆长半轴为 $\tan k$、短半轴为 $\operatorname{th} k$,这里 $k=\frac{\pi R}{4A}$,R 为平行板同轴线内导体截面圆形的半径.

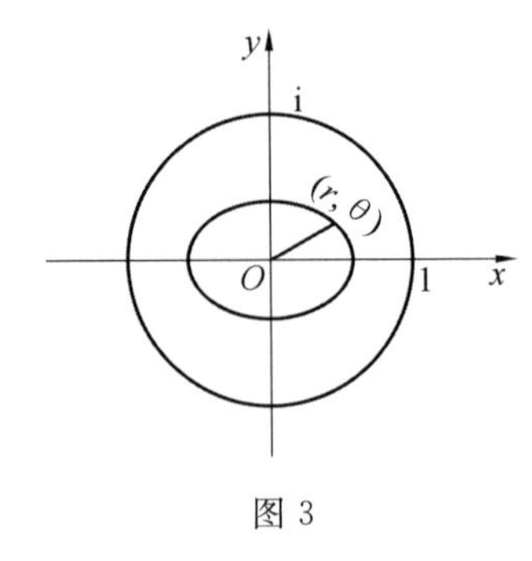

图 3

在平面 z 上的极坐标中,求解拉普拉斯方程,可得同轴线内电位为

$$U=\varepsilon\ln r+\eta r^2\cos 2\theta+\frac{\xi}{r^2}\cos 2\theta \tag{3}$$

边界条件当 $r=1$ 时,$U=0$;当 $r=\tan k,\theta=0$ 时,$U=U_1$. 引用上述边界条件于式(3),可消去 η 和 ξ. 整理后得

$$\xi=U_1\frac{T+\tau}{T\ln\tan k+\tau\ln\operatorname{th} k}$$

其中

$$T=\operatorname{th}^2 k-\frac{1}{\operatorname{th}^2 k}$$

$$\tau = \tan^2 k - \frac{1}{\tan^2 k}$$

在圆柱同轴线中，我们有

$$\xi = \frac{U_1}{\ln a} = \frac{60U_1}{R_0}$$

其中 R_0 为波阻抗，若波阻抗始终保持不变，则应有

$$R_0 = 60\ln a = \frac{60}{T+\tau}\left(T\ln\frac{1}{\tan k} + \tau\ln\frac{1}{\operatorname{th} k}\right) \quad (4)$$

式(4) 图解见图 4.

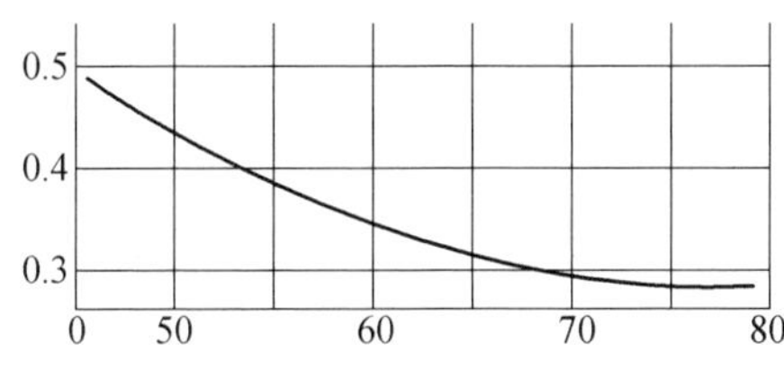

图 4

当 $k \ll 1$ 时，式(4) 可以化成

$$R_0 = 60\ln\frac{1}{k} = 60\ln\frac{4}{\pi}\frac{A}{R}$$

或

$$k = \frac{\pi R}{4A} \approx e^{-\frac{R_0}{60}}$$

综合上述，我们有

(1) 当把一条内外导体直径比为 a，波阻抗为 R_0，槽宽为 Z_0 的圆柱同轴线变换成一条平行板同轴线，如果后者的内导体截面是椭圆的，那么应满足下列条件

$$\frac{B}{A} = \frac{4}{\pi}\operatorname{arcth} a$$

$$\frac{C}{A} = \frac{4}{\pi}\arctan a$$

$$\frac{D}{A}=\frac{2}{\pi}\operatorname{arcsh}\frac{4}{Z_0}$$

(2) 如果平行板同轴线的内导体截面是圆形的，那么应满足条件

$$\frac{D}{A}=\frac{2}{\pi}\operatorname{arcsh}\frac{4}{Z_0}$$

$$\frac{A}{B}=\frac{\pi}{4}e^{\frac{R_0}{60}}$$

这种情况对应于圆柱同轴线的内导体截面稍加压扁使之成为椭圆形，椭圆的长轴长、短轴长分别为 $2\tan\frac{\pi R}{4A}$, $2\operatorname{th}\frac{\pi R}{4A}$，显然短轴对着槽口，在任何一种情况下，平行板同轴线实际槽宽都比圆柱同轴线宽得多.

2. 保形变换在传输线方面的应用

在微波工程技术的应用中，总希望采用传输线式的波型，因为这个波型的场分量最简单，只有传播方向的横分量，没有沿传播方向的纵分量，所以它又叫作横电磁波型，记为 TEM 型. 这样的波型激发及接收都较易于实现. 但 TEM 平面波型的传播，需要有一个双异体的传输系统，因而在高频传输时，传输损耗要在两个导体中出现，其传输效率不如空波导的传输效率高. 但传输线波型的波导波长与工作波长相等，因此实现半波长或四分之一波长线的实际尺寸最短，这样利用传输线式波型构成的元件或器件具有尺寸小重量轻的优点. 下面我们就介绍保形变换传输线方面的应用. 由于某种实际需要把内导体(两半圆柱) 变为两个平行板，而外导体(一个半圆柱) 变成长短轴几乎一致的半椭圆柱，其截面变换关系如图 5 所示. 各点对

应值如表 1.

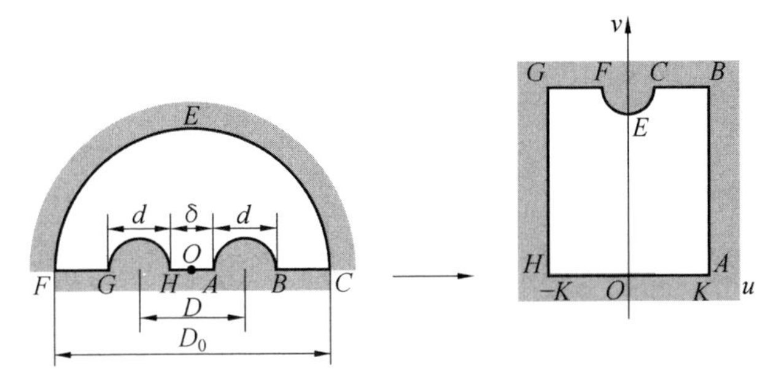

图 5

表 1

点	A	B	C	E	F	G	H
z	$\frac{\delta}{2}$	$d+\frac{\delta}{2}$	$\frac{D_0}{2}$	$\mathrm{i}\,\frac{D_0}{2}$	$-\frac{D_0}{2}$	$-d-\frac{\delta}{2}$	$-\frac{\delta}{2}$

从点 O 出发作圆 $\overset{\frown}{AB}$ 的切线

$$OT=\sqrt{\left(\frac{D}{2}\right)^2-\left(\frac{d}{2}\right)^2}=\frac{1}{2}\sqrt{D^2-d^2}$$

$$\frac{\delta}{2}=\frac{1}{2}(D-d)$$

再作以点 O 为圆心，OT 长为半径的圆交实轴于点 α 与 $-\alpha$，显然

$$O\alpha=\frac{1}{2}\sqrt{D^2-d^2},\ -\alpha O=-\frac{1}{2}\sqrt{D^2-d^2}$$

作分式线性变换

$$w_1=-\frac{z-\left(-\dfrac{\sqrt{D^2-d^2}}{2}\right)}{z-\dfrac{\sqrt{D^2-d^2}}{2}}=\frac{\sqrt{D^2-d^2}+2z}{\sqrt{D^2-d^2}-2z}$$

$A: z=\frac{1}{2}(D-d)$ 时，对应

$$w_1=\frac{\sqrt{D^2-d^2}+(D-d)}{\sqrt{D^2-d^2}-(D-d)}=$$

$$\frac{\sqrt{D+d}+\sqrt{D-d}}{\sqrt{D+d}-\sqrt{D-d}}(>1)$$

$$B: z=d+\frac{\delta}{2}=d+\frac{1}{2}(D-d)=\frac{1}{2}(D+d)$$

时，对应

$$w_1=\frac{\sqrt{D^2-d^2}+D+d}{\sqrt{D^2-d^2}-(D+d)}=$$

$$-\frac{\sqrt{D+d}+\sqrt{D-d}}{\sqrt{D+d}-\sqrt{D-d}}(<-1)$$

$H: z=-\frac{\delta}{2}=-\frac{1}{2}(D-d)=\frac{1}{2}(d-D)$ 时，对应

$$w_1=\frac{\sqrt{D+d}-\sqrt{D-d}}{\sqrt{D+d}+\sqrt{D-d}}(<1)$$

$$G: z=-d-\frac{\delta}{2}=-d+\frac{1}{2}(d-D)=-\frac{1}{2}(d+D)$$

时，对应

$$w_1=-\frac{\sqrt{D+d}-\sqrt{D-d}}{\sqrt{D+d}+\sqrt{D-d}}(>-1)$$

$C: z=\frac{D_0}{2}$ 时，对应

$$w_1=\frac{\sqrt{D^2-d^2}+D_0}{\sqrt{D^2-d^2}-D_0}=$$

$$-\frac{D_0+\sqrt{D^2-d^2}}{D_0-\sqrt{D^2-d^2}}(<-1)$$

$F: z=-\frac{D_0}{2}$ 时,对应

$$w_1=\frac{\sqrt{D^2-d^2}-D_0}{\sqrt{D^2-d^2}+D_0}=$$

$$-\frac{D_0-\sqrt{D^2-d^2}}{D_0+\sqrt{D^2-d^2}}(>-1)$$

由于线性变换具有保形性与保圆性,其变换关系如图 6 表示.

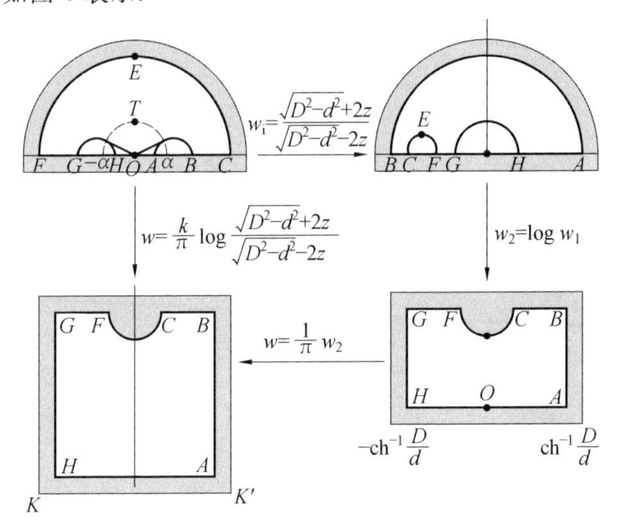

图 6

当 $w_2=\log w_1=\ln|w_1|+\mathrm{i}\arg w_1$,点 H,A 的主幅角为 0,点 B,C,F,G 的主幅角为 π,所以对应点的关系为

$A: w_1=\frac{\sqrt{D+d}+\sqrt{D-d}}{\sqrt{D+d}-\sqrt{D-d}}=\frac{D+\sqrt{D^2-d^2}}{d}$ 时

$$w_2=\log\left(\frac{D}{d}+\sqrt{\left(\frac{D}{d}\right)^2-1}\right)$$

即

$$w_2=\log\left(\frac{D}{d}+\sqrt{\left(\frac{D}{d}\right)^2-1}\right)=$$

$$\mathrm{ch}^{-1}\frac{D}{d}+\mathrm{i}0$$

$$B: w_1=-\frac{\sqrt{D+d}+\sqrt{D-d}}{\sqrt{D+d}-\sqrt{D-d}}=-\frac{D+\sqrt{D^2-d^2}}{d}$$

时

$$w_2=\mathrm{ch}^{-1}\frac{D}{d}+\mathrm{i}\pi$$

$$H: w_1=\frac{\sqrt{D+d}-\sqrt{D-d}}{\sqrt{D+d}+\sqrt{D-d}}=\frac{D-\sqrt{D^2-d^2}}{d}\text{ 时}$$

$$w_2=-\mathrm{ch}^{-1}\frac{D}{d}+\mathrm{i}0$$

$$G: w_1=-\frac{\sqrt{D+d}-\sqrt{D-d}}{\sqrt{D+d}+\sqrt{D-d}}=-\frac{D-\sqrt{D^2-d^2}}{d}$$

时

$$w_2=-\mathrm{ch}^{-1}\frac{D}{d}+\mathrm{i}\pi$$

$$C: w_1=-\frac{D_0+\sqrt{D^2-d^2}}{D_0-\sqrt{D^2-d^2}}\text{ 时}$$

$$w_2=\log\frac{1+\dfrac{\sqrt{D^2-d^2}}{D_0}}{1-\dfrac{\sqrt{D^2-d^2}}{D_0}}+\mathrm{i}\pi=$$

$$2\tanh^{-1}\frac{\sqrt{D^2-d^2}}{D_0}+\mathrm{i}\pi$$

$$F: w_1=-\frac{D_0-\sqrt{D^2-d^2}}{D_0+\sqrt{D^2-d^2}}\text{ 时}$$

$$w_2 = -\log \frac{D_0 + \sqrt{D^2 - d^2}}{D_0 - \sqrt{D^2 - d^2}} =$$

$$-2\tanh^{-1}\frac{\sqrt{D^2 - d^2}}{D_0} + \mathrm{i}\pi$$

再通过伸缩变换 $w = \frac{1}{\pi} w_2$ 就达到了目的.

外导体 $\overset{\frown}{CEF}$ 在平面 w_2 上的表为长短轴几乎相等的半椭圆周即可视为半圆周. 关于这一点有兴趣的读者不妨尝试证明一下.

3. 保形变换在平行板电容器的边缘附近电力线和等位线分布方面的应用

我们首先考虑一种理想情况的平行板电容器,就是两块平行板无限伸展没有边缘的情形,这时电力线和等位线就是互相垂直的两族平行直线,垂直于平行板的一族直线是电力线;平行于平行板的一族平行线是等位线(图 7).

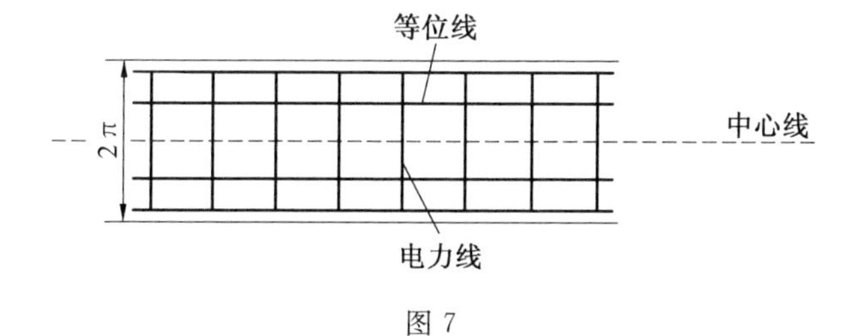

图 7

其次考虑实际情况的平行板电容器都是有边缘的,此时图 7 中上、下平行线右端点可视为有限(即有边缘的),现在要研究在其边缘附近电力线和等位线的分布. 为此,先设平行板电容器的两板之间的距离

为 2π，由于电场分布关于两板之间的中心线具有对称性，因此我们只考虑中心线上方的一半带有半直线为裂缝的半平面（见图 7 与图 9 的右图），如果将平面 z 上带形区域单叶保形变换为具有半直线为裂缝的半平面 w. 那么，平行板电容器的电场分布也就知道了. 只要通过变换将平面 z 上两族互相垂直的平行线变换到平面 w 中去，就可得到平行板电容器在边缘附近的等位线与电力线分布情况. 为此，我们引进平面 w_1^*，变换 $w_1^*=\exp z$ 先将带形区域单叶保形变换为上半 w_1^* 平面（图 8）.

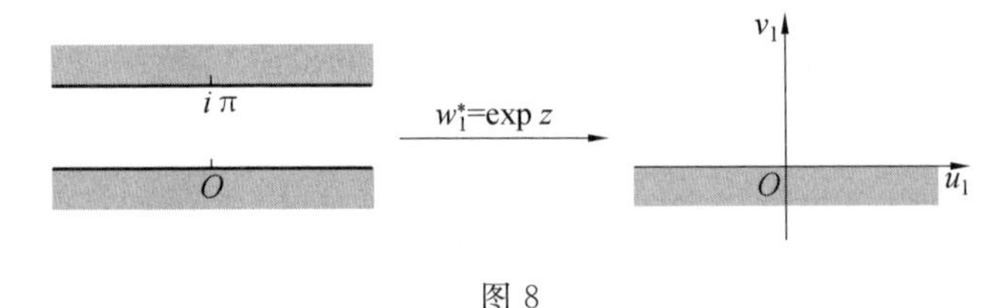

图 8

其次，再建立平面 w_1^* 的上半平面与平面 w 的具有裂缝的上半平面之间的单叶保形变换关系（图 9）.

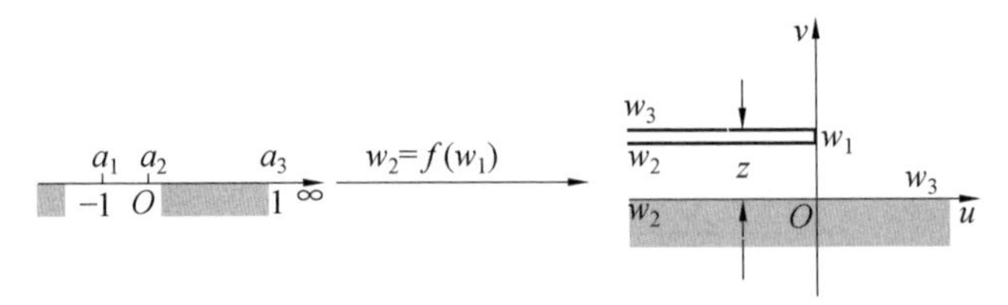

图 9

令平面 w_1^* 的实轴上点 $a_1=-1, a_2=0, a_3=\infty$ 分别对应平面 w 上 $w_1=\pi\mathrm{i}, w_2=\infty, w_3=\infty$，则由 S－C 公式

$$f(w_1^*)=c\int_1^{w_1^*}(w_1^*+1)^{2-1}(w_1^*-0)^{0-1}\mathrm{d}w_1^*+c'=$$

$$c\int_{1}^{w_1^*}\left(1+\frac{1}{w_1^*}\right)\mathrm{d}w_1^* + c' =$$
$$c(w_1^* + \log w_1^*) + c^*$$

待定 c 与 c^*，把上式用

$$f(w_1^*) = u + \mathrm{i}v, w_1^* = u_1 + \mathrm{i}v_1$$
$$c = c_1 + \mathrm{i}c_2, c^* = c_1^* + \mathrm{i}c_2^*$$

代入可得

$$w = u + \mathrm{i}v = (c_1 + \mathrm{i}c_2)(u_1 + \mathrm{i}v_1 + \ln|w_1^*| + \mathrm{i}\arg w_1^*) + (c_1^* + \mathrm{i}c_2^*) \tag{8}$$

令式(8)两端虚部相等，便于待入常数，即

$$v = c_1 v_1 + c_2 u_1 + c_2 \ln|w_1^*| + c_1 \arg w_1^* + c_2^*$$

当 w_1^* 沿负实轴从左到右到原点，则 w 沿 $w_1 w_2$ 趋于 ∞

$$v = \pi = \lim_{x\to 0}(c_1 \cdot 0 + c_2 u_1 + c_2 \ln|w_1^*| + c_1\pi + c_2^*)$$

为使右方有意义，$c_2 = 0$，故

$$\pi = c_1\pi + c_2^* \tag{9}$$

又 w_1^* 沿正实轴从右到左到原点，点 w 沿 Ow_2 趋于 ∞

$$v = 0 = \lim_{x\to 0^+}(c_1 \cdot 0 + c_2^*) = c_2^*$$
$$c_2^* = 0 \tag{10}$$

将式(10)代入式(9)得

$$c_1 = 1$$

再代入式(8)

$$w = w_1^* + \log w_1^* + c_1^*$$

又 $w_1^* = -1$ 对应 $w = \pi\mathrm{i}$，故

$$w = \pi\mathrm{i} = -1 + \ln(-1) + c_1^* = -1 + \mathrm{i}\pi + c_1^*$$
$$c_1^* = 1$$

所以

$$w = w_1^* + \log w_1^* + 1$$

最后给出平面 z 与平面 w 之间的变换关系

$$w_1^* = \exp z, w = w_1^* + \log w_1^* + 1$$

即 $w=e^z+z+1$ 将平面 z 的带形区域单叶保形变换到具有半直线为裂缝的上半平面 w.

令

$$z = x + iy$$

$$u + iv = \exp(x + iy) + (x + iy) + 1$$

实、虚部分离开来，得

$$\begin{cases} u = x + e^x \cos y + 1 \\ v = y + e^x \sin y \end{cases}$$

令 $x = m$(常数)，得以 y 为参数的电力线方程，见图 10

$$\begin{cases} u = m + e^m \cos y + 1 \\ v = y + e^m \sin y \end{cases}$$

令 $y = n$(常数)，得以 x 为参数的等位线方程

$$\begin{cases} u = x + e^x \cos n + 1 \\ v = n + e^x \sin n \end{cases}$$

参见图 10.

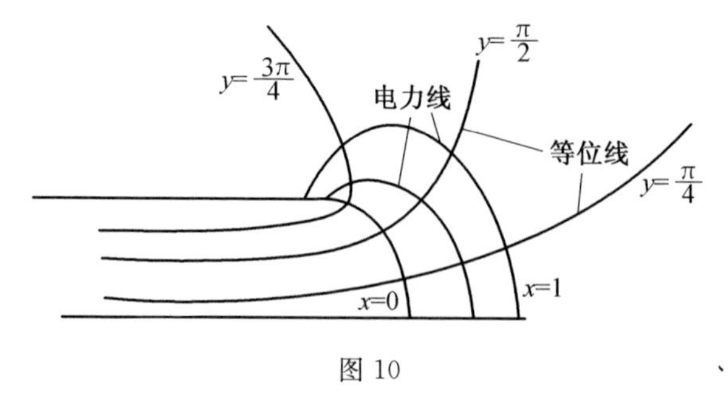

图 10

本问题也可以看成由两条半直线构成的开口槽

中流体的流线与等位线的分布状态，只不过这里的等位线变成了流线，而电力线变成了等势线.

4. 保形变换在电缆设计方面的应用

电缆由于长期埋于地下，由很多因素使其变形，为了计算某些物理量，需要把偏心圆环变换为同心圆环以及共焦点的椭圆环变换到同心圆环. 下面我们将分别进行讨论.

(1) 偏心圆环到同心圆环的单叶保形变换(图 11).

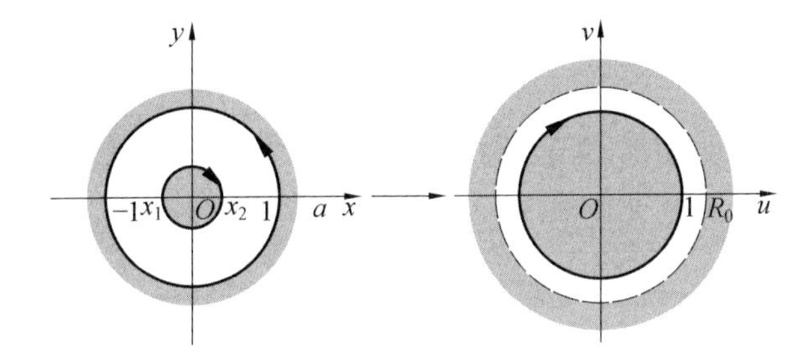

图 11

解　由于分式线性变换具有保圆性，令

$$w=\frac{z-a}{az-1}\quad(a>1)$$

令 x_1 对应 R_0，x_2 对应 $-R_0$ 且 $R_0>1$ 兹待定满足所要求条件的 a,R_0. 但 $a>1,-1<x_1<x_2<1$

$$R_0=\frac{x_1-a}{ax_1-1}\tag{11}$$

$$-R_0=\frac{x_2-a}{ax_2-1}\tag{12}$$

由式(11)，(12) 得

$$\frac{x_1-a}{ax_1-1}=\frac{x_2-a}{1-ax_2}$$

整理得

$$a^2(x_1+x_2)-2(x_1x_2+1)a+x_1+x_2=0$$

$$a=\frac{2(x_1x_2+1)\pm\sqrt{4(x_1x_2+1)^2-4(x_1+x_2)^2}}{2(x_1+x_2)}$$

所以

$$a=\frac{x_1x_2+1\pm\sqrt{(x_1x_2+1)^2-(x_1+x_2)^2}}{x_1+x_2}=$$

$$\frac{1+x_1x_2\pm\sqrt{(1-x_1^2)(1+x_2^2)}}{x_1+x_2}$$

今取

$$a=\frac{1+x_1x_2+\sqrt{(1-x_1^2)(1-x_2^2)}}{x_1+x_2} \tag{13}$$

将式(13)代入(11)得

$$R_0=\frac{x_1-\dfrac{1+x_1x_2+\sqrt{(1-x_1^2)(1-x_2^2)}}{x_1+x_2}}{\dfrac{1+x_1x_2+\sqrt{(1-x_1^2)(1-x_2^2)}}{x_1+x_2}x_1-1}$$

$R_0=$

$$\frac{x_1(x_1+x_2)-[1+x_1x_2+\sqrt{(1-x_1^2)(1-x_2^2)}]}{x_1[1+x_1x_2+\sqrt{(1-x_1^2)(1-x_2^2)}]-(x_1+x_2)}=$$

$$\frac{x_1^2+x_1x_2-1-x_1x_2-\sqrt{(1-x_1^2)(1-x_2^2)}}{x_1(1+x_1x_2)-(x_1+x_2)+x_1\sqrt{(1-x_1^2)(1-x_2^2)}}$$

整理得

$$R_0=\frac{x_1x_2-1-\sqrt{(x_1^2-1)(x_2^2-1)}}{x_1-x_2}$$

(2) 共焦点的椭圆环到同心圆环的单叶保形变换处理方法从略.